国家出版基金项目
NATIONAL PUBLICATION FOUNDATION

"十四五"时期国家重点出版物出版专项规划项目

材料先进成型与加工技术丛书

申长雨　总主编

新型镁合金非对称挤压技术

蒋　斌　杨青山　宋江凤 等　著

科学出版社

北　京

内 容 简 介

本书为"材料先进成型与加工技术丛书"之一，是作者近年来在变形镁合金领域最新科研成果的总结，涵盖变形镁合金板材及其新型非对称挤压工艺等内容，发展了镁合金板材的渐进式非对称挤压、大应变非对称挤压、变截面非对称挤压、扁挤压筒开坯、厚向梯度挤压、横向梯度挤压、三维弧形挤压、非对称分流挤压、非对称材料成分等多种新型非对称挤压加工技术，系统研究了挤压变形及热处理过程中镁合金板材的组织演变、挤压板材织构调控和弯曲性能，获得了挤压板材较为合适的织构类型和组分，从而改善镁合金挤压板材的塑性成形性能、弱化基面织构和提高弯曲性能。

本书适合高等院校、新材料科研院所、新材料加工产业界、材料科学与工程的专业人员阅读，尤其可供从事镁合金研究开发和工程应用的科研人员及工程技术人员参考。

图书在版编目（CIP）数据

新型镁合金非对称挤压技术 / 蒋斌等著. —北京：科学出版社，2024.6
（材料先进成型与加工技术丛书 / 申长雨总主编）

"十四五"时期国家重点出版物出版专项规划项目　国家出版基金项目
ISBN 978-7-03-078302-8

Ⅰ. ①新⋯　Ⅱ. ①蒋⋯　Ⅲ. ①镁合金－挤压－生产工艺
Ⅳ. ①TG146.2

中国国家版本馆 CIP 数据核字（2024）第 060516 号

丛书策划：翁靖一

责任编辑：翁靖一　李丽娇 / 责任校对：杜子昂
责任印制：徐晓晨 / 封面设计：东方人华

科学出版社 出版
北京东黄城根北街 16 号
邮政编码：100717
http://www.sciencep.com
北京中科印刷有限公司印刷
科学出版社发行　各地新华书店经销

*

2024 年 6 月第 一 版　开本：720 × 1000　1/16
2024 年 6 月第一次印刷　印张：18 1/4
字数：350 000

定价：168.00 元
（如有印装质量问题，我社负责调换）

材料先进成型与加工技术丛书

编 委 会

学术顾问：程耿东　李依依　张立同

总 主 编：申长雨

副总主编（按姓氏汉语拼音排序）：

韩杰才　贾振元　瞿金平　张清杰　张　跃　朱美芳

执行副总主编：刘春太　阮诗伦

丛书编委（按姓氏汉语拼音排序）：

陈　光　陈延峰　程一兵　范景莲　冯彦洪　傅正义

蒋　斌　蒋　鹏　靳常青　李殿中　李良彬　李忠明

吕昭平　麦立强　彭　寿　徐　弢　杨卫民　袁　坚

张　荻　张　海　张怀武　赵国群　赵　玲　朱嘉琦

材料先进成型与加工技术丛书

总　序

核心基础零部件（元器件）、先进基础工艺、关键基础材料和产业技术基础等四基工程是我国制造业新质生产力发展的主战场。材料先进成型与加工技术作为我国制造业技术创新的重要载体，正在推动着我国制造业生产方式、产品形态和产业组织的深刻变革，也是国民经济建设、国防现代化建设和人民生活质量提升的基础。

进入 21 世纪，材料先进成型加工技术备受各国关注，成为全球制造业竞争的核心，也是我国"制造强国"和实体经济发展的重要基石。特别是随着供给侧结构性改革的深入推进，我国的材料加工业正发生着历史性的变化。**一是产业的规模越来越大**。目前，在世界 500 种主要工业产品中，我国有 40% 以上产品的产量居世界第一，其中，高技术加工和制造业占规模以上工业增加值的比重达到 15% 以上，在多个行业形成规模庞大、技术较为领先的生产实力。**二是涉及的领域越来越广**。近十年，材料加工在国家基础研究和原始创新、"深海、深空、深地、深蓝"等战略高技术、高端产业、民生科技等领域都占据着举足轻重的地位，推动光伏、新能源汽车、家电、智能手机、消费级无人机等重点产业跻身世界前列，通信设备、工程机械、高铁等一大批高端品牌走向世界。**三是创新的水平越来越高**。特别是嫦娥五号、天问一号、天宫空间站、长征五号、国和一号、华龙一号、C919 大飞机、歼-20、东风-17 等无不锻造着我国的材料加工业，刷新着创新的高度。

材料成型加工是一个"宏观成型"和"微观成性"的过程，是在多外场耦合作用下，材料多层次结构响应、演变、形成的物理或化学过程，同时也是人们对其进行有效调控和定构的过程，是一个典型的现代工程和技术科学问题。习近平总书记深刻指出，"现代工程和技术科学是科学原理和产业发展、工程研制之间不可缺少的桥梁，在现代科学技术体系中发挥着关键作用。要大力加强多学科融合的现代工程和技术科学研究，带动基础科学和工程技术发展，形成完整的现代科学技术体系。"这对我们的工作具有重要指导意义。

过去十年，我国的材料成型加工技术得到了快速发展。**一是成形工艺理论和技术不断革新**。围绕着传统和多场辅助成形，如冲压成形、液压成形、粉末成形、注射成型，超高速和极端成型的电磁成形、电液成形、爆炸成形，以及先进的材料切削加工工艺，如先进的磨削、电火花加工、微铣削和激光加工等，开发了各种创新的工艺，使得生产过程更加灵活，能源消耗更少，对环境更为友好。**二是以芯片制造为代表，微加工尺度越来越小**。围绕着芯片制造、晶圆切片、不同工艺的薄膜沉积、光刻和蚀刻、先进封装等各种加工尺度越来越小。同时，随着加工尺度的微纳化，各种微纳加工工艺得到了广泛的应用，如激光微加工、微挤压、微压花、微冲压、微锻压技术等大量涌现。**三是增材制造异军突起**。作为一种颠覆性加工技术，增材制造（3D 打印）随着新材料、新工艺、新装备的发展，广泛应用于航空航天、国防建设、生物医学和消费产品等各个领域。**四是数字技术和人工智能带来深刻变革**。数字技术——包括机器学习（ML）和人工智能（AI）的迅猛发展，为推进材料加工工程的科学发现和创新提供了更多机会，大量的实验数据和复杂的模拟仿真被用来预测材料性能，设计和成型过程控制改变和加速着传统材料加工科学和技术的发展。

当然，在看到上述发展的同时，我们也深刻认识到，材料加工成型领域仍面临一系列挑战。例如，"双碳"目标下，材料成型加工业如何应对气候变化、环境退化、战略金属供应和能源问题，如废旧塑料的回收加工；再如，具有超常使役性能新材料的加工技术问题，如超高分子量聚合物、高熵合金、纳米和量子点材料等；又如，极端环境下材料成型技术问题，如深空月面环境下的原位资源制造、深海环境下的制造等。所有这些，都是我们需要攻克的难题。

我国"十四五"规划明确提出，要"实施产业基础再造工程，加快补齐基础零部件及元器件、基础软件、基础材料、基础工艺和产业技术基础等瓶颈短板"，在这一大背景下，及时总结并编撰出版一套高水平学术著作，全面、系统地反映材料加工领域国际学术和技术前沿原理、最新研究进展及未来发展趋势，将对推动我国基础制造业的发展起到积极的作用。

为此，我接受科学出版社的邀请，组织活跃在科研第一线的三十多位优秀科学家积极撰写"材料先进成型与加工技术丛书"，内容涵盖了我国在材料先进成型与加工领域的最新基础理论成果和应用技术成果，包括传统材料成型加工中的新理论和新技术、先进材料成型和加工的理论和技术、材料循环高值化与绿色制造理论和技术、极端条件下材料的成型与加工理论和技术、材料的智能化成型加工理论和方法、增材制造等各个领域。丛书强调理论和技术相结合、材料与成型加工相结合、信息技术与材料成型加工技术相结合，旨在推动学科发展、促进产学研合作，夯实我国制造业的基础。

　　本套丛书于 2021 年获批为"十四五"时期国家重点出版物出版专项规划项目，具有学术水平高、涵盖面广、时效性强、技术引领性突出等显著特点，是国内第一套全面系统总结材料先进成型加工技术的学术著作，同时也深入探讨了技术创新过程中要解决的科学问题。相信本套丛书的出版对于推动我国材料领域技术创新过程中科学问题的深入研究，加强科技人员的交流，提高我国在材料领域的创新水平具有重要意义。

　　最后，我衷心感谢程耿东院士、李依依院士、张立同院士、韩杰才院士、贾振元院士、瞿金平院士、张清杰院士、张跃院士、朱美芳院士、陈光院士、傅正义院士、张荻院士、李殿中院士，以及多位长江学者、国家杰青等专家学者的积极参与和无私奉献。也要感谢科学出版社的各级领导和编辑人员，特别是翁靖一编辑，为本套丛书的策划出版所做出的一切努力。正是在大家的辛勤付出和共同努力下，本套丛书才能顺利出版，得以奉献给广大读者。

中国科学院院士
工业装备结构分析优化与 CAE 软件全国重点实验室
橡塑模具计算机辅助工程技术国家工程研究中心

前　言

当前，随着经济社会的快速发展，汽车、轨道交通、电子、通信、军工和航空航天等许多领域对产品轻量化提出了更高要求。镁合金因其具有相对密度小、阻尼减振性能和电磁屏蔽性能好、储能特性好等特点，已在上述领域得到广泛应用。

变形镁合金板材是镁合金的发展趋势，但镁合金具有密排六方晶体结构，室温下能够开动的独立滑移系较少，因而其塑性变形能力较差。本书针对镁合金板材在塑性加工过程中会形成（0002）基面平行于板面的特征织构等问题，提出了弱化基面织构镁合金板材的几种新型非对称挤压工艺，探讨镁合金板材挤压过程中的塑性变形机理、动态再结晶和应变梯度对晶粒取向的影响、织构改性机理等问题，为镁合金板材制备加工提供理论依据。

本书作者团队综合了镁合金板材挤压成形的最新研究成果，发展了新型非对称挤压技术，结合材料组织演变、力学性能测试和成形行为分析等手段，在本书中阐述了镁合金板材挤压工艺特点及织构和成形性调控机理，涉及塑性变形机理、模具设计以及有限元数值模拟等方面，解决了目前镁合金挤压板材基面织构强和室温成形性能差等难题，有效提高了镁合金板材制备加工效率。本书研究内容较新，引用文献资料丰富，希望对从事镁合金研究开发和工程化应用的学者和工程技术人员有所帮助。

本书是在潘复生院士的亲切指导下，由重庆大学国家镁合金材料工程技术研究中心蒋斌、重庆科技大学杨青山、重庆大学宋江凤、重庆大学白生文、扬州大学王庆航、云南大学何俊杰、广东省科学院徐军等共同撰写。各章节撰写分工如下：重庆大学蒋斌、宋江凤（第1章），重庆科技大学杨青山（第2章），扬州大学王庆航（第3章），广东省科学院徐军（第4章），云南大学何俊杰（第5章、第6章）。全书由蒋斌、杨青山统稿，宋江凤和白生文校稿，最终由蒋斌定稿。感谢张丁非教授、黄光胜教授、董志华教授、杨艳教授等对本书提出的宝贵意见，感谢课题组年轻教师和博士、硕士研究生对本书成果做出的贡献。

同时，本书中的相关研究工作得到了国家重点研发计划项目、国家自然科学基金、国家重点基础研究发展计划（"973"计划）项目子课题等项目的资助。

尽管作者多年从事镁合金制备及加工研究，但对其中的一些国际前沿问题也处于不断认知的过程中，书中难免存在疏漏和不妥之处，敬请读者批评指正。

2024 年 3 月于重庆

目　录

第1章

概　论

1.1 ▶ 镁合金板材概述

　　镁在地壳中的储量很大，占地壳质量的 2.35%，在金属元素中仅次于铝和铁元素。同时，纯镁的密度为 1.74 g/cm³，是铝的 2/3，是钢的 1/4[1, 2]。镁合金作为最轻的金属结构材料，具有比强度高、阻尼减振和电磁屏蔽性能好、易回收等特点[3, 4]，已在航空航天、汽车、电子工业、3C 产品等领域得到广泛应用并表现出巨大潜力[5, 6]。我国拥有世界上最丰富的镁资源，已连续多年保持原镁产量和出口量世界第一[7, 8]。如何利用我国丰富的镁资源优势，进一步加快高性能镁合金及制品的研究、开发与应用，增强我国镁合金行业的国际竞争力，是目前面临的重要课题和任务。

　　大多数镁合金是密排六方（hexagonal close-packed，hcp）晶体结构，室温下塑性变形以基面 {0001}-<$11\bar{2}0$>滑移及锥面 {$10\bar{1}2$}-<$10\bar{1}1$>孪生为主，塑性成形能力较差[9]。许多研究者对单相镁合金的塑性变形机理、各向异性行为以及孪生在塑性变形中的作用进行了研究，室温下镁合金几种塑性变形机制的临界剪切应力（critical resolved shear stress，CRSS）差别很大，其中基面滑移和拉伸孪生具有较小的临界剪切应力，相对容易开动，导致在变形过程中极易出现基面织构，进一步恶化其塑性变形能力。因此，需要通过合金化、调控织构、细化晶粒等多种方式，来改善和提高镁合金的塑性变形能力。

　　目前，镁合金板材的主要加工方式包括热轧开坯轧制成形、连续铸轧-轧制成形、挤压成形等。由于密排六方结构的镁合金塑性变形能力差，在热轧减薄过程中，需小变形量多道次轧制和多次中间退火，且在轧制过程中易出现边裂[10]。因此，热轧轧制工艺流程长、生产效率低，产品收率低，最终成本很高，严重影响镁合金板材的大规模应用。同时，由于多道次轧制工序，热轧板材的晶粒 c 轴几乎垂直于轧面，导致镁合金板材具有强烈的基面织构，给后续塑性变形带来很大难度。为此，大量学者对轧制工艺进行研究,提出了等径角轧制、累积叠轧和交叉轧制等轧制工艺,对改善镁合金塑性变形能力起到了一定作用,但这些工艺尚处于发展中,需要进一步研究。

连续铸轧工艺可以从镁合金熔体直接获得厚 4~8 mm 的镁合金板坯,经后续热轧后,获得一定厚度的板材。当前,连续铸轧工艺还不够成熟,需要进一步开发,且在后续热轧过程中,由于多道次轧制,同样会形成很强的基面织构[11, 12]。挤压成形不仅可采用价格更为便宜的圆铸锭制备厚板,供后续轧制使用,还可直接获得 1~3 mm 接近最终使用厚度的镁合金挤压薄板。同时,挤压设备操作比较简单、流程短、生产效率高、生产灵活性大,只需在挤压机上更换不同的挤压模具,就可以得到形状和尺寸规格不同的镁合金板材产品。但是,现有的镁合金板材挤压基本采用传统对称挤压加工,由于加工过程中的挤压比很高,同样使镁合金挤压板材有很强的基面织构,不利于后续二次塑性加工成形。因此,发展低成本、高延展性的镁合金板材挤压新工艺具有十分重要的意义。

1.2　镁合金板材塑性变形机制

1.2.1　滑移机制

镁晶体为密排六方晶体结构,如图 1-1 所示,其原子堆垛方式排列为 ABAB…[13]。密排六方结构晶体的晶格常数有两个,分别为正六边形的边长 a 和上下两底面间

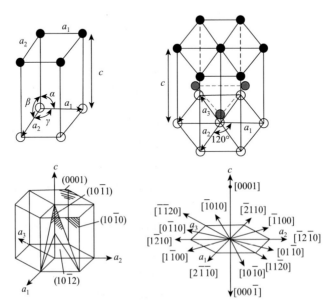

图 1-1　镁晶体结构及滑移系的示意图

的距离 c。晶格常数的特征为 $a_1 = a_2 \neq c$，镁晶体的晶格常数分别为：$a = 0.3209$ nm，$c = 0.5211$ nm；c 与 a 的比值（c/a）称为轴比，即 $c/a = 1.6236$。该轴比与密排六方晶体的理论值 1.633 非常接近，与理想值有 1%的偏差[14]。

　　一般来说，在切应力作用下，晶体的一部分和另一部分沿一定的晶面和晶向发生相对运动，就是滑移。晶体发生塑性变形时，滑移总是沿密排面和密排方向进行。在密排六方结构的镁晶体中，当滑移面是（0002）基面时，<$11\bar{2}0$>密排方向为滑移方向。图 1-2 为密排六方金属材料的主要滑移面和滑移方向，以<$11\bar{2}0$>晶向为滑移方向的主要滑移面有（0001）基面、三个{$10\bar{1}0$}柱面和六个{$10\bar{1}1$}锥面。

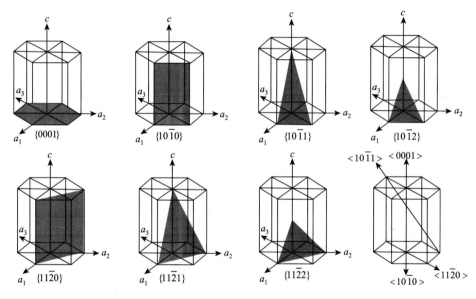

图 1-2　密排六方系中重要的晶面和晶向示意图（阴影部分为对应的晶面）

　　表 1-1 列出了镁合金中最常见的滑移系，主要包括基面<a>滑移、柱面<a>滑移、锥面<a>滑移和锥面<$c + a$>滑移[15, 16]。当在滑移面上沿滑移方向的剪切应力分量达到一定值时，滑移才开始进行，这时所需要的剪切应力为临界剪切应力。镁合金在室温条件下变形时基面滑移的临界剪切应力最小，同时（0002）基面具有最大的面间距，所以在室温下镁合金变形模式主要是以基面滑移为主。柱面滑移有{$10\bar{1}0$}-<$11\bar{2}0$>和{$11\bar{2}0$}-<$11\bar{2}0$>，它们在室温下的临界剪切应力比基面滑移要大很多。但是，随着温度升高，该值会逐渐下降[17, 18]，主要是因为在高温下有利于非基面滑移系的启动。图 1-3 为纯镁中不同滑移系的临界剪切应力值，可以看出，随温度升高（200～800 K），柱面滑移和锥面滑移的临界剪切应力值逐渐减小，所以在高温（＞423 K）时镁合金的塑性变形较容易进行。

表 1-1 镁合金的滑移系

类型	滑移面	滑移方向	数量
基面滑移	$a\text{-}(0001)$	$<11\bar{2}0>$	2
柱面滑移	$a\text{-}\{10\bar{1}0\}$ $a\text{-}\{11\bar{2}0\}$	$<11\bar{2}0>$	2
锥面滑移	$a\text{-}\{10\bar{1}1\}$	$<11\bar{2}0>$	4
	$c+a\text{-}\{11\bar{2}1\}$ $c+a\text{-}\{11\bar{2}2\}$	$<11\bar{2}3>$	5

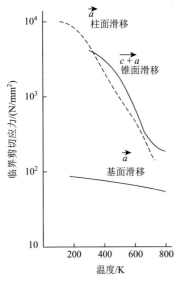

图 1-3 纯镁中不同滑移系的
临界剪切应力[19]

另外，晶粒细化有助于激活镁合金柱面和锥面等潜在的非基面滑移系。与立方金属弹性各向异性强、主要依靠弹性相容应力来激活第二级滑移系的情况不同，镁合金弹性各向异性很小，而塑性各向异性很强，非基面滑移可通过晶界附近高的塑性相容应力来激活。图 1-4 为塑性相容应力引起的非基面滑移示意图，以及基面或非基面的位错百分比和屈服各向异性的关系。设有承受单向拉伸应力的两相邻晶粒，其基面相互垂直且与拉伸轴成 45°，在此晶粒取向和应力状态下，基面滑移将最先开动。为了满足晶粒之间的应变相容条件，使材料在变形过程中不易破裂，会在晶界附近产生附加剪切应力（塑性相容应力），并激活非基面滑移系。图 1-4（b）说明在屈服各向异性因子是单晶的 100 倍时，多晶体非基面$<a+c>$（$<c+a>$）滑移才可以开动，而其非基面$<a>$滑移在屈服各向异性因子很小时就可以开动，当屈服各向异性因子增加到 1.1 或者更高时，40%的滑移是交叉滑移。Koike 等[20]研究发现细晶 AZ31B 镁合金中可以在非基面引入交叉滑移。图 1-5 给出了细晶 AZ31B 变形 2%时滑移面和滑移方向的透射电子显微镜（TEM）照片，发现在室温下 a 位错也能发生从基面至柱面的交滑移。柱面滑移和锥面滑移临界剪切应力对温度比较敏感，随着温度升高而急剧减小。对$<c+a>$滑移来说，其临界剪切应力在整个温度范围内都高于其他滑移系，且随温度的升高而急剧减小。

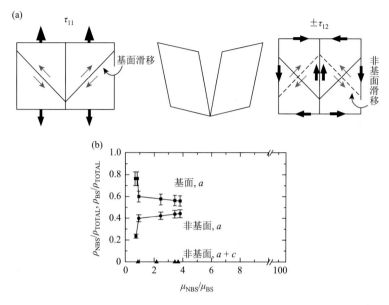

图 1-4　（a）塑性相容应力引起的非基面滑移示意图；（b）基面或非基面的位错百分比和屈服各向异性的关系[20]

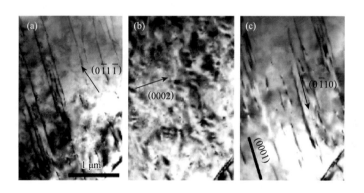

图 1-5　在 2%拉伸应变时 AZ31B 的滑移面和滑移方向的 TEM 照片[20]

1.2.2　孪生机制

密排六方结构的镁合金在室温下变形时，非基面滑移难以启动，通常以基面滑移为主，然而在塑性变形过程中，孪生却可以较好地起到协调变形作用。孪生是在切应力作用下，晶体的一部分沿着一定的晶面和晶向发生均匀切变。根据最小切变准则，$\{10\bar{1}2\}$ 孪生切变最小，其临界剪切应力只有 2～3 MPa，为镁合金中最容易发生的孪生[21, 22]。纯镁的孪生类型及其转向的角度如表 1-2 所示，主要有$\{10\overline{1}1\}$、$\{10\overline{1}2\}$、$\{10\overline{1}3\}$及二次孪晶$\{10\overline{1}1\}$-$\{10\overline{1}2\}$、$\{10\overline{1}3\}$-$\{10\overline{1}2\}$等几种类型。在镁合金中，孪生能否发生与晶体的轴比c/a值及外加载荷的方式有很大的关系，因此存在拉伸孪晶和压缩孪晶，如图1-6所示。对c/a约为1.624的镁而言，$\{10\overline{1}2\}$孪生只有在晶粒c轴方向受张力时才能发生，为拉伸孪晶，此时孪晶基面绕<$1\overline{2}10$>轴旋转约86°；相反，$\{10\overline{1}1\}$和$\{10\overline{1}3\}$孪生在c轴方向受压缩时才会发生，为压缩孪晶，此时孪晶基面分别绕<$1\overline{2}10$>轴旋转约56°和64°。

表1-2 镁中孪晶的类型和取向差分布[23]

孪晶类型	偏移角度和方向
$\{10\overline{1}1\}$	56°<$1\overline{2}10$>
$\{10\overline{1}2\}$	86°<$1\overline{2}10$>
$\{10\overline{1}3\}$	64°<$1\overline{2}10$>
$\{10\overline{1}1\}$-$\{10\overline{1}2\}$	38°<$1\overline{2}10$>
$\{10\overline{1}3\}$-$\{10\overline{1}2\}$	22°<$1\overline{2}10$>

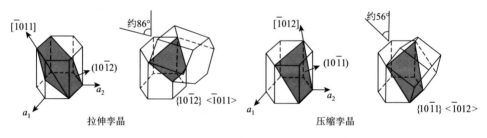

图1-6 孪生取向示意图：$\{10\overline{1}2\}$拉伸孪晶和$\{10\overline{1}1\}$压缩孪晶

如图1-7（a）所示，镁合金在发生孪生后，球体中仅有两个平面未发生畸变并保持原有形态，这两个平面定义为K_1与K_2，它们垂直于剪切面并互成θ夹角，夹角θ与剪切应变量γ之间存在关系$\gamma=2\cot\theta$。在孪生过程中，K_1面将不发生位移，K_2面由于孪生的作用旋转为K_2'面，孪生发生前后K_2面和剪切平面分别相交于η_2和η_2'。通常用K_1、K_2、η_1和η_2来描述孪晶，它们被称为孪生基本要素。$\{10\overline{1}2\}$拉伸孪晶的孪生基本要素为：$K_1=\{10\overline{1}2\}$，$K_2=\{10\overline{1}2\}$，$\eta_1=<10\overline{1}1>$，$\eta_2=<\overline{1}01\overline{1}>$；$\{10\overline{1}1\}$压缩孪晶的孪生基本要素为：$K_1=\{10\overline{1}1\}$，$K_2=\{10\overline{1}3\}$，$\eta_1=<10\overline{1}2>$，$\eta_2=<30\overline{3}2>$[24, 25]。图1-7（b）为镁合金$\{10\overline{1}2\}$孪晶平行于剪切面的截面示意图。

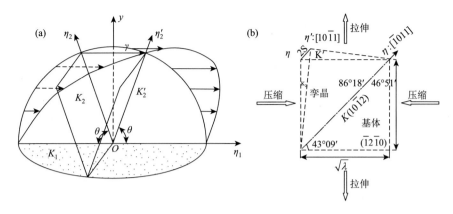

图 1-7 　（a）孪生的晶体学要素；（b）$\{10\bar{1}2\}$孪晶平行于剪切面的截面示意图

　　图 1-8 为$\{10\bar{1}2\}$孪生原子运动情况，原子沿孪生方向 η_1 平行于孪生面 K_1 做切变运动，且平行于孪生晶面 K_1，晶体在切变过程中保持不变，形成层错，而在此过程中 K_2 面沿 η_2 方向的晶格不发生畸变。由图可以看出，在孪生变形后，发生切变的原子沿孪生晶面$\{10\bar{1}2\}$与未发生切变的原子成镜像对称关系，因此，孪生变形是孪生面上若干个原子层发生连续切变，引发层错的结果。

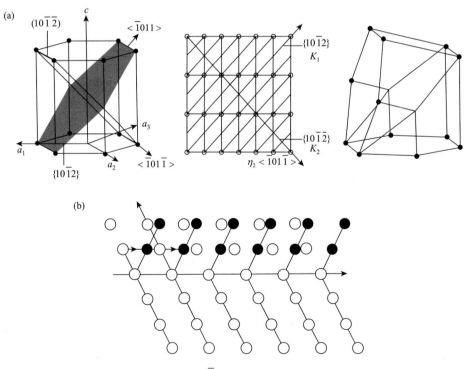

图 1-8 　$\{10\bar{1}2\}$孪生原子运动情况

如图 1-9[26]所示，Xin 等[27]研究发现{10$\bar{1}$2}拉伸孪晶可以减少 AZ31 镁合金的拉伸-压缩屈服不对称性，主要通过沿横向（TD）和轧向（RD）进行一个小的预变形引入{10$\bar{1}$2}拉伸孪晶，改善了 AZ31 镁合金的强度和韧性。Zhang 等[28]通过对 AZ31 板材进行 3.8%和 5%的预变形拉伸并进行退火处理，所得镁合金板材的室温杯突值（IE）可以提高到 5.3 mm，这表明拉伸孪晶可以对改善镁合金板材成形性能起到有益的作用。Song 等[29]通过{10$\bar{1}$2}拉伸孪晶引入多晶界细化晶粒，改善了 AZ31 加工硬化曲线，从而提高了镁合金塑性。Luo 等[30]研究了较强基面织构的 AZ31 在温轧过程中孪晶变化的行为，如图 1-10 所示，将 AZ31 板材轧制变形 9%可以得到多种类型的孪晶。孪生本身对塑性变形的贡献不大，但它可以协调改变晶粒取向，结合退火处理，促进后续塑性变形的进行。影响镁合金孪生的主要因素有晶粒取向、变形温度、应变速率及晶粒尺寸。孪生在合金塑性变形时主要有以下作用：一是孪晶改变了晶粒的取向，使不利于滑移或者孪晶的晶体取向变得有利；二是孪生可以使晶界较好地满足晶粒之间的弹性不相容性；三是释放局部应力，阻碍裂纹扩展。

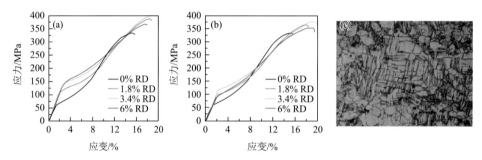

图 1-9　（a）AZ31 镁合金应力-应变曲线；（b）200℃退火 6 h 预变形 AZ31 应力-应变曲线；（c）金相组织[26]

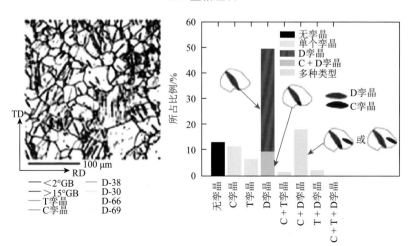

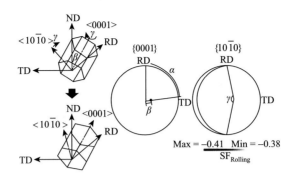

图 1-10　AZ31 轧制变形后微观结构及晶体取向[30]

Max 表示最大值；Min 表示最小值，下同

1.3　镁合金板材塑性变形时的组织与织构

1.3.1　镁合金的动态再结晶

研究与实践表明，镁合金在热变形过程中易发生动态再结晶，主要原因在于：①镁合金可开动的滑移系少，柱面滑移系和锥面滑移系大部分是在高温情况下启动的；②镁及镁合金层错能较低，纯镁的层错能只有 60～78 J/m²；③镁合金的晶界扩散速度较快，在亚晶界上堆积的位错能够被亚晶界吸收，从而加快动态再结晶过程[20, 31]。由于层错能较低，镁合金在滑移面上的全位错容易扩展，彼此缠结而形成密度较大的位错网状结构，不全位错难以通过交滑移和攀移而束集。因此，在镁合金热变形过程中，动态回复的速度比较慢，对加工软化的贡献不大。但随着应变量的增加，局部位错密度增大，从而诱发动态再结晶的产生。动态再结晶作为镁合金在热变形过程中的主要软化机制是控制合金组织及性能的强有力手段[32, 33]，充分了解和利用动态再结晶，对调控镁合金变形过程和改善塑性性能十分重要。

镁合金在室温塑性变形时，以基面滑移和协调变形的孪生为主。在中温区变形时，镁合金的基面滑移和非基面滑移同时发生，伴随有交滑移[34, 35]。但在较低应变下，镁合金将同时发生孪生动态再结晶（TDRX）和连续动态再结晶（CDRX），而在较高应变下只发生孪生动态再结晶，通常在其连续动态再结晶初期会产生"项链结构"。在高温变形时，镁合金将发生基面滑移、非基面滑移、交滑移和攀移，此时的动态再结晶机制有连续动态再结晶、不连续动态再结晶（DDRX）和旋转动态再结晶（RDRX）。

孪生动态再结晶过程如图 1-11 所示，包括形核、孪晶界转变为随机晶界以及晶粒长大三个阶段。初级孪晶的相互作用导致被孪晶界围绕的晶体形成，初级孪晶 1 和二级孪晶 2 相互作用形核；发生二级孪晶时，可形成其他的核心，如图中粗大的初级孪晶 1 被细小的二级孪晶 2 细分形核，小角度晶界的发展可将变形和退火孪晶细分成核心。孪生动态再结晶是镁合金低、中温变形时的主要再结晶机制。

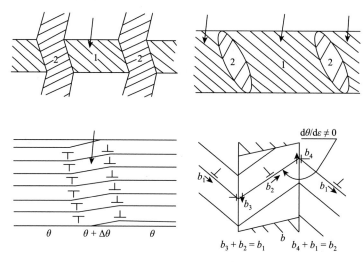

图 1-11　孪生动态再结晶示意图[34]

当变形温度较高时，镁合金将发生连续动态再结晶，如图 1-12 所示。在变形过程中，应变硬化使不同取向晶粒产生位错，位错在应力作用下沿基面或非基面滑移，当滑移到晶界时产生位错塞积，进而发生重排和合并，产生位错胞和亚晶界。亚晶界可以不断吸收晶格位错，以增大相邻晶粒的取向差，转变成大角度晶界。随着大角度晶界迁移，消除部分亚晶界和晶界，最终形成等轴的再结晶晶粒。

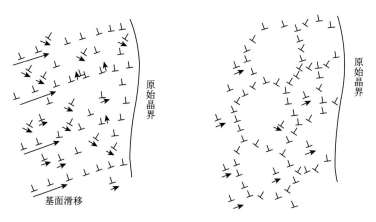

图 1-12　连续动态再结晶示意图[34]

镁合金在高温下，位错滑移的局部化使原始晶界发生局部迁移，容易进行不连续动态再结晶，如图 1-13 所示。不连续动态再结晶要求晶界具有较大的迁移活动能力，若合金纯度越高，则变形温度越高，晶界的迁移能力越强，越容易发生不连续动态再结晶。不连续动态再结晶机制主要包括：①高密度位错区应力的不平衡使晶界发生局部迁移，形成"凸起"形状；②非基面的晶界滑移也能导致晶界附近发生强烈的应变梯度，属于非基面系统的位错，为了协调塑性变形，向晶粒内部发射位错；③这些位错与基面位错相互作用而形成亚晶界，亚晶界切断晶粒的"凸出"部分，这些亚晶界随应变的进行不断吸收晶格位错，从而提高其取向差，最后发展成大角度晶界。

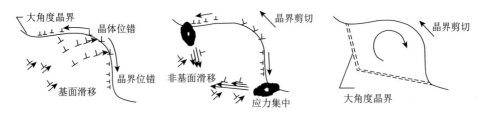

图 1-13　不连续动态再结晶示意图[34]

镁合金在应力作用下发生了孪生变形，重新取向使基面 c 轴平行于压缩轴，这种取向不利于基面滑移。同时，在邻近晶界处的扭曲区域形成新晶粒，从而发生旋转动态再结晶，如图 1-14 所示。非基面滑移系容易启动，使晶粒表层发生旋转，从而容纳外部变形。随着应变的不断增大，附近区域会发生动态回复，并引起亚晶的形成，通过亚晶界迁移和合并，最终形成了大角度晶界。随温度的升高，某些附近区域变厚，新晶粒立即形成，就会发生晶粒聚集，形成大的变形带或延性剪切带。这种变形带的取向有利于基面滑移，随后的变形都集中在这些区域。

图 1-14　旋转动态再结晶示意图[34]

镁合金在室温下承受大塑性变形（SPD）时，将发生低温动态再结晶（LTDRX），如图 1-15 所示。LTDRX 会造成晶粒的细化，并且材料的硬度也会提高。LTDRX 主要特点有：发生 LTDRX 的晶粒非常细小，有时能达到纳米级，而晶界的位错密度很高，处于非平衡状态，这样就会导致长程应力场，使晶体内晶格发生严重的弹性扭曲，在 LTDRX 中出现了内部弹性应变，提高其显微硬度。

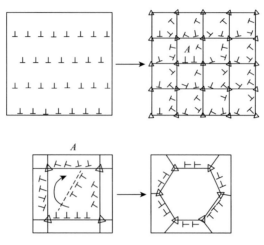

图 1-15　低温动态再结晶机制示意图[34]

大部分镁合金动态再结晶组织是由大小不均等轴晶晶粒组成的，晶内位错密度比较低。再结晶晶粒大小不仅与温度有关，而且与应变速率也有关系。镁合金的变形温度越高，动态再结晶就会进行得越充分，其组织也就会越均匀，但晶界扩散和晶界迁移能力的增加，使晶粒容易长大而最终导致晶粒粗化。随着应变速率的增大，变形过程中产生的位错来不及抵消，位错就会增多，再结晶形核也会增加，就会导致晶粒细化。一些研究者发现，当变形镁合金中动态再结晶晶粒组织占 80%以上时，在随后的退火处理过程中，晶粒则易发生异常长大，将形成大小不均匀的粗大组织，对镁合金塑性变形性能不利。

利用背散射电子衍射（EBSD）取向成像技术可以分析具有不同初始织构的镁合金材料的动态再结晶晶粒取向。孟利等[36]研究指出，对于 AZ31 镁合金，不同初始织构以及不同应变量下的动态再结晶新晶粒与形变晶粒的取向都非常相近。陈振华等[37]研究了镁合金动态再结晶的应力-应变曲线和镁合金组织的特点，分析了变形温度、变形速度、变形程度以及原始晶粒组织等因素对镁合金的动态再结晶的形核及晶粒大小的影响。结果表明，在一定范围内降低变形温度，较高的变形速度可使动态再结晶晶粒尺寸减小，并随变形程度的增大，晶粒变得更加细小。

Fatemi-Varzaneh 等[38]研究了 AZ31 镁合金的动态再结晶行为，在相同的应变、不同的应变速率及不同变形温度下，其动态再结晶的程度也不同。Dudamell 等[39]研究了不同的织构对 AZ31 镁合金动态再结晶的影响，其 EBSD 结果分析如图 1-16 所示。研究表明，在 250℃温度应变速率为 10^3 s^{-1} 下，在较高的应变有限的热传导情况下，动态再结晶也可以发生。$<c + a>$滑移会增强动态再结晶行为，因为交滑移和攀移比其他的滑移系更容易开动，更容易产生高角度晶界。同时，孪晶分数也在一定程度上影响动态再结晶。

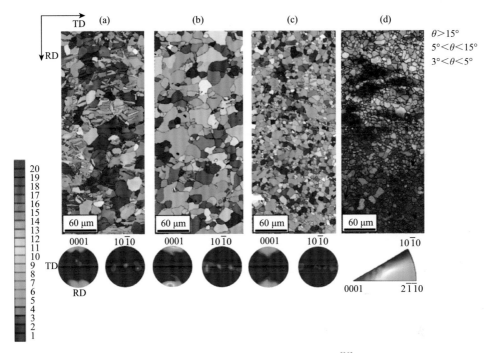

图 1-16　250℃时不同应变下的 AZ31 镁合金 EBSD 取向成像图[39]：（a）0.06；（b）0.10；（c）0.15；（d）0.15

1.3.2　镁合金的织构

当晶体取向集中在某一方向附近时，把这些择优取向多的组织称为织构。在室温时，镁合金的塑性变形主要依靠基面滑移系开动。因为其开动所需临界剪切应力值比非基面滑移小很多，所以变形镁合金的织构特征为（0002）基面织构[40, 41]。镁合金在热变形动态再结晶过程中，形成具有不同取向的动态再结晶晶粒，其中具有（0002）基面织构取向的动态再结晶晶粒的基面平行于挤压板材表面（ED-TD）。由于基面滑移系的 Schmid（施密特）因子比较小，在外力作用下具有（0002）基面织构取向的动态再结晶晶粒的应变小，位错密度低，畸变能较低，此时动态再结晶不敏感。但在随后变形过程中，该取向的晶粒组织会被保留下来。同时，具有非基面织构取向的晶粒 Schmid 因子大，在外力作用下容易产生滑移。随之应变增大，位错密度增加，畸变能变高[42, 43]。在晶粒长大过程中，晶粒的畸变能越高，与形变基体晶粒的畸变能差也就越大，于是晶界迁移的驱动力也就越大，晶粒生长就会越快，故畸变能较高且非基面织构取向的晶粒容易发生动态再结晶，形成动态再结晶晶粒。动态再结晶晶粒无论以何种方式形核，具有（0002）基面织构取向的新晶粒在变形过程中对动态再结晶行为变得不敏感，所以更多的组织成分被保留下来。同时，一般镁合金易进行（0002）基面滑移与 $\{10\bar{1}2\}$ 锥面孪生，使得变形后大部分晶粒的 c 轴平行于板材法向（ND）排列，就会造成基面织构取向较强，镁合金各向异性大，成形性能较差[44, 45]。基面织构的弱化和偏移可促进镁合金材料塑性的提高。因此，通过对织构和晶粒大小的控制，可以有效地改善镁合金室温塑性。

镁合金织构受以下因素影响：合金元素、变形温度、变形速度、变形程度、外加应力以及晶粒大小。合金元素的添加主要改变了合金晶格常数和层错能，进而改变镁合金塑性变形模式以及各种变形模式在塑性变形中的作用及贡献，最终使镁合金晶体取向发生变化[46, 47]。Li 等[44]研究了合金元素对镁合金板材织构及其力学性能的影响，如图 1-17 所示，通过添加金属 Li 元素，弱化了基面织构，力学性能及成形性能得到明显提高。Agnew 等[45]研究指出，添加 Li 或 Y 元素可以

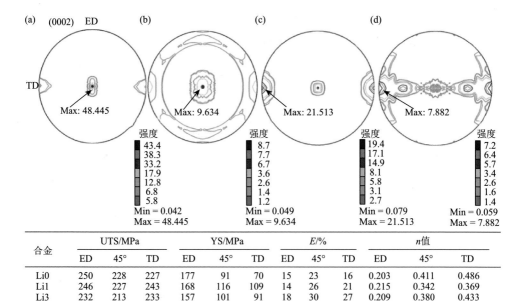

合金	UTS/MPa			YS/MPa			E/%			n值		
	ED	45°	TD	ED	45°	TD	ED	45°	TD	ED	45°	TD
Li0	250	228	227	177	91	70	15	23	16	0.203	0.411	0.486
Li1	246	227	243	168	116	109	14	26	21	0.215	0.342	0.369
Li3	232	213	233	157	101	91	18	30	27	0.209	0.380	0.433
Li5	229	210	242	161	112	113	18	31	25	0.187	0.340	0.377

图 1-17　AZ31 镁合金挤压板材的（0002）基面织构及其力学性能[44]

UTS：抗拉强度；YS：屈服强度；E：延伸率。下同

很好地改善镁合金织构，提高其力学性能，如图 1-18 所示，在纯镁中添加 1% Y 和 3% Li，有效弱化了变形基面织构。同时，退火处理也可以在一定程度上改善镁合金基面织构。Kim 等[48]研究认为，热轧 AZ31 板材通过退火处理使其组织发生了静态再结晶，退火后热轧板材的（0002）基面织构变化如图 1-19 所示，板材上、中、下表面的织构都发生了变化，在此条件下，织构得到弱化，AZ31 镁合金板材的成形性能得到提高。

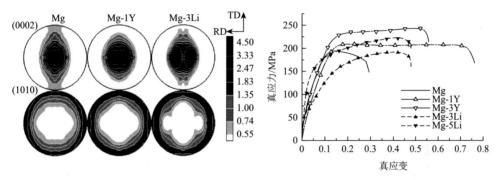

图 1-18 镁合金的（0002）基面织构极图和其力学性能[45]

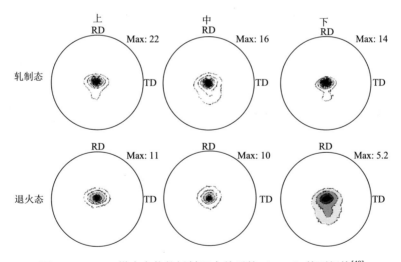

图 1-19 AZ31 镁合金热轧板材退火前后的（0002）基面织构[48]

1.4 镁合金板材的塑性加工工艺

目前，已得到大量应用的镁合金板材塑性加工成形工艺主要包括轧制和挤压工艺。

1.4.1 轧制工艺

尽管镁合金板材已在多个领域得到应用，但其进一步的大规模应用仍然受到限制，制约镁合金板材发展的主要原因包括：①大部分镁合金板材的室温塑性变形能力比较差，且在轧制板材中（0002）基面织构和各向异性比较强；②镁合金板材的轧制工艺，特别是量产工艺还不够成熟[49-51]。如图 1-20 所示，大部分镁合金轧制工艺为：熔炼，铸造，铣面，多次加热，多次热轧，精轧，固化处理，最终得到镁合金板材。镁合金为密排六方晶体结构，无法像铝合金进行大变形量塑性变形，特别是在较低轧制温度下，轧制过程中易发生严重边裂。一般在再结晶温度以上进行轧制，有利于镁合金柱面以及锥面等潜在的非基面滑移系启动，因此，大部分镁合金板材的轧制工艺采用热轧。

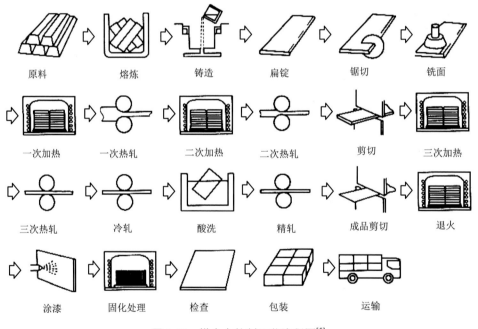

原料　　　　熔炼　　　　铸造　　　　扁锭　　　　锯切　　　　铣面

一次加热　　一次热轧　　二次加热　　二次热轧　　剪切　　　　三次加热

三次热轧　　冷轧　　　　酸洗　　　　精轧　　　　成品剪切　　退火

涂漆　　　　固化处理　　检查　　　　包装　　　　运输

图 1-20　镁合金轧制工艺流程图[5]

轧制工艺使镁合金得到晶粒相对细小的组织，从而提高镁合金板材的综合力学性能。目前镁合金的轧制成形大多采用普通对称轧制，轧制后镁合金板材组织的（0002）基面织构比较强，不利于后续加工成形[52,53]。独立滑移系少、易孪生变形和强基面织构，导致镁合金塑性成形困难，是镁合金板材轧制成形需要解决的主要问题。根据镁合金轧制成形工艺特点，新开发的轧制工艺包括异步轧制、等径角轧制（ECAR）、交叉辊轧制、累积叠轧等几类，如图 1-21 所示。通过等径角轧制后的镁合金板材，晶粒取向由（0002）基面取向变成基面与非基面共存的取向，镁合金板材晶粒尺寸略有长大并有孪晶出现。通过累积轧制工艺得到的镁合金板材，其晶粒尺寸与其他大变形工艺得到的晶粒尺寸比较相近，但累积叠轧板材的（0002）基面织构仍然比较强，不利于后续的二次加工成形。交叉辊轧制的镁合金板材，与普通的轧制方式相比，具有更好的冲压性能，这与镁合金板材厚度和宽度方向的应变有关。

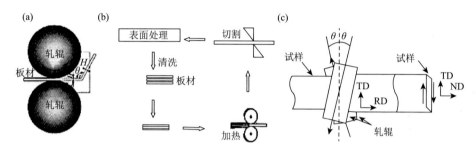

图 1-21　各种轧制工艺示意图：（a）ECAR；（b）累积叠轧；（c）交叉辊轧制

在相同的工艺条件下，异步轧制（differential speed rolling，DSR）镁合金板材的累积变形量比常规轧制的变形量大，动态再结晶更加充分。因此，异步轧制工艺有利于镁合金板材晶粒的细化，同时也可以改善和弱化轧制镁合金板材（0002）基面织构，从而提高镁合金的塑性变形能力[54-56]。

异步轧制已用于镁合金薄板制备。异步轧制示意图如图 1-22 所示，可以通过调整上下辊的直径大小或者上下辊的圆周线速度，实现异步轧制或者不等速度轧制工艺。Huang 等[57, 58]研究了异步轧制后 AZ31B 镁合金的力学性能，表明 DSR 工艺在室温和 423 K 温度条件下能够很好地改善（0002）基面织构问题，使基面织构发生偏移，并且得到弱化，最终提高了镁合金板材的成形性能。由于上下辊的圆周线速度不同，促使镁合金板材在轧制过程时 c 轴向 RD 反方向倾斜，这主要发生在已形成的粗大晶粒中。单向的剪切带主要形成在靠近双辊两边，如图 1-22（a）所示，粗大晶粒的形成像一个"block（刚性块体）"在变形晶粒中，见图 1-22（a）灰色部分。"block"靠近辊子的出口，下表面脱离了轧辊出口，而上表面仍然与上辊（速度较大）接触。因此，这个"block"就获得摩擦力，而压力来自高速辊，所以板材就会沿着剪切带滑动。如果轧制板材转向水平位置，粗大晶粒的 c 轴就向 RD 相反方向转动。随着多道次同样应变的倾斜，晶粒 c 轴偏转量就逐渐得到积累[59, 60]。另外，c 轴倾斜沿着剪切带向粗大晶粒区域转移，而在普通轧制过程没有这种现象。因此，在 DSR 工艺中镁合金板材的 c 轴倾斜使基面织构得到偏转。

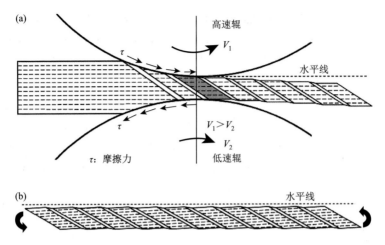

图 1-22　（a）剪切带在 DSR 工艺中形成的示意图；（b）经过 DSR 工艺后板材转向水平位置
（虚线面代表基面）[61]

　　Huang 等[58]研究了异步轧制 AZ31 镁合金板材组织及其力学行为，如图 1-23
所示，结果表明，异步轧制能够弱化（0002）基面织构，基面织构的强度由 11.9
减小到 10.2，通过 EBSD 分析可以看出，晶粒的取向发生偏移，异步轧制改善了

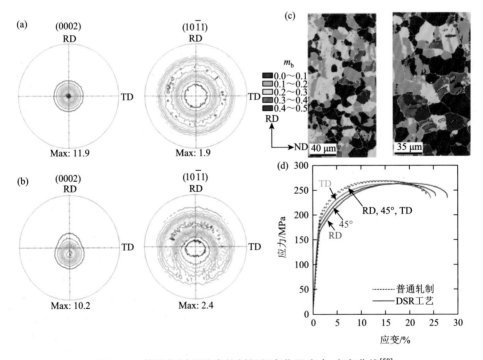

图 1-23　普通轧制和异步轧制组织变化及应力-应变曲线[58]

AZ31 板材的力学性能。与普通轧制相比，异步轧制镁合金板材容易产生剪切带，在剪切带附近的晶粒很小。通过图 1-24 的 EBSD 分析得出，基面织构得到了弱化，同时由于剪切带的作用，使基面织构向 RD 方向偏转了 10°左右[62]。异步轧制时变形区内存在"搓轧"区，该区内的剪切应力平行于镁合金板材表面，使（0002）基面织构显著弱化[63,64]。在镁合金异步轧制时，在压下量相同的条件下，"搓轧"变形区内所引入的附加剪切变形会使总应变增大，这样就会使附近区域的畸变增加，导致出现孪晶。此时孪晶与孪晶、孪晶与基体之间均可发生交互作用，使基于孪晶的动态再结晶晶粒得到细化，并使压缩孪晶的体积分数减小。

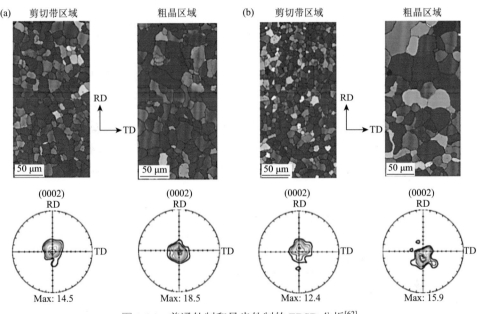

图 1-24　普通轧制和异步轧制的 EBSD 分析[62]

（a）普通轧制；（b）异步轧制

1.4.2　挤压工艺

挤压工艺是在挤压筒中的锭坯一端施加外力，通过挤压模孔成形的一种塑性成形方法[65,66]。与锻造、轧制等方法相比，挤压工艺可使合金锭坯保持在强烈的三向压应力状态，这种状态有利于镁合金的塑性变形。采用挤压成形工艺，可以制备得到各种镁合金管材、棒材和型材，其中包括带凹角和暗槽的镁合金型材、大直径和变截面厚度的镁合金薄壁管等，也可以挤压成形一定尺寸的镁合金板材。同时，在镁合金挤压过程中，由于挤压模具的限制作用，镁合金铸锭的铸造缺陷得以消除[67,68]。

通过挤压工艺和模具设计，可以增大挤压比，也就是大变形量制备得到镁合金板材。随着挤压比的增大，塑性变形程度增大，使镁合金晶粒更加细化。挤压比对镁合金板材的强度和塑性也有很大影响[69-71]。当挤压比增大时，镁合金的晶粒变小，强度得到提高，塑性也得到改善。当挤压比过大时，挤压比对抗拉强度和屈服强度产生的影响不大。在镁合金挤压过程中存在一个临界挤压比，当大于此临界值时，挤压比对微观组织和其力学性能的影响很小[72, 73]。

等通道转角挤压（ECAP）是一种新型的镁合金挤压工艺，包括循环等通道挤压、ECAP 旋转模、ECAP 边挤模、ECAP 多道模和等通道拐角挤压（ECSLE）[74]。ECAP 使镁合金在成形过程中承受一个附加剪切应力，不同的 ECAP 工艺的剪切变形特点存在一些差异。在镁合金 ECAP 挤压过程中，坯料两端之间存在稳态变形区。在稳态变形区时，镁合金靠近通道外侧的部分变形较小，金属的流动较慢，而靠近通道内侧的部分变形较大，金属流动较快，在镁合金的法向截面上应变分布是不均匀的，分别在一侧面、两侧面及一棱角附近可累积较大的应变。多道次挤压时，剪切面也在发生多方位的变化过程，对裂纹产生也具有重要的影响。Yan 等[75]通过将 AM60 镁合金板材叠加在一起，采用 EACP 挤压工艺开展研究，结果表明，同原始板材相比，ECAP 板材的晶粒得到细化，并且弱化了基面织构，甚至可以获得非基面织构，因而 ECAP 镁合金板材具有良好的室温塑性。

1.5 镁合金板材织构调控

基面滑移和 $\{10\bar{1}2\}$ 拉伸孪生是镁合金在室温下的主要塑性变形模式。通过传统挤压或热轧工艺制备的镁合金板材具有较强的基面织构，室温塑性变形能力较差，不利于产品的二次塑性加工成形。因此，弱化镁合金基面织构，调控镁合金织构强度和类型，对于改善和提升镁合金塑性和二次加工能力有非常重要的理论价值和现实意义。近年来，对镁合金织构调控技术不断涌现，主要有添加合金元素、新型轧制、预变形和非对称挤压技术等。

1.5.1 添加合金元素

添加合金元素是一种调控镁合金基面织构的有效手段。Zhao 等[64]研究了添加 Ca 元素对热轧镁合金板材织构的影响，结果表明，在 AZ31 中加入少量 Ca 元素，能有效弱化轧制板材的基面织构。添加 Li 元素也能有效降低合金基面织构的强度，并改变织构分布[65]，如图 1-25 所示。稀土元素添加是近年来调控镁合金基面织构的重点和热点，大量研究表明 Gd、Y、Nd 和 Ce 等元素的添加可以显著弱化或改变镁合金织构，所得镁稀土合金具有较好的塑性和室温成形性，力学性能和各向异性得到明显改善。Chino 等[66]研究了添加 0.2wt%（wt%表示质量分数）Ce 对热轧镁合金板织构、拉伸性能和深冲性能的影响，结果表明 Mg-Ce 合金板材基面织构得到显著弱化，表现出良好的深冲性能。

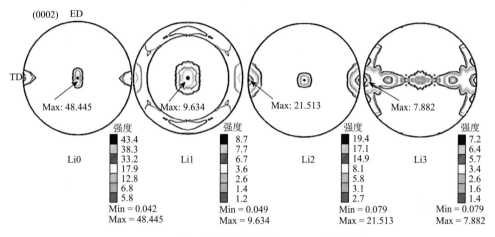

图 1-25 挤压镁合金板材的 (0002) 极图[65]

杨牧轩等[67]对比研究了纯镁和 Mg-0.2%Ce 合金棒材的微观组织、织构和力学性能，添加 0.2wt% Ce 元素弱化了镁合金的基面织构，室温延伸率提高，挤压棒材的拉压不对称性得到改善，其分析结果如图 1-26 所示。

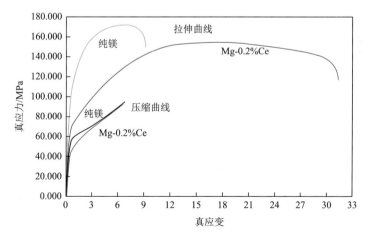

图 1-26 Mg-0.2% Ce 合金和纯镁的拉压真应力-真应变曲线[67]

如图 1-27 所示，随着稀土元素含量的增加，镁合金的最大极密度快速下降，然后趋于稳定，这表明稀土元素对织构弱化效果存在一个极限。不同稀土元素对织构强度影响不同，达到最低织构强度所需的稀土元素含量不同[68]。

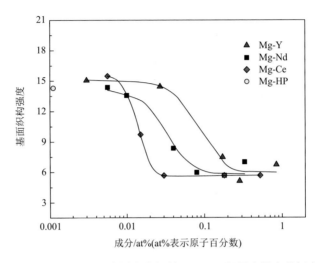

图 1-27 添加不同含量稀土元素镁合金板材（0002）极图上最大的极密度变化[48]

很多学者研究了稀土元素弱化镁合金基面织构的机理。张招斌等[69]研究表明 WE54 镁稀土合金织构弱化主要是由于动态再结晶过程中的粒子诱导形核（PSN）。Li 等研究发现 Mg-Al-Zn 系合金中的第二相对织构也有很好的弱化效果[70]。但是，某些镁合金中即使存在第二相粒子，也没有明显的织构弱化效果[71]。稀土元素大多以固溶的形式存在于镁基体中，没有形成第二相粒子，稀土元素弱化织构的机理与溶质原子密切相关。一些学者认为添加稀土元素（如 Y 元素）改变了 c/a 值，从而改变了镁合金变形模式，并弱化了基面织构，因为 c/a 的变化影响合金在变形过程中各滑移系的有效开启[72, 73]。更多的学者认为稀土元素的添加改变了 Mg 原子与稀土元素及稀土元素周围 Mg-Mg 之间的键能，基面及非基面的层错能也发生改变，从而改变了基面、非基面滑移和孪生开启的临界剪切应力，以镁合金变形模式改变来实现织构弱化。经过挤压或热轧工艺后，镁稀土合金织构弱化与再结晶有关[74, 75]。李瑞红等研究了不同元素对镁合金棒材织构的影响，发现添加 La 或 Gd 稀土元素镁合金棒材形成了稀土织构[44]。通过进一步分析，这种取向的晶粒都是剪切带上形核的细小晶粒，因而提出剪切带形核减少基面织构的观点[68]。

1.5.2　预变形技术

预变形技术是对板材采用特定的加载方式，变形过程中会优先选择滑移或孪生软取向晶粒，这些晶粒取向发生改变，然后进行退火，引入稳定的再结晶组织。由于在小应变下这些软取向晶粒优先变形具有较高的存储能，在退火过程中会优先成为再结晶晶粒的形核位置，这些取向改变的晶粒会影响或诱导再结晶晶粒取向，从而使镁合金板材织构发生改变。

常用预变形技术主要包括预压缩变形、预拉伸变形、预剪切变形、预轧制变形等。作者课题组对织构不对称的 AZ31 和 LAZ331 板材沿织构偏转方向进行预拉伸变形，织构不对称的组分发生 $\{10\bar{1}2\}$ 拉伸孪晶，后经退火后板材形成弱的对称性织构，挤压板材平面各向异性改善，室温杯突成形性能提高。同时，对强基面织构板材进行不同量预拉伸后进行退火，预拉伸量 5% 样品获得较为粗大的晶粒，板材基面织构强度降低。虽然该板材室温延伸率有小幅度下降，但其杯突值较原始板材提高约 65%。杯突性能的提高主要是由于板材织构强度的弱化和晶粒的长大，较大的晶粒在拉伸成形过程中有利于引入 $\{10\bar{1}2\}$ 拉伸孪晶。通过预压缩变形在板材引入 $\{10\bar{1}2\}$ 拉伸孪晶，从而改变镁合金板材的基面织构，室温杯突性能提高约 50%。

参 考 文 献

[1]　贾昌远，霍元明，何涛，等. 镁合金从工艺到应用的发展研究现状[J]. 农业装备与车辆工程，2022，60（4）：61-65.

[2]　Zhou X H，Ha C W，Yi S B，et al. Texture and lattice strain evolution during tensile loading of Mg-Zn alloys measured by synchrotron diffraction[J]. Metals，2020，10（1）：124.

[3]　汪凌云，黄光胜，范永革，等. 变形 AZ31 镁合金的晶粒细化[J]. 中国有色金属学报，2003，13（3）：594-598.

[4]　Zhang F，Ren Y，Yang Z Q，et al. The interaction of deformation twins with long-period stacking ordered precipitates in a magnesium alloy subjected to shock loading[J]. Acta Materialia，2020，188：203-214.

[5]　吴国华，陈玉狮，丁文江. 镁合金在航空航天领域研究应用现状与展望[J]. 载人航天，2016，22（3）：281-292.

[6]　范才河，陈刚，严红革，等. 稀土在镁及镁合金中的作用[J]. 材料导报，2005，19（7）：61-63，68.

[7]　Hornberger H，Virtanen S，Boccaccini A R. Biomedical coatings on magnesium alloys: A review[J]. Acta Biomaterialia，2012，8（7）：2442-2455.

[8]　张健，胡翼. 汽车用新型高强镁合金的压铸工艺优化[J]. 热加工工艺，2021，50（3）：67-70.

[9]　Wang G G，Huang G S，Huang Y，et al. Achieving high ductility in hot-rolled Mg-xZn-0.2Ca-0.2Ce sheet by Zn addition[J]. JOM，2020，72（46）：1607-1618.

[10]　Paudel Y R，Indeck J，Hazeli K，et al. Characterization and modeling of $\{10\bar{1}2\}$ twin banding in magnesium[J]. Acta Materialia，2020，183（7）：438-451.

[11]　韩修柱，田政，臧晓云，等. AZ31 镁合金不同挤压速度下的组织演变及力学性能研究[J]. 精密成形工程，2022，14（6）：10-19.

[12]　Nie H H，Hao X W，Kang X P，et al. Strength and plasticity improvement of AZ31 sheet by pre-inducing large volume fraction of $\{10\bar{1}2\}$ tensile twins[J]. Materials Science and Engineering A，2020，776：139045.

[13]　陈振华，严红革，陈吉华. 镁合金[M]. 北京：化学工业出版社，2004.

[14]　陈振华. 变形镁合金[M]. 北京：化学工业出版社，2005.

[15] 卢振华, 杨红平, 刘博. 镁合金变形机制及温度对其轧制组织影响的研究进展[J]. 热加工工艺, 2018, 47 (13): 13-17.

[16] Wang D X, Zhu Q Q, Wei Z X, et al. Hot deformation behaviors of AZ91 magnesium alloy: Constitutive equation, ANN-based prediction, processing map and microstructure evolution[J]. Journal of Alloys and Compounds, 2022, 908: 164580.

[17] Yoo M H. Slip, twinning, and fracture in hexagonal close-packed metals[J]. Metallurgical Transactions A, 1981, 12 (3): 409-418.

[18] Snir Y, Ben-Hamu G, Eliezer D, et al. Effect of compression deformation on the microstructure and corrosion behavior of magnesium alloys[J]. Journal of Alloys and Compounds, 2012, 528: 84-90.

[19] 胡红军. 变形镁合金挤压-剪切复合制备新技术研究[D]. 重庆: 重庆大学, 2010.

[20] Koike J, Kobayashi T, Mukai T, et al. The activity of non-basal slip systems and dynamic recovery at room temperature in fine-grained AZ31B magnesium alloys[J]. Acta Materialiaiaialia, 2003, 51 (7): 2055-2065.

[21] Wang X X, Mao P L, Liu Z, et al. Nucleation and growth analysis of $\{10\bar{1}2\}$ extension twins in AZ31 magnesium alloy during *in-situ* tension[J]. Journal of Alloys and Compounds, 2019, 817: 15296.

[22] Zhu B W, Liu X, Xie C, et al. $\{10\bar{1}2\}$ extension twin variant selection under a high train rate in AZ31 magnesium alloy during the plane strain compression[J]. Vacuum, 2019, 160: 279-285.

[23] Nave M D, Barnett M R. Microstructures and textures of pure magnesium deformed in plane-strain compression[J]. Scripta Materialia, 2004, 51 (9): 881-885.

[24] Barnett M R, Davies C H J, Ma X. An analytical constitutive law for twinning dominated flow in magnesium[J]. Scripta Materialia, 2005, 52 (7): 627-632.

[25] Al-Samman T, Li X, Chowdhury S G. Orientation dependent slip and twinning during compression and tension of strongly textured magnesium AZ31 alloy[J]. Materials Science and Engineering A, 2010, 527 (15): 3450-3463.

[26] Xin Y C, Wang M Y, Zeng Z, et al. Strengthening and toughening of magnesium alloy by $\{10\bar{1}2\}$ extension twins[J]. Scripta Materialia, 2012, 66 (1): 25-28.

[27] Xin Y, Zhou X J, Liu Q. Suppressing the tension-compression yield asymmetry of Mg alloy by hybrid extension twins structure[J]. Materials Science and Engineering A, 2013, 567: 9-13.

[28] Zhang H, Huang G S, Wang L F, et al. Improved formability of Mg-3Al-1Zn alloy by pre-stretching and annealing[J]. Scripta Materialia, 2012, 67 (5): 495-498.

[29] Song B, Xin R L, Chen G, et al. Improving tensile and compressive properties of magnesium alloy plates by pre-cold rolling[J]. Scripta Materialia, 2012, 66 (12): 1061-1064.

[30] Luo J R, Godfrey A, Liu W, et al. Twinning behavior of a strongly basal textured AZ31 Mg alloy during warm rolling[J]. Acta Materialia, 2012, 60 (5): 1986-1998.

[31] Pan H, Kang R, Li J, et al. Mechanistic investigation of a low-alloy Mg-Ca based extrusion alloy with high strength-ductility synergy[J]. Acta Materialia, 2020, 186: 278-290.

[32] Shen J, Zhang L, Hu L, et al. Effect of subgrain and the associated DRX behaviour on the texture modification of Mg-6.63Zn-0.56Zr alloy during hot tensile deformation[J]. Materials Science and Engineering A, 2021: 141745.

[33] Li M, Huang Y C, Liu Y, et al. Effects of heat treatment before extrusion on dynamic recrystallization behavior, texture and mechanical properties of as-extruded Mg-Gd-Y-Zn-Zr alloy[J]. Materials Science and Engineering: A, 2022, 832: 142479.

[34] Di P, Li W, Yang T L, et al. Effect of Al addition and annealing on the microstructure evolution of Mg-3Sn Mg

alloy subjected to high-speed rolling[J]. Journal of Alloys and Compounds，2022，929：167224.

[35] Chaudry U M，Noh Y，Hamad K，et al. Effect of deformation temperature on the slip activity in pure Mg and AZX211[J]. Journal of Materials Research and Technology，2022，19：3406-3420.

[36] 孟利，杨平，崔凤娥，等. 镁合金 AZ31 动态再结晶行为的取向成像分析[J]. 北京科技大学学报，2005，27（2）：187-192.

[37] 陈振华，许芳艳，傅定发，等. 镁合金的动态再结晶[J]. 化工进展，2006，25（2）：140-146.

[38] Fatemi-Varzaneh S M，Zarei-Hanzaki A，Beladi H. Dynamic recrystallization in AZ31 magnesium alloy[J]. Materials Science and Engineering A，2007，456（1-2）：52-57.

[39] Dudamell N V，Ulacia I，Gálvez F，et al. Influence of texture on the recrystallization mechanisms in an AZ31 Mg sheet alloy at dynamic rates[J]. Materials Science and Engineering A，2012，532：528-535.

[40] 唐伟琴，张少睿，范晓慧，等. AZ31 镁合金的织构对其力学性能的影响[J]. 中国有色金属学报，2010，20（3）：371-377.

[41] Nakata T，Hama T，Sugiya K，et al. Understanding room-temperature deformation behavior in a dilute Mg-1.52 Zn-0.09 Ca（mass%）alloy sheet with weak basal texture[J]. Materials Science and Engineering A，2022：143638.

[42] 汪凌云，范永革，黄光杰，等. AZ31B 镁合金板材的织构[J]. 材料研究学报，2009，18（5）：466-470.

[43] Xu B，Sun J，Yang Z，et al. Microstructure and anisotropic mechanical behavior of the high-strength and ductility AZ91 Mg alloy processed by hot extrusion and multi-pass RD-ECAP[J]. Materials Science and Engineering A，2020，780：139191.

[44] Li R H，Pan F S，Jiang B，et al. Effect of Li addition on the mechanical behavior and texture of the as-extruded AZ31 magnesium alloy[J]. Materials Science and Engineering A，2013，562：33-38.

[45] Agnew S R，Yoo M H，Tomé C N. Application of texture simulation to understanding mechanical behavior of Mg and solid solution alloys containing Li or Y[J]. Acta Materialia，2001，49（20）：4277-4289.

[46] Bohlen J，Nürnberg M R，Senn J W，et al. The texture and anisotropy of magnesium-zinc-rare earth alloy sheets[J]. Acta Materialia，2007，55（6）：2101-2112.

[47] Kim W J，Hong S I，Kim Y S，et al. Texture development and its effect on mechanical properties of an AZ61 Mg alloy fabricated by equal channel angular pressing[J]. Acta Materialia，2003，51（11）：3293-3307.

[48] Kim S H，You B S，Chang D Y，et al. Texture and microstructure changes in asymmetrically hot rolled AZ31 magnesium alloy sheets[J]. Materials Letters，2005，59（29-30）：3876-3880.

[49] 刘劲松，竺晓华，张士宏，等. AZ31 镁合金轧制板材退火后的组织与力学性能[J]. 材料热处理学报，2010，31（2）：104-107.

[50] 查敏，王思清，方圆，等. 高性能轧制镁合金研究进展[J]. 精密成形工程，2020，12（5）：20-27.

[51] 潘复生，蒋斌. 镁合金塑性加工技术发展及应用[J]. 金属学报，2021，57（11）：1362-1379.

[52] 管笛，曲美晶，花îì安. 累积叠轧温度对 AZ31 镁合金组织和性能的影响[J]. 金属热处理，2021，46（11）：78-83.

[53] 李春福，栾永昌，张举，等. 交叉非对称轧制对 AZ31 镁合金薄板拉深性能的影响[J]. 热加工工艺，2022，51（7）：44-47.

[54] 夏伟军，蔡建国，陈振华，等. 异步轧制 AZ31 镁合金的微观组织与室温成形性能[J]. 中国有色金属学报，2010，20（7）：1247-1253.

[55] 丁茹，王伯健，任晨辉，等. 异步轧制 AZ31 镁合金板材的晶粒细化及性能[J]. 稀有金属，2010，34（1）：34-37.

[56] Xu J，Peng Y H，Guan B，et al. Tailoring the microstructure and texture of a dual-phase Mg-8Li alloy by varying the rolling path[J]. Materials Science and Engineering A，2022，844：143202.

[57] Huang X S，Suzuki K，Watazu A，et al. Improvement of formability of Mg-Al-Zn alloy sheet at low temperatures using differential speed rolling[J]. Journal of Alloys and Compounds，2009，470（1-2）：263-268.

[58] Huang X S，Suzuki K，Watazu A，et al. Mechanical properties of Mg-Al-Zn alloy with a tilted basal texture obtained by differential speed rolling[J]. Materials Science and Engineering A，2008，488（1-2）：214-220.

[59] Xu S，Liu T M，He J J，et al. The interrupted properties of an extruded Mg alloy[J]. Materials & Design，2013，45：166-170.

[60] Wang B S，Xin R L，Huang G J，et al. Effect of crystal orientation on the mechanical properties and strain hardening behavior of magnesium alloy AZ31 during uniaxial compression[J]. Materials Science and Engineering A，2012，534：588-593.

[61] Tu J，Zhou T，Liu L，et al. Effect of rolling speeds on texture modification and mechanical properties of the AZ31 sheet by a combination of equal channel angular rolling and continuous bending at high temperature[J]. Journal of Alloys and Compounds，2018，768：598-607.

[62] Huang X S，Suzuki K，Watazu A，et al. Microstructure and texture of Mg-Al-Zn alloy processed by differential speed rolling[J]. Journal of Alloys and Compounds，2008，457（1-2）：408-412.

[63] Luo D，Wang H Y，Zhao L G，et al. Effect of differential speed rolling on the room and elevated temperature tensile properties of rolled AZ31 Mg alloy sheets[J]. Materials Characterization，2017，124：223-228.

[64] Zhao L Y，Chen W H，Zhou B A，et al. Quantitative study on the tension-compression yield asymmetry of a Mg-3Al-1Zn alloy with bimodal texture components[J]. Journal of Magnesium and Alloys，2022，10（6）：1680-1693.

[65] 赵鸿飞，郭丽丽，赵颖，等. AZ31 镁合金板材单双杆连续挤压变形过程及组织性能的对比[J]. 材料导报，2022，36（18）：123-129.

[66] Chino Y，Kimura K，Mabuchi M. Twinning behavior and deformation mechanisms of extruded AZ31 Mg alloy[J]. Materials Science and Engineering A，2008，486（1-2）：481-488.

[67] 杨牧轩，张华，王利飞，等. AZ31 镁合金挤压板材的显微组织与力学性能研究[J]. 热加工工艺，2021，50（17）：18-22.

[68] 刘英，陈维平，张大童，等. 不同路径等通道转角挤压镁合金的结构与力学性能[J]. 华南理工大学学报：自然科学版，2004，32（10）：10-14.

[69] 张招斌，胡耀波，王润，等. 挤压比对 Mg-1Tm-0.2Ni 合金组织及性能的影响[J]. 材料热处理学报，2022，43（2）：25-32.

[70] Kim W J，An C W，Kim Y S，et al. Mechanical properties and microstructures of an AZ61 Mg Alloy produced by equal channel angular pressing[J]. Scripta Materialia，2002，47（1）：39-44.

[71] Chen Y J，Wang Q D，Peng J G，et al. Effects of extrusion ratio on the microstructure and mechanical properties of AZ31 Mg alloy[J]. Journal of Materials Processing Technology，2007，182（1）：281-285.

[72] Shi B Q，Xiao Y H，Shang X L，et al. Achieving ultra-low planar anisotropy and high stretch formability in a Mg-1.1Zn-0.76Y-0.56Zr sheet by texture tailoring via final-pass heavy reduction rolling[J]. Materials Science and Engineering A，2019，746：115-126.

[73] Zuo J，Nakata T，Xu C，et al. Effect of grain boundary segregation on microstructure and mechanical properties of ultra-fine grained Mg-Al-Ca-Mn alloy wires[J]. Materials Science and Engineering A，2022，848：143423.

[74] Chen L B，Li W，Sun Y D，et al. Effect of microstructure evolution on the mechanical properties of a Mg-Y-Nd-Zr

alloy with a gradient nanostructure produced via ultrasonic surface rolling processing[J]. Journal of Alloys and Compounds，2022，923：166495.

[75] Yan Z M，Li X B，Zheng J，et al. Microstructure evolution，texture and mechanical properties of a Mg-Gd-Y-Zn-Zr alloy fabricated by cyclic expansion extrusion with an asymmetrical extrusion cavity：The influence of passes and processing route[J]. Journal of Magnesium and Alloys，2021，9（3）：964-982.

第2章

厚向非对称平模挤压镁合金板材加工技术

2.1　厚向非对称平模挤压模具结构

挤压工艺是镁合金板材常用的制备加工手段。挤压过程中，将加热到一定温度的合金锭坯装入挤压机的挤压筒中，对挤压筒中的镁合金锭坯施加压力，使锭坯承受强烈的三向压应力，锭坯通过特定模具的矩形模孔，从而获得具有一定宽度和厚度的镁合金板材。在传统挤压成形过程中，挤压模具中的坯料承受上下对称的挤压力，得到的镁合金板材具有强基面织构及各向异性。镁合金板材新型非对称挤压，就是在传统挤压模具的基础上，通过构建非对称的内部几何结构，使板材在挤压成形过程中的应力应变处于非对称状态，一方面可增加附加剪切应变而细化晶粒；另一方面，新型非对称挤压工艺不仅可克服挤压死区现象，提高挤压过程中金属流动的平滑程度，改善金属挤压过程流动性，还可使上下表面的流速不一致，形成从上至下，沿板材厚度方向的流速梯度和应变梯度，有望使挤压板材晶粒 c 轴沿挤压方向倾转，弱化板材基面织构，从而使挤压板材具有更好的综合力学性能。作者团队已开发出多种新型非对称几何结构的挤压模具，包括渐进式非对称挤压模具（PASE）、大应变非对称挤压模具（SASE）、变截面非对称挤压模具（VASE）、厚向梯度挤压模具（GASE）等板材厚向非对称挤压模具。本章重点介绍采用以上四种非对称挤压模具制备 AZ31 镁合金板材的研究进展。

图 2-1 为正向对称挤压模具（CE），以及渐进式非对称挤压模具、大应变非对称挤压模具、变截面非对称挤压模具和厚向梯度挤压模具四种非对称挤压模具的内部结构图。其中，渐进式非对称挤压模具的上下面平行长度差分别为

$L = 4$ mm、8 mm、12 mm，对应 PASE Ⅰ、PASE Ⅱ和 PASE Ⅲ三种模具结构。大应变非对称挤压模具的台阶长度为 4 mm。变截面非对称挤压模具上下模面夹角为 45°，截面形状为梯形。厚向梯度挤压模具上下模具的夹角分别加工为 30°、45°、60°和 90°。

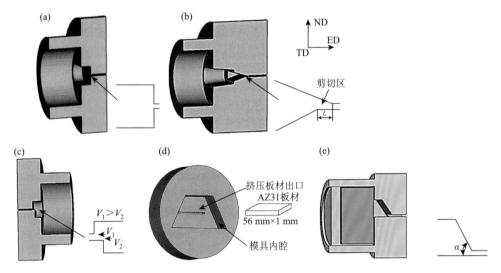

图 2-1　模具：（a）CE；（b）PASE；（c）SASE；（d）VASE；（e）GASE

非对称挤压所用合金为 AZ31 和 AZ61 镁合金，后续数值模拟和挤压加工所用的工艺参数如下：挤压筒工作尺寸 450 mm×85 mm（长×内径），挤压温度和模具温度均为 430℃，所得挤压板材的尺寸为厚 1 mm、宽 56 mm，挤压比约为100∶1，挤压速度为 20 mm/s。

渐进式非对称挤压模具是在传统对称挤压模具基础上，改变上下模面的形状，使上下模面长度不等且呈一定夹角。大应变非对称挤压模具是在传统对称挤压模具的基础上，设置一个长度为 4 mm 的附加台阶。变截面非对称挤压模具的上下模面平行宽度不同，为梯形结构。厚向梯度挤压模具是在传统对称挤压模具的基础上，只改变模具上侧部分，使上侧模面与下侧呈一定夹角。以上四种非对称挤压模具均是通过改变上下模面的尺寸而形成两者差异，使合金在挤压过程中沿上下模面的流动路径和距离存在差异，从而改变合金在挤压过程中的流动行为，使合金沿上下表面的流速存在较大差异，形成沿挤压板材厚度方向的应变梯度，在挤压板材厚度方向形成附加剪切应力。增加的附加剪切应力，可望使镁合金挤压板材晶粒细化，改善强度塑性，还可弱化挤压板材的基面织构。

2.2 ▶ 厚向非对称挤压过程中镁合金的流动与应变

由于模具几何结构的改变，在挤压过程中合金的流场以及对应的应力应变分布均将发生改变。为了揭示非对称挤压过程中的应力应变特征，掌握非对称几何结构对应力应变的影响，本节在前述对称挤压模具结构和非对称挤压模具结构基础上，以 AZ31 镁合金材料为对象，对挤压过程中的合金流动和应变特征采用 DEFORM 软件进行有限元数值模拟计算。

2.2.1 渐进式非对称挤压过程中合金的流动与应变

以 PASE Ⅰ 模具（$L = 4$ mm）为对象，对 AZ31 镁合金板材在渐进式非对称挤压过程中沿厚度方向上的流速及应变分布进行了分析。图 2-2 为采用 PASE Ⅰ 模具（$L = 4$ mm）挤压的 AZ31 镁合金板材在挤压过程中的应变及流速的有限元模拟结果。可以看出，沿板材厚度方向上应变及流速存在一定的梯度。在图 2-2（a）中可以看出，镁合金材料进入渐进式非对称挤压变形剪切区，应变和流速随着挤压过程逐渐增大，剪切区上部分为最大值。由图 2-2（b）的坯料流速模拟结果可知，PASE Ⅰ 挤压板材的上、中、下三部分的速度分别为 4.7 mm/s、3.7 mm/s 和 1.4 mm/s，沿板材厚度方向逐渐减小。

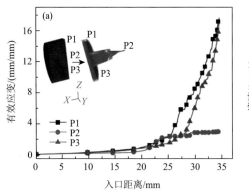
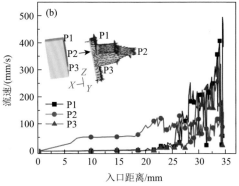

图 2-2　（a）PASE 板材在挤压过程中的有效应变；（b）板材的上、中和下表面的流速分布

图 2-3 为 AZ31 镁合金在 PASE 挤压过程中流速分布情况。以 PASE Ⅰ 挤压板材为例，当坯料未填充到不对称部分（非对称剪切区），材料的流速为对称分布，如图第 7、10、20 步所示，此时的流速分布为 20 mm/s、40 mm/s、45 mm/s。在

第 30 步时，AZ31 镁合金进入非对称区，上下部分的流速开始不同步，在板材厚度方向上存在一定的流速梯度。随着平行长度差（4 mm、8 mm、12 mm）的增加，材料的流速也逐渐增加，PASE Ⅰ、PASE Ⅱ、PASE Ⅲ板材在第 30 步时的平均流速分别为 78 mm/s、83 mm/s、90 mm/s，主要是因为镁合金板材在挤压过程中逐渐进入到模具内腔，所受应力逐渐增加。因此，当镁合金开始板材成形时，流速又趋于稳定。

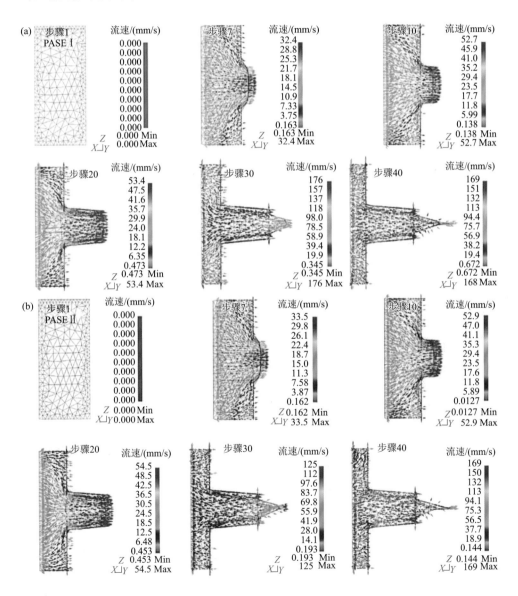

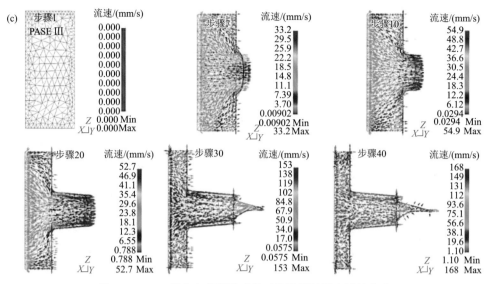

图 2-3　AZ31 镁合金在渐进式非对称挤压过程中流速分布

AZ31 在渐进式非对称挤压过程中的应力分布如图 2-4 所示。AZ31 镁合金在三个不同平行长度差的渐进式非对称挤压过程中的应力变化趋势相似,在第 7 步时,材料向挤压模具内腔流动,中间开始突起,应力向中间开始集中。随着平行长度 L 增加,镁合金在剪切区的应力增加,在第 30 步时,AZ31 在渐进非对称挤压模具上侧部分的应力分别为 100 MPa、122 MPa、195 MPa。在挤压过程中,在板材厚度方向上存在一定的应力梯度。

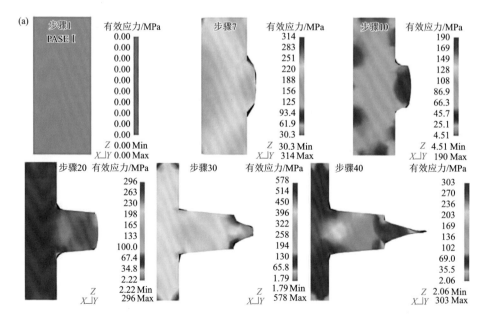

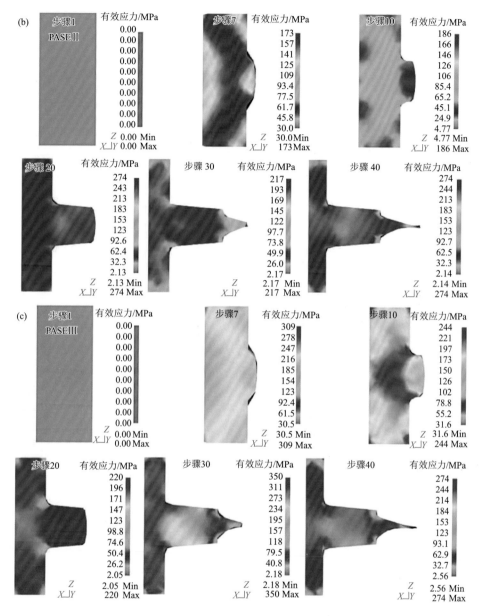

图 2-4　AZ31 镁合金在渐进式非对称挤压过程中的应力分布

2.2.2　大应变非对称挤压过程中合金的流动与应变

采用有限元模拟了在大应变非对称挤压过程中 AZ31 镁合金板材沿厚度方向上的合金流速及应变分布，图 2-5 为 AZ31 镁合金板材在大应变非对称挤压过程中有效应变及流速的模拟分析。结果表明，沿板材厚度方向上应变及流速均存在一定的梯度，其上、下部分的流速比约为 2∶1，即上表面的应变大，速度快。在挤压变形过程中，由于应变不均匀分布，将使镁合金动态再结晶程度不同，应变大的区域的动态再结晶程度就大，形成较小的等轴晶粒，反之，较小应变的区域对应的晶粒较粗大。

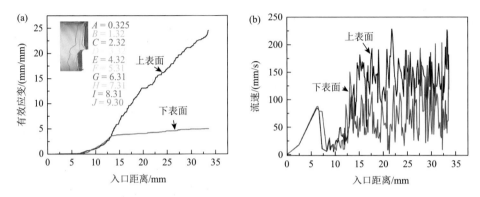

图 2-5　（a）大应变非对称挤压过程中合金的有效应变；（b）合金板材上、下表面的流速分布

　　AZ31 镁合金在大应变非对称剪切挤压中流速分布如图 2-6 所示。当合金未填充到非对称部分（剪切区）时，合金的流速为对称分布，如图第 4 步和第 10 步所示，此时的流速分布为 17 mm/s 和 55 mm/s。在第 13 步时，AZ31 合金进入非对称剪切区，上、下部分的流速发生显著变化，分别为 65 mm/s 和 52 mm/s。当镁合金板材开始挤压成形时，流速又趋于稳定，如第 30 步所示。在大应变非对称挤压过程中，流速差异表现得比较明显，这是因为镁合金板材在挤压过程中受到的应变较大，这与大应变非对称挤压过程存在差异。

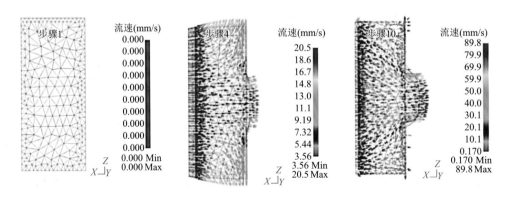

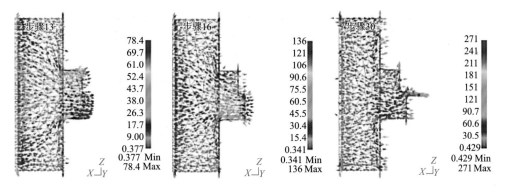

图 2-6 AZ31 材料在大应变非对称挤压过程中的流速分布

2.2.3 厚向梯度非对称挤压过程中合金的流动与应变

图 2-7 为 CE 对称挤压和四种 GASE（夹角分别为 30°、45°、60°和 90°）非对称挤压过程中 AZ31 镁合金的有效应变分布，有效应变在挤压板材成形处显著增加。在 CE 挤压过程中，有效应变分布相对于板材中间层呈对称分布。在 GASE 非对称挤压过程中，有效应变呈现显著的不对称分布。GASE 挤压板材上表面的有效应变明显高于挤压板材下表面，均高于 CE 对称挤压板材。

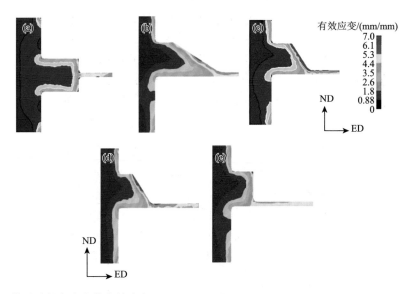

图 2-7 挤压过程中合金的有效应变：（a）CE；（b）GASE-30；（c）GASE-45；（d）GASE-60；
（e）GASE-90

　　为了更直观地了解挤压板材的有效应变变化情况，对 CE 和 GASE-45 挤压板材上表面和下表面在挤压过程中靠近模具出口处的流速分布进行追踪，如图 2-8 所示。在 CE 挤压过程中，挤压板材上表面和下表面的流速相同。在厚向梯度非对称挤压过程中，在挤压板材下表面的流速高于上表面，且随镁合金挤压过程的进行，合金的流速差逐渐增加，然后逐渐减小，在挤压板材成形后，挤压板材上表面和下表面流速相同。挤压板材上下表面在挤压过程中流速差的产生，促进了附加剪切应力的产生[1]。在厚向梯度非对称挤压过程中，剪切力和梯度应变将会改变挤压板材微观组织和织构[2]。

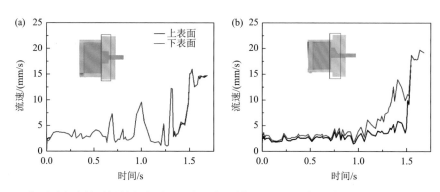

图 2-8　挤压过程中挤压板材上表面和下表面靠近模具出口（红色区域）的流速变化：（a）CE；（b）GASE-45

　　CE 和 GASE 挤压板材的上表面和下表面从板材中心到边缘沿 TD 方向的有效应变变化如图 2-9 所示。由图可知，CE 挤压板材上表面和下表面有效应变几乎相同，而在厚向梯度非对称挤压过程中，AZ31 挤压板材的上表面有效应变明显高于下表面，即有效应变沿板材厚度方向呈梯度变化，呈现非对称分布特征，且该挤压板材的有效应变高于 CE 挤压板材。

　　根据图 2-9 所示的四种厚向梯度非对称挤压 AZ31 镁合金板材的有效应变情况，挤压 AZ31 镁合金板材上表面、下表面以及其有效应变的平均值如表 2-1 所示。可以看出，挤压板材上表面的有效应变高于下表面，且随着挤压模具上下模面夹角的增大，上下表面的有效应变均增加，然后逐渐降低。其中，GASE-45 挤压板材上下表面的平均有效应变分别为 8.8 和 6.8，明显高于其他挤压 AZ31 镁合金板材。GASE-90 挤压板材的上下表面有效应变分别为 6.9 和 5.8，达到最低值。四种挤压模具所得板材上下表面的有效应变差 $\Delta\varepsilon(\varepsilon_{Top} - \varepsilon_{Bottom})$ 分别为 1.0、2.0、1.8 和 1.1，GASE-45 挤压板材的应变差最大。通过有限元模拟分析可知，当使用不同角度的挤压模具加工 AZ31 镁合金板材时，可以有效地改变挤压板材的有效应变和挤压板材厚度方向的应变差。采用夹角为 45° 的挤压模具时，可以使挤压板材获得最大的有效应变和有效应变差。

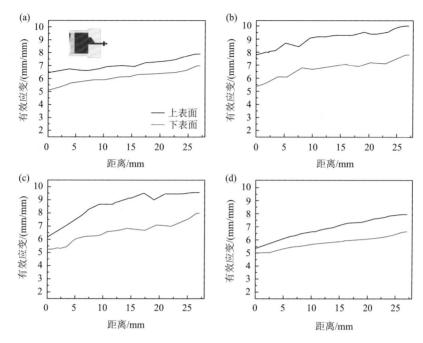

图 2-9　AZ31 板材上表面和下表面从板材中心到边缘沿 TD 方向的有效应变：（a）GASE-30；
（b）GASE-45；（c）GASE-60；（d）GASE-90

表 2-1　四种挤压工艺中挤压 AZ31 镁合金板材上表面和下表面有效应变

试样	上表面（ε_{Top}）	下表面（ε_{Bottom}）	平均值（$\bar{\varepsilon}$）	应变差（$\Delta\varepsilon$）
30-板材	7.0	6.0	6.5	1.0
45-板材	8.8	6.8	7.8	2.0
60-板材	8.5	6.7	7.6	1.8
90-板材	6.9	5.8	6.4	1.1

注：应变差（$\Delta\varepsilon$）= $\varepsilon_{Top} - \varepsilon_{Bottom}$

2.3　渐进式非对称挤压镁合金板材的组织与力学性能

2.3.1　挤压板材的显微组织演变

　　利用 OLYMPUS-GX41 金相显微镜观察镁合金挤压板材组织，在挤压板材的 ND（法向）-ED（挤压方向）平面上，沿板材挤压方向取样，观察分析对称挤压板材中部以及非对称挤压板材的上、中、下三部分。图 2-10 为挤压过程和相应的 AZ31 挤压板材，以及对称挤压（CE）AZ31 镁合金板材的金相组织照片（ND-ED）。

可以看出，AZ31 镁合金挤压板材表面光亮平整，对称挤压 AZ31 板材的晶粒比较细小均匀，大多为等轴状的动态再结晶晶粒，晶粒尺寸约为 16 μm。

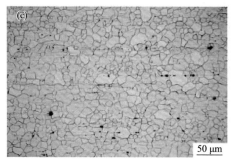

图 2-10 （a）挤压过程；（b）AZ31 挤压板材；（c）对称挤压 AZ31 板材组织的金相照片

1. 镁合金在模具剪切区的显微组织

图 2-11、图 2-12 和图 2-13 为上下面平行长度差分别为 4 mm（PASE Ⅰ）、8 mm（PASE Ⅱ）和 12 mm（PASE Ⅲ）的 PASE 模具挤压制备的 AZ31 镁合金板材在挤压过程中位于挤压剪切区域的金相组织图片。图 2-11～图 2-13 中（a）、（b）和（c）分别对应非对称挤压剪切区域的上、中、下三部分镁合金坯料的金相组织。从图 2-11（a）可以看出，PASE Ⅰ模具中的应变较大位置处的晶粒最细小。图 2-11（b）所示为在挤压模具中间部位的镁合金材料的金相组织，可以看到拉长的粗大晶粒。一般来说中间部分的板材受到的应力应变比较均匀，但由于上下应变不一致，形成的附加剪切应变使中间部分的晶粒被拉长。另外，部分铸态晶粒的 c 轴方向可能平行于挤压方向，所以在热挤压时被拉长而未发生动态再结晶。在图 2-11（c）中，有部分晶粒发生了完全动态再结晶，靠近边缘部分的晶粒较粗大。板材在挤压模具下半部分（c）处的流速小于（a）处，所以（c）处的应变较小，导致材料的晶粒尺寸粗大。在 PASE Ⅱ和 PASE Ⅲ模具剪切区域的组织形成过程与 PASE Ⅰ基本相同。从前述有限元模拟结果可以看出，随着上下平行长度差 L 从 4 mm 增大到 12 mm，挤压模具剪切区域的整体应变也增加。尽管在图 2-8（c）中可观察到粗

大的未完全动态再结晶组织，但与 L 值分别为 4 mm、8 mm 的挤压板材相比，由于挤压过程中 PASE Ⅲ的流速较快，应变较大，因此其剪切区的材料的组织最细小。

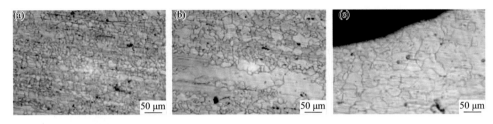

图 2-11　AZ31 镁合金在 PASE Ⅰ模具剪切处的组织

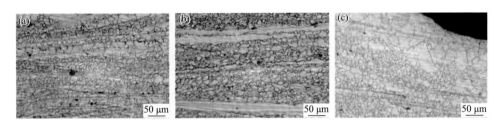

图 2-12　AZ31 镁合金在 PASE Ⅱ模具剪切处的组织

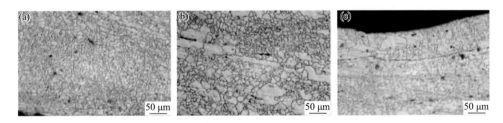

图 2-13　AZ31 镁合金在 PASE Ⅲ模具剪切处的组织

2. PASE 挤压镁合金板材的显微组织

图 2-14 为采用 PASE Ⅰ模具挤压的 AZ31 板材沿厚度方向的金相组织。由图可见，板材上、中、下三部分的组织以等轴晶为主，含有少量未变形扁平晶粒。板材上、中、下三部分的平均晶粒尺寸分别为 24 μm、28 μm 和 33 μm，板材近上部分的组织较细小，下表面的组织较为粗大，中间部分介于两者之间，呈增大趋势。图 2-15 和图 2-16 分别为采用 PASE Ⅱ、PASE Ⅲ模具挤压的 AZ31 板材沿厚度方向的金相组织。由图可见，挤压板材上、中、下三部分的组织也呈增大趋势，其平均晶粒尺寸分别为 23 μm、27 μm 和 31 μm，PASE Ⅲ板材的平均晶粒尺寸分别为 21 μm、25 μm 和 30 μm，仍是板材近上表面部分的组织较细小，下表面的组织较粗大，中间部分介于两者之间。

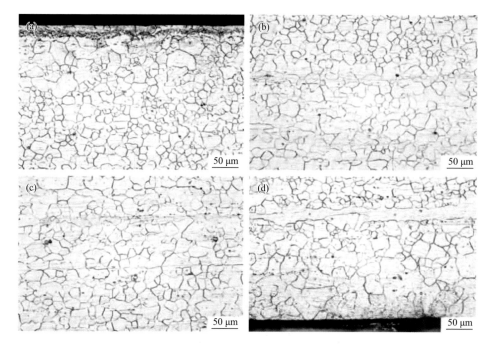

图 2-14　挤压 AZ31 镁合金板材组织（PASE Ⅰ）：（a）上部分；（b，c）中间部分；（d）下部分

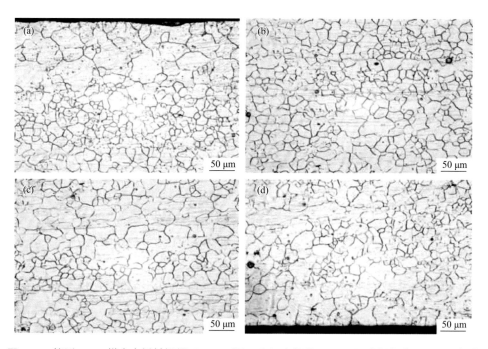

图 2-15　挤压 AZ31 镁合金板材组织（PASE Ⅱ）：（a）上部分；（b，c）中间部分；（d）下部分

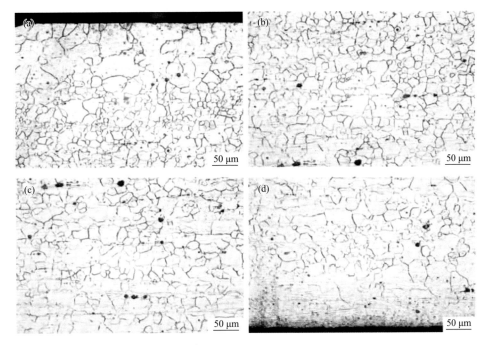

图 2-16 挤压 AZ31 镁合金板材组织（PASE Ⅲ）：（a）上部分；（b，c）中间部分；（d）下部分

根据平均晶粒尺寸和 Zener-Hollomon 参数（Z）之间的关系[3,4]，即 $\ln d = A + B \ln Z$，其中温度修正的应变率为 $Z = \varepsilon \cdot \exp(Q/RT)$，$\varepsilon$ 为应变速率，Q 为变形激活能，T 为温度，Q 为气体常数。因此，挤压应变的增加将导致挤压板材的晶粒尺寸减小。

综上所述，随着平行长度差 L（4 mm、8 mm、12 mm）的增加，AZ31 镁合金板材在渐进式非对称挤压成形过程中的应力应变也增加，促进热挤压过程中的 AZ31 镁合金动态再结晶，所得渐进式非对称挤压 AZ31 镁合金板材的平均晶粒尺寸从 28 μm、27 μm 减少为 25 μm，呈逐渐下降趋势。在渐进式非对称挤压中，靠近板材上表面的晶粒较细小，中间晶粒较均匀，靠近下表面的晶粒较粗大，说明在挤压过程中沿板材厚度方向的应变速率不同，导致晶粒尺寸沿板材厚度呈梯度分布，这与前述的挤压过程中的应力应变分析结果是一致的。

2.3.2 PASE 板材的宏观织构与晶粒取向

1. 宏观织构分析

图 2-17 为对称挤压 AZ31 板材的（0002）、（10$\overline{1}$0）、（10$\overline{1}$1）及（10$\overline{1}$2）部分不完整极图，表现为很强的（0002）基面织构，其极密度最大值为 22.6。在传统对称挤压过程中，滑移基本上都是沿基面进行，造成 c 轴的方向几乎都垂直于板面，形成很强的（0002）基面织构。由于镁合金室温下可开动滑移系较少，棱

面滑移系和锥面滑移系大部分在高温情况下才能启动。另外，镁合金层错能比较低，晶界扩散速度较高，在亚晶界上堆积的位错能够被亚晶界吸收。因此，挤压板材的极强基面织构对其塑性成形性能不利，特别是严重恶化室温塑性成形性能。

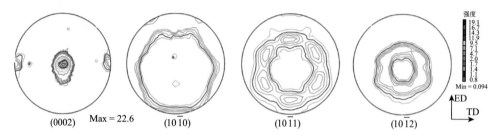

(0002)　　Max = 22.6　　　　(10$\bar{1}$0)　　　　　(10$\bar{1}$1)　　　　　(10$\bar{1}$2)

图 2-17　对称挤压的 AZ31 板材的极图

图 2-18 为渐进式非对称挤压 AZ31 板材的(0002)、(10$\bar{1}$0)、(10$\bar{1}$1)及(10$\bar{1}$2)部分不完整极图。由图可见，渐进式非对称挤压可使挤压板材的晶粒取向发生偏转，随着应变的增加，取向偏转角度增加。与对称挤压相比，渐进式非对称挤压可以较好地弱化基面织构强度，使(0002)基面织构强度从 22.6 降低为 13.4～15.9。

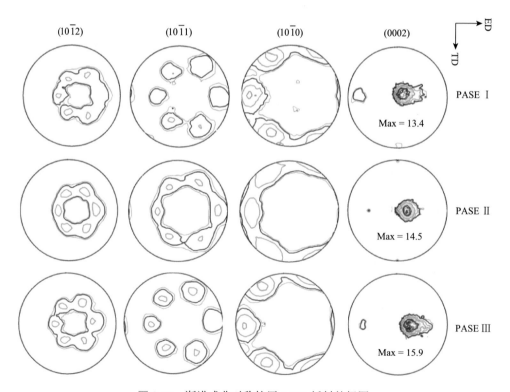

图 2-18　渐进式非对称挤压 AZ31 板材的极图

镁合金在热挤压过程中会形成具有不同取向的再结晶晶粒,其中,具有(0002)基面织构取向的动态再结晶晶粒,其基面平行于板材表面(TD-ED)。基面滑移系的 Schmid 因子比较小,在外力作用下具有(0002)基面织构取向的动态再结晶晶粒的应变小,位错密度低,畸变能较低,对于动态再结晶不敏感。在随后的变形过程中,该取向被保留下来。同时,由于具有非基面织构取向晶粒的 Schmid 因子大,在外力作用下容易产生滑移,导致应变大,位错密度高,畸变能高。在晶粒长大过程中,晶粒的畸变能也随之升高,与形变基体晶粒的畸变能差也就越来越大,进而晶界迁移的驱动力变大,晶粒生长得也就越快,故畸变能较高的非基面织构取向的晶粒更容易形成动态再结晶晶粒。

PASE Ⅰ、PASE Ⅱ和 PASE Ⅲ三种挤压工艺制备的 AZ31 板材,其(0002)基面取向分别向 ED 偏转了 12°、15°和 20°。另外,PASE 板材基面织构强度的最大值分别为 13.4、14.5、15.9,同传统挤压板材的基面强度(22.6)相比,其值大大减小。主要是由于在非对称热挤压过程中,在厚度方向上不同应变引起不同程度的动态再结晶,并随着滑移进行,其 c 轴向最大剪切应变方向偏转不同角度。在柱面($10\bar{1}0$)、锥面($10\bar{1}1$)及($10\bar{1}2$)上 c 轴的取向变化同基面偏移相对应地也向 ED 方向偏移,使织构强度减弱。

2. 微观织构分析

为了进一步研究渐进式非对称挤压镁合金板材的微观组织演变,采用 EBSD 成像技术观察其晶粒取向。图 2-19 为 PASE 挤压板材的取向成像图(IPF),图 2-20 为对应的取向差分析结果。试样 Ⅰ、Ⅱ、Ⅲ、Ⅳ分别为对称挤压(CE)、渐进式非对称挤压(PASE Ⅰ、PASE Ⅱ和 PASE Ⅲ)AZ31 板材。与前述分析结果基本相同,CE 板材的大部分动态再结晶晶粒的 c 轴平行于板材的厚度方向(ND),具有很强的基面织构特征。在 PASE 板材中,基面织构组分明显下降。从图 2-20 取向差分布图中可以看出,与 CE 挤压板材相比,PASE 板材中晶粒取向差介于 40°~

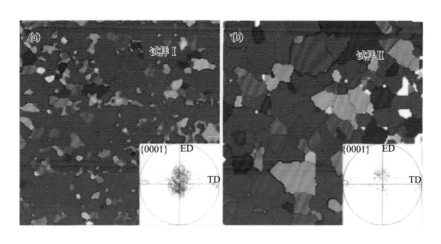

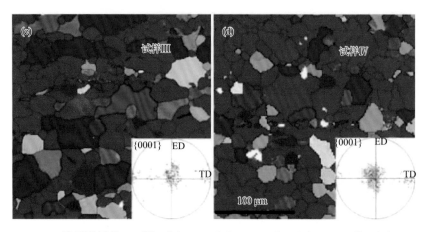

图 2-19 AZ31 挤压板材的 IPF 图：（a）CE；（b）PASE Ⅰ；（c）PASE Ⅱ；（d）PASE Ⅲ

90°的晶粒分数更高。CE 板材中介于 40°～90°取向差的晶粒所占百分数为 29.7%，而 PASE Ⅰ、PASE Ⅱ、PASE Ⅲ板材在 40°～90°取向差的晶粒百分数分别为 42.5%、54.4%和 43.4%。这表明在非对称挤压过程中，由于晶粒 c 轴沿挤压方向偏转，与基面取向相差较大，相邻晶粒的取向差也较大，导致基面织构强度减弱。因此，渐进式非对称挤压工艺能有效改善 AZ31 镁合金板材的晶粒取向分布，使基面 c 轴发生偏转，从而显著弱化基面织构。

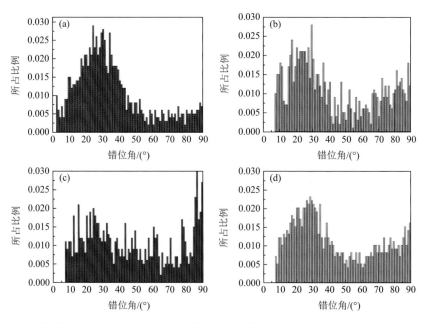

图 2-20 基于图 2-19 中 IPF 图的 AZ31 挤压板材晶粒取向差：（a）CE；（b）PASE Ⅰ；
（c）PASE Ⅱ；（d）PASE Ⅲ

图 2-21 为 AZ31 挤压板材晶粒取向在{0001}、{11$\bar{2}$0}、{10$\bar{1}$0}及{10$\bar{1}$2}晶面上的分布情况。由图可以看出，CE 板材的晶粒取向在（0002）面上的点分布比较集中，说明其基面织构比较强。PASE Ⅰ试样的点分布最为分散，说明其基面强度最弱，如图 2-21（b）所示。分析结果同图 2-18 的 XRD 织构分析结果是一致的，非对称挤压能使晶粒取向发生偏转的同时弱化板材的基面织构。

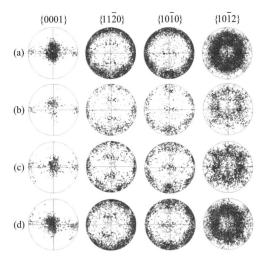

图 2-21　AZ31 板材的点分布的 EBSD 分析：（a）CE；（b）PASE Ⅰ；（c）PASE Ⅱ；（d）PASE Ⅲ

图 2-22 为 AZ31 挤压板材在 10°～100°之间间隔 10°的取向轴分布及其在（0002）、（01$\bar{1}$0）、（$\bar{1}$2$\bar{1}$0）面上的分布情况。可以看出，在 CE-AZ31 板材中，c 轴大多倾向（0002）基面法向方向。而渐进式非对称挤压板材 c 轴在（0002）基面附近的分布比较发散，说明其晶粒 c 轴发生了偏转，特别是 PASE Ⅰ工艺，c 轴在（0002）基面附近最为发散，因此，该挤压板材具有最弱的基面织构强度。

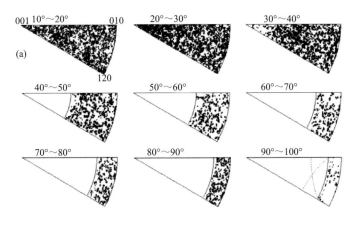

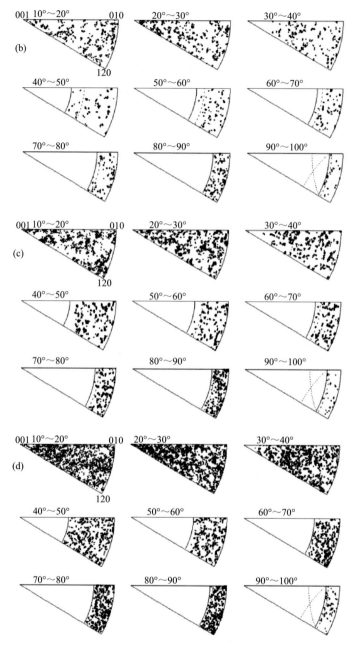

图 2-22 AZ31 挤压板材的取向轴分布 EBSD 分析：（a）CE；（b）PASE Ⅰ；（c）PASE Ⅱ；（d）PASE Ⅲ

3. 晶粒取向分析

图 2-23 为 CE 和 PASE Ⅰ 挤压板材的（0002）极图及对应的 EBSD 分析图。

CE 板材为强（0002）基面织构，组织比较均匀，而 PASE 板材基面织构弱化，但在厚度方向上的组织不均匀。由图 2-23（b）可以看出，在拉长的晶粒周围存在很多细小的动态再结晶（DRX）晶粒，同时基面织构极轴向 ED 偏转 12°左右，粗晶被拉长然后偏离基面取向。在对称挤压过程中，CE 板材受到应变为板材厚度压缩，沿挤压方向伸长；在渐进式非对称挤压过程中，由于上下部分速度不同，板材还受到剪切应力作用，其方向为在慢速方向一侧向后，快速方向一侧向前，从而在板材厚度方向产生剪切应变[5-9]。由于挤压变形程度很大，挤压比约为 100∶1，挤压镁合金板材的储存能较大，再结晶的驱动力较强，导致形核率与长大率较大。但在变形量较大时，形核率的增加速率大于长大率的增加速率，这是因为在变形过程中产生的位错来不及抵消，所以位错增多，导致再结晶形核增加。再结晶发生后，晶粒得到细化。因此，AZ31 镁合金应变量增加有利于动态再结晶，这时所形成的晶粒也就比较细小。由 FEM 模拟的结果可以看出，上表面的应变大，较小的动态再结晶晶粒出现，同时又由于剪切的作用，晶粒 c 轴取向沿 ED 偏转。

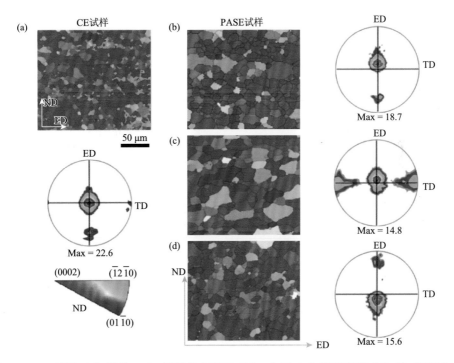

图 2-23　CE 试样（a）以及 PASE 试样的上表面（b）、中层（c）和下表面（d）的（0002）极图及 EBSD 图

图 2-24 为 PASE 板材晶粒取向的点分布 EBSD 分析结果。在图上取 12 种不同颜色的晶粒，观察其 c 轴取向。基面 c 轴取向为 EBSD 图红色部分，可以看到其 c 轴与 ND 方向平行，垂直于板材平面。

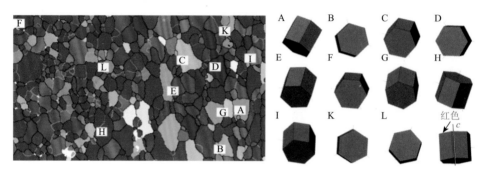

图 2-24　PASE Ⅰ 板材晶粒取向的点分布 EBSD 分析结果

图 2-25 为 PASE Ⅰ 挤压板材的 11 个典型晶粒在 $\{0001\}$、$\{11\bar{2}0\}$、$\{10\bar{1}0\}$ 及 $\{10\bar{1}2\}$ 取向点分布情况。在热挤压过程中，不同的应变对应的动态再结晶程度不同，同时由于非对称剪切作用，晶粒沿某个方向偏移角度不同，在 EBSD 图上表现为不同的颜色，在 $\{0001\}$、$\{11\bar{2}0\}$、$\{10\bar{1}0\}$ 及 $\{10\bar{1}2\}$ 面上表现在不同的位置。由图可见，B、C、D 点晶粒分别偏转 65°、78° 和 89°，弱化了基面织构，有望提高镁合金挤压板材的成形性能。

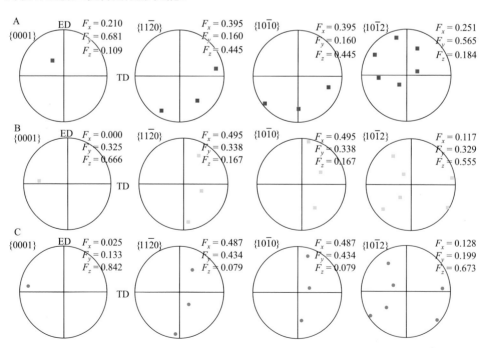

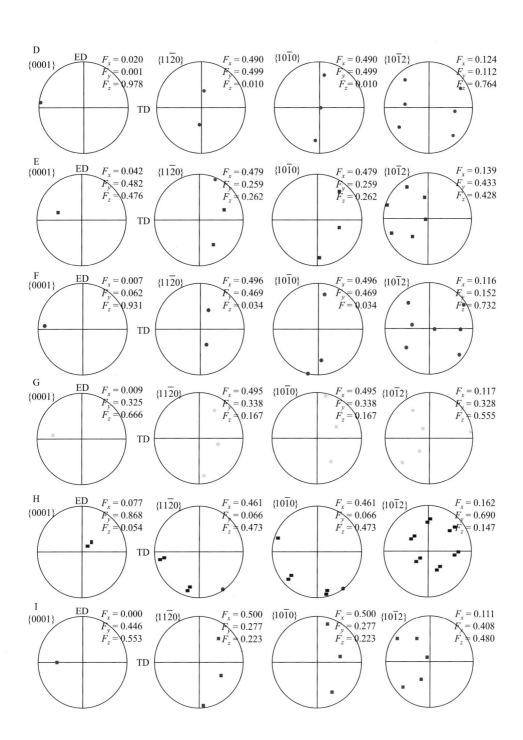

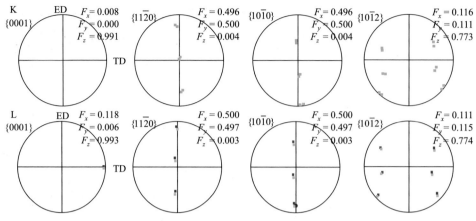

图 2-25　AZ31 板材{0001}、{11$\overline{2}$0}、{10$\overline{1}$0}及{10$\overline{1}$2}取向点分布的 EBSD 分析

2.3.3　渐进式非对称挤压镁合金板材的力学性能

图 2-26 为在室温下采用 CE、PASE Ⅰ、PASE Ⅱ、PASE Ⅲ四种挤压方式制备的 AZ31 挤压板材的真应力-真应变拉伸曲线。可以看出，PASE 挤压板材沿三个方向的真应力-真应变拉伸曲线的形状更接近，且拉伸过程中的加工硬化率减小，表明其力学各向异性减小。这与渐进式非对称挤压板材的基面取向发生偏移密切相关[10-12]。表 2-2 为 AZ31 挤压板材分别沿 0°、45°和 90°方向的延伸率、屈服强度及抗拉强度。

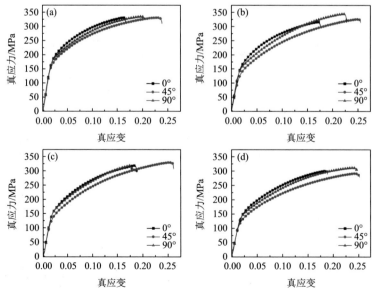

图 2-26　AZ31 挤压板材的真应力-真应变拉伸曲线：（a）CE；（b）PASE Ⅰ；（c）PASE Ⅱ；
（d）PASE Ⅲ

表 2-2　AZ31 挤压板材在 0°、45°和 90°方向上的延伸率、屈服强度及抗拉强度

试样	$E_{\rm ll}$/%			YS/MPa			UTS/MPa		
	0°	45°	90°	0°	45°	90°	0°	45°	90°
CE	15.4	22.1	19.0	161.2	147.7	168.6	332.0	322.8	331.0
PASE I	16.4	23.7	22.1	149.5	124.7	135.7	315.4	326.4	344.3
PASE II	17.4	24.5	16.5	138.9	119.6	142.3	315.8	318.8	320.8
PASE III	16.2	24.4	22.7	140.8	118.7	131.3	293.4	292.9	312.2

从表 2-2 可以看出，PASE 挤压工艺能够较好地改善 AZ31 镁合金板材的力学性能。延伸率在 0°、45°和 90°三个方向上都得到了提高，最大值为 24.5%，而屈服强度都降低，抗拉强度变化不明显。镁合金的屈服强度较小，容易在变形时屈服，在冲压等成形过程中的回弹比较小，有利于板材塑性成形时的定形及贴模。反之，合金的屈服强度越大，在材料冲压成形过程中需要更大的外加应力，导致成形困难[13-15]。因此，屈服强度的适当降低可使 AZ31 板材的成形性在一定程度上得到提高。

图 2-27 为 AZ31 挤压板材拉伸断口的二次电子和背散射电子 SEM 形貌。由图可见明显的韧窝，呈现韧性断裂特征。45°方向拉伸试样断口的韧窝数量最多，在断裂台阶内部还存在韧窝。对 CE-AZ31 板材，断口较 PASE 板材平整，呈现一定程度的脆性断裂特征，说明其韧性小于 PASE 板材。

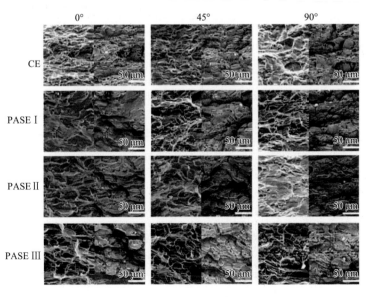

图 2-27　AZ31 挤压板材拉伸断口的二次电子和背散射电子 SEM 形貌

2.3.4 退火处理后的渐进式非对称挤压板材的组织与力学性能

前面研究了采用对称挤压和渐进式非对称挤压模具制备的热挤压态 AZ31 板材的组织与性能，退火处理可适当消除热挤压过程中的残余应力，为了研究退火处理对 PASE 挤压 AZ31 板材组织与性能的影响，本节将前述 AZ31 挤压板材在 300℃退火 1 h，使挤压板材充分发生再结晶。在退火过程中，再结晶作用可使部分晶粒取向发生偏转，有望改善挤压板材的基面织构强度和室温力学性能。

1. 退火挤压板材的组织演变

图 2-28 为退火后 CE AZ31 板材金相组织（ND-ED）图片，可以看出，与退火前的金相组织相比 [图 2-10（c）]，经过 300℃退火 1 h 处理后，对称挤压 AZ31 板材的晶粒形貌仍然为细小的等轴晶粒，晶粒尺寸变化不明显，平均晶粒尺寸约为 21 μm。

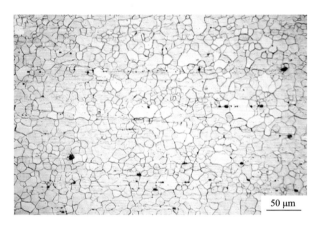

50 μm

图 2-28　退火 CE AZ31 板材金相组织（ND-ED）图片

图 2-29、图 2-30 和图 2-31 分别为 PASE Ⅰ、PASE Ⅱ 和 PASE Ⅲ三种 AZ31 非对称挤压板材在退火处理后的上、中、下三部分区域的金相组织。由图可见，上、中、下三部分其余的组织均由等轴晶粒组成，与退火前的金相组织相比（图 2-14、图 2-15 和图 2-16），退火处理后的 AZ31 非对称挤压板材中的细长晶粒消失，晶粒大小更为均匀。PASE Ⅰ挤压板材上、中、下三部分区域的平均晶粒尺寸分别约为 25 μm、29 μm 和 34 μm，PASE Ⅱ挤压板材上、中、下三部分区域的平均晶粒尺寸分别约为 24 μm、28 μm 和 30 μm，PASE Ⅲ挤压板材上、中、下三部分区域的平均晶粒尺寸分别约为 19 μm、23 μm 和 28 μm，其总体变化趋势与退火前基本一致。

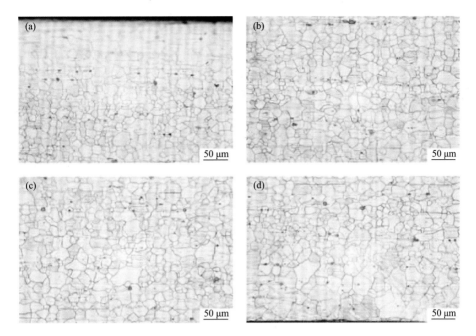

图 2-29　退火 AZ31 镁合金挤压板材（PASE Ⅰ）金相组织：（a）上部分；（b，c）中间部分；（d）下部分

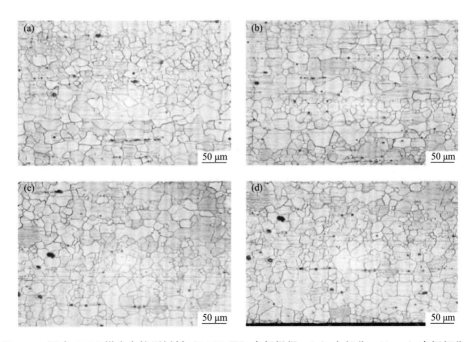

图 2-30　退火 AZ31 镁合金挤压板材（PASE Ⅱ）金相组织：（a）上部分；（b，c）中间部分；（d）下部分

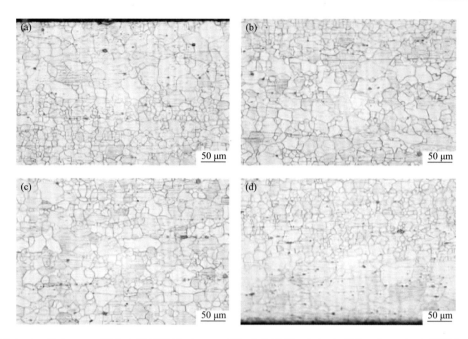

图 2-31　退火 AZ31 镁合金挤压板材（PASE Ⅲ）金相组织：（a）上部分；（b，c）中间部分；
（d）下部分

　　图 2-32 为退火后的对称挤压（CE）和渐进式非对称挤压（PASE）AZ31 板材的（0002）、（10$\bar{1}$0）、（10$\bar{1}$1）及（10$\bar{1}$2）部分不完整极图。由图可见，退火后 CE 板材的织构极图形貌未发生改变，仍为典型的（0002）基面织构，且其织构强度略有增加，由 22.6 增加到 23.2。这说明在退火过程中，CE 板材的晶粒沿板材 ND 方向择优生长，导致（0002）基面强度增加。三种 PASE 挤压板材的基面织构强度的最大值分别为 12.7、13.5、14.5，不仅显著低于 CE 板材的基面织构强度，还明显低于退火前的三种板材的基面织构强度（图 2-18），且相应的基面织构在退火后变得更加发散。研究表明[16, 17]，非对称剪切使挤压板材在厚度上存在织构梯度，在退火处理时，由于非连续再结晶作用，可明显弱化其基面织构。柱面（10$\bar{1}$0）、（10$\bar{1}$1）及（10$\bar{1}$2）织构分布随着退火基面织构的变化而变化。

　　图 2-33 为退火后 PASE 挤压 AZ31 板材的取向成像图（IPF），图 2-34 为对应的取向差分析结果。由图可见，退火后 CE 挤压 AZ31 镁合金板材仍为等轴晶，基面织构很强。PASE 挤压 AZ31 镁合金板材的大部分晶粒发生静态再结晶且晶粒取向发生偏转[18]。在 EBSD 分析的 IPF 图上，红色代表（0002）基面，由图 2-33（b）、（c）、（d）可以看出，红色晶粒面积减少，说明基面织构组分明显下降。同样，从图 2-34 的取向差分布图中可以看出，PASE 挤压板材介于 60°～90°取向差的晶粒所占百分数较多，特别是 PASE Ⅱ 和 PASE Ⅲ 试样，介于 80°～90°取向差

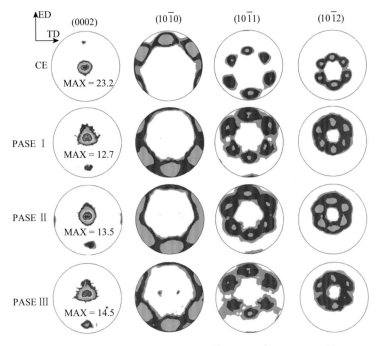

图 2-32　AZ31 挤压板材的（0002）、（10$\bar{1}$0）、（10$\bar{1}$1）及（10$\bar{1}$2）极图

的晶粒所占百分数明显高于 CE 试样。这表明，其相邻晶粒晶界的取向差也较大，退火过程中发生静态再结晶时晶粒取向偏离基面 c 轴的角度较大，基面强度较弱。退火工艺能够有效改善 PASE 挤压板材基面 c 轴集中分布，使其进一步发生偏转。

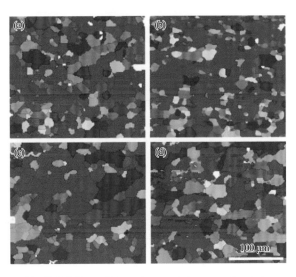

图 2-33　退火后 AZ31 挤压板材的 IPF 图：（a）CE；（b）PASE Ⅰ；（c）PASE Ⅱ；（d）PASE Ⅲ

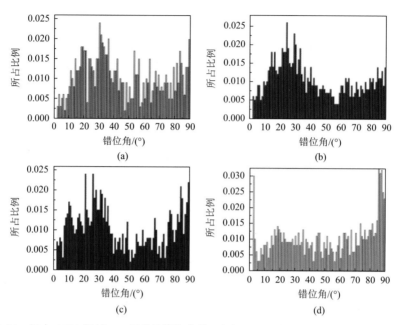

图 2-34　退火 AZ31 板材 IPF 图的晶粒取向差：（a）CE；（b）PASE Ⅰ；（c）PASE Ⅱ；
（d）PASE Ⅲ

图 2-35 为 AZ31 挤压板材的晶粒取向在 {0001}、{11$\bar{2}$0}、{10$\bar{1}$0} 及 {10$\bar{1}$2} 面上的分布情况。从图 2-35（a）可以看出，CE 挤压板材的晶粒取向在（0002）面上的点分布仍比较集中。PASE 试样的点分布最为分散，退火能够使非对称挤

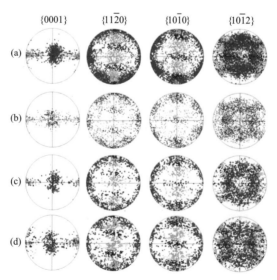

图 2-35　AZ31 板材晶粒取向点分布的 EBSD 分析：（a）CE；（b）PASE Ⅰ；（c）PASE Ⅱ；
（d）PASE Ⅲ

压板材的晶粒取向偏转同时弱化其基面织构。图 2-36 为退火后 AZ31 板材在 10°～90°之间间隔 10°的取向轴分布，以及其在（0002）、（01$\bar{1}$0）、（$\bar{1}$2$\bar{1}$0）面上的分布情况。可以看出，退火后 CE-AZ31 板材 c 轴都沿（0002）基面法向方向。PASE 挤压板材 c 轴在（0002）基面附近比较发散，特别是 PASE Ⅰ 板材，c 轴在基面取向附近最为发散，具有最弱的基面织构强度。

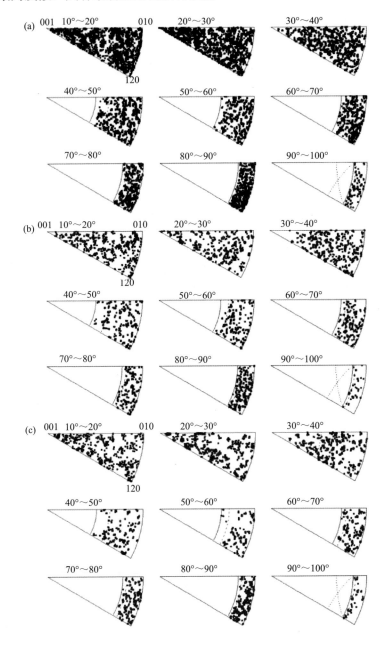

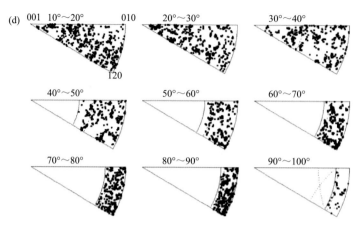

图 2-36 退火 AZ31 板材的取向轴分布 EBSD 分析结果：(a) CE；(b) PASEⅠ；(c) PASEⅡ；
(d) PASEⅢ

2. 退火后挤压板材的力学性能

图 2-37 为退火后 CE、PASEⅠ、PASEⅡ、PASEⅢ四种 AZ31 挤压板材在室温下的真应力-真应变拉伸曲线。可以看出，退火使 CE 挤压板材的各向异性有所增加，主要是因为退火后 CE 板材的晶粒沿（0002）基面法线方向择优生长，导致基面织构进一步增强。退火后 PASE 挤压板材在真应力-真应变拉伸曲线上表现为各向异性减小，其加工硬化降低。同样，退火后板材沿 45°试样的延伸率最大，沿 90°试样的强度最高。

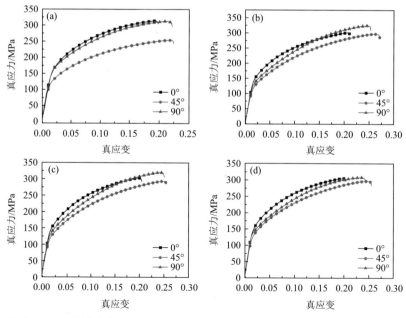

图 2-37 退火 AZ31 板材的真应力-真应变曲线：(a) CE；(b) PASEⅠ；(c) PASEⅡ；(d) PASEⅢ

表 2-3 为退火后 AZ31 挤压板材在 0°、45°和 90°方向上的延伸率、屈服强度及抗拉强度。由表可见，退火能够改善 PASE 挤压 AZ31 镁合金板材的力学性能。延伸率在 0°、45°和 90°三个方向上都得到了提高，最大值为 24.6%。PASE 挤压板材屈服强度降低，抗拉强度变化不明显，有望使 AZ31 板材的成形性能得到提高。由于退火后 PASE 挤压板材（0002）基面织构弱化并发散，屈服强度下降，板材在成形过程中沿着厚度方向上容易发生应变，有望提高镁合金挤压板材的冲压性能。

表 2-3　退火 AZ31 板材在 0°、45°和 90°上的延伸率、屈服强度及抗拉强度

试样	E_u/%			YS/MPa			UTS/MPa		
	ED	45°	TD	ED	45°	TD	ED	45°	TD
CE	17.6	21.8	20.6	157.0	120.0	164.7	317.3	257.0	321.7
PASE Ⅰ	19.3	24.6	23.7	139.3	116.3	125.0	298.0	297.4	324.1
PASE Ⅱ	19.5	23.6	24.0	147.0	113.2	129.4	303.8	293.7	322.3
PASE Ⅲ	18.7	23.6	22.8	137.9	122.1	131.4	302.6	298.1	307.3

图 2-38 为退火后四种 AZ31 挤压板材拉伸断口的二次电子和背散射电子 SEM 扫描照片。由图可见，断口处可见明显的韧窝，仍呈现韧性断裂特征。45°试样拉伸断口的韧窝数量最多，在断裂台阶内部还存在一些韧窝。退火后 CE AZ31 板材的断口较 PASE 挤压板材平整，呈现一定程度的脆性断裂特征，说明其韧性小于 PASE 板材。

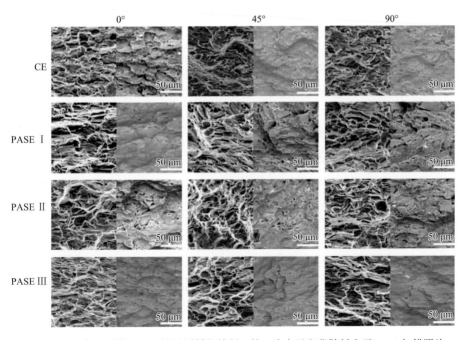

图 2-38　退火后四种 AZ31 挤压板材拉伸断口的二次电子和背散射电子 SEM 扫描照片

2.4 大应变非对称挤压镁合金板材的组织与力学性能

2.4.1 AZ31 挤压板材的组织与力学性能

图 2-39 为大应变非对称挤压 AZ31 板材沿厚度方向上、中、下部分的金相组织。与 CE 试样相比，SASE 试样的晶粒要细得多，其上、中、下部分的平均晶粒尺寸分别为 7.9 μm、8.2 μm、8.6 μm。有限元数值模拟结果可知，SASE 板材在挤压过程中的有效应变比 CE 板材大，在热挤压过程中动态再结晶程度要完全，晶粒更细小。

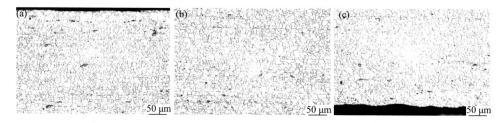

图 2-39 大应变非对称挤压 AZ31 镁合金板材的金相组织：（a）上部分；（b）中间部分；（c）下部分

图 2-40 为 CE 和 SASE 挤压板材的（0002）极图及 EBSD 晶粒取向成像图，可以明显看出 SASE 试样沿着厚度方向上的组织不均匀。由图 2-40（b）可见，粗大晶粒被拉长，并偏离基面 c 轴，在拉长晶粒周围存在很多细小的动态再结晶（DRX）晶粒，同时基面织构向 ED 偏转 15°左右。根据平均晶粒尺寸和 Zener-Hollomon（Z）参数之间的关系，上表面应变大，晶粒尺寸就小，其值为 8 μm 左右，而下表面晶粒为 9 μm 左右。同时下表面基面织构向 ED 偏转 12°，上、下表面动态再结晶晶粒均向施加剪切力方向偏转。这样剪切作用更容易使大多数晶粒存在柱面<a>滑移，而不是基面的<a>滑移[19-22]。所以，柱面<a>滑移使得晶粒发生偏转，晶粒取向发生转向，同时也使与相邻晶粒之间的应变量增大，从而在晶粒之间产生第二类附加应力，这样就改变了各晶粒的应变状态[23, 24]。随着镁合金挤压变形的进行，当起始滑移系的位错滑移量增加到一定程度时，晶粒取向和应力状态均发生较大变化，以致其他晶粒滑移系的取向因子高于该晶粒滑移系，从而改变滑移系开动状态并最终实现了应变的连续。

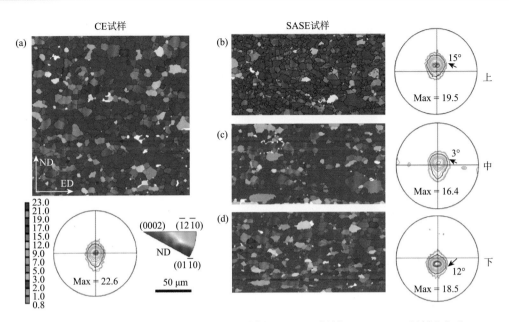

图 2-40　挤压板材（0002）极图及 EBSD 分析：（a）CE 板材；（b）SASE 板材上部分；
（c）SASE 板材中间部分；（d）SASE 板材下部分

　　图 2-41 为 CE 和 SASE 挤压 AZ31 板材的真应力-真应变拉伸曲线和对应的力学性能。由图可见，在真应力-真应变拉伸曲线上，SASE 挤压板材在宏观上表现为三个方向的曲线形状更接近，可以认为其各向异性减小，加工硬化减小。同时，SASE 挤压板材的真应力-真应变拉伸曲线均在 CE 挤压板材曲线上方，其强度和延伸率均提高，且 45°试样的延伸率最好。

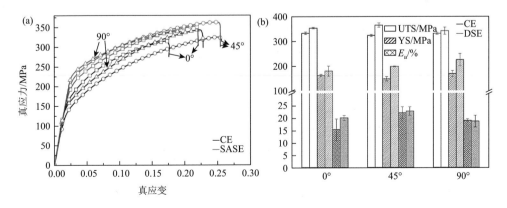

图 2-41　（a）CE 和 SASE 挤压板材的真应力-真应变曲线；（b）0°、45°和 90°方向的力学性能

表 2-4 为 CE 和 SASE 试样的抗拉强度、屈服强度及延伸率的结果统计。由表可知，SASE 板材的强度和延伸率均比 CE 挤压板材更高。0°试样的抗拉强度由 332.0 MPa 提高到 352.8 MPa，屈服强度由 161.2 MPa 提高到 179.9 MPa，延伸率由 15.4%提高到 20.1%。主要是因为 SASE 挤压细化了晶粒、弱化了织构。SASE 挤压板材的平均晶粒尺寸为 8 μm，CE 板材试样的平均晶粒尺寸为 16 μm，细化效果提高了 50%。由 Hall-Petch（$\sigma = \sigma_o + kd^{-1/2}$）[25, 26]关系得到，细化晶粒可以提高强度、改善塑性。同时，由 2.2.2 节分析可知，SASE 非对称剪切挤压使挤压板材（0002）基面织构弱化并偏移，从而进一步提高板材延伸率。

表 2-4　CE 和 SASE 试样的抗拉强度、屈服强度及延伸率

试样	UTS/MPa			YS/MPa			E_u/%		
	0°	45°	90°	0°	45°	90°	0°	45°	90°
CE	332.0	322.8	331.0	161.2	147.7	168.6	15.4	22.1	19.0
SASE	352.8	364.3	341.5	179.9	198.3	225.0	20.1	22.8	18.7

图 2-42 为大应变非对称挤压 AZ31 板材的二次电子和背散射电子 SEM 扫描断口形貌。断口中伴随着大量的撕裂棱出现，这种撕裂棱是连接解理面并形成解理面河流的主要表现形式[27, 28]。撕裂棱出现需要交滑移参与，在撕裂局部有一定的塑性变形，也可以看到在撕裂棱上面存在许多韧窝，表现为韧性断裂特征[29, 30]。

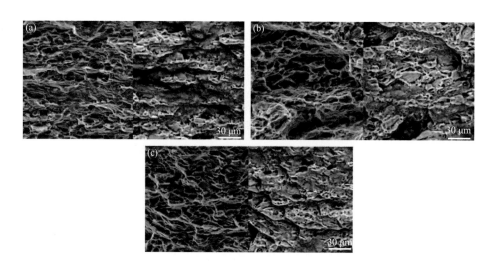

图 2-42　大应变非对称挤压 AZ31 板材的二次电子和背散射电子 SEM 扫描断口形貌：（a）0°；
（b）45°；（c）90°

2.4.2　AZ61 挤压板材的组织与力学性能

图 2-43 为对称挤压 AZ61 板材的金相组织。由图可见，大多数晶粒为等轴状，其平均晶粒尺寸约为 17 μm。同时，与对称挤压 AZ31 相比，AZ61 挤压板材的金相组织中还观察到一些纤维状晶粒。

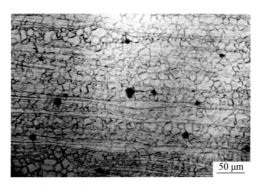

图 2-43　对称挤压（CE）AZ61 板材金相组织

图 2-44 为大应变非对称挤压 AZ61 板材的金相组织。由图可见，应变大的合金区域的晶粒细小，其上、中、下部分的平均晶粒尺寸分别为 12 μm、12.5 μm、13.1 μm，其形成过程与上述 AZ31 板材相同。在 SASE 挤压 AZ61 板材中，纤维状晶粒分数有所减少，表明在 SASE 非对称挤压过程中流速变化导致的剪切应变使板材部分晶粒在动态再结晶过程时发生偏转，抑制了部分纤维晶粒形成。

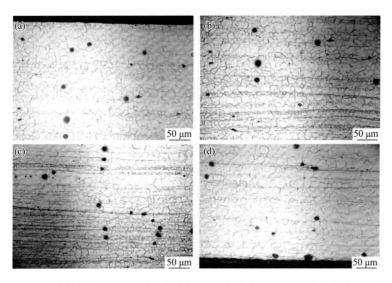

图 2-44　AZ61 挤压板材（SASE）金相组织：（a）上部分；（b，c）中间部分；（d）下部分

图 2-45 为对称挤压（CE）和大应变非对称挤压（SASE）AZ61 板材沿 0°、45°和 90°三个方向的真应力-真应变拉伸曲线。由图可以看出，0°试样的延伸率及其抗拉强度高于 45°和 90°，SASE 挤压板材的加工硬化值更大。表 2-5 为 CE 和 SASE 试样的抗拉强度、屈服强度和延伸率值。0°试样抗拉强度由 387.9 MPa 提高到 427.1 MPa，屈服强度由 147.7 MPa 提高到 195.9 MPa。图 2-46 为 AZ61 板材的二次电子和背散射电子拉伸断口扫描，可在背散射电子图像上看到韧窝中存在 $Mg_{17}Al_{12}$ 第二相，SASE 挤压板材的拉伸断口形貌比 CE 试样粗糙，在较高的强度上仍保持较好的塑性变形能力。

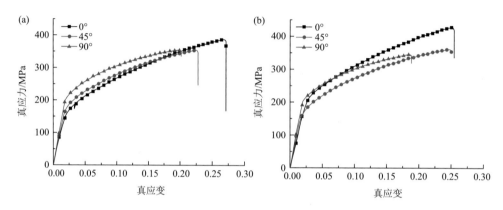

图 2-45　AZ61 试样的真应力-真应变拉伸曲线：（a）CE；（b）SASE

表 2-5　CE 和 SASE AZ61 板材力学性能统计

试样	UTS/MPa			YS/MPa			E_u/%		
	0°	45°	90°	0°	45°	90°	0°	45°	90°
CE	387.9	358.9	357.8	147.7	165.6	204.2	25.5	20.6	18.4
SASE	427.1	362.6	347.8	195.9	155.3	203.8	22.7	23.1	16.9

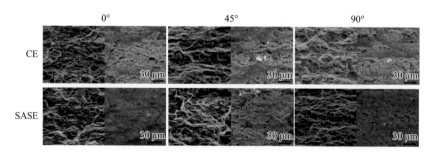

图 2-46　AZ61 板材的二次电子和背散射电子拉伸断口扫描

2.4.3　AZ31-1.8Sn 挤压板材的组织与力学性能

图 2-47 为 AZ31-1.8Sn 对称挤压板材的金相组织，图 2-48 为其 SEM 图片。由图可见，合金中存在较多的 Mg_2Sn 颗粒和部分 Al_8Mn_5 颗粒，基本上也是较为细小的等轴晶，同时也存在大量的纤维状晶粒。图 2-49 为大应变非对称挤压 AZ31-1.8Sn 板材的金相组织，在靠近应变大的合金区域的晶粒细小，同样存在纤维状晶粒。图 2-50 为前述两种挤压板材在 0°、45°和 90°三个方向上的真应力-真应变拉伸曲线。

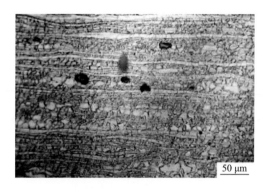

图 2-47　AZ31-1.8Sn 对称挤压板材的金相组织

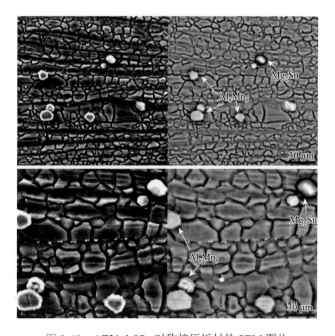

图 2-48　AZ31-1.8Sn 对称挤压板材的 SEM 图片

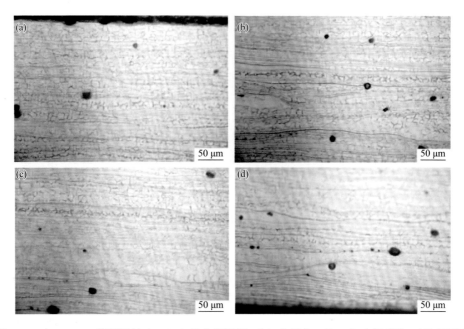

图 2-49　AZ31-1.8Sn 挤压板材（SASE）的金相组织：（a）上部分；（b，c）中间部分；（d）下部分

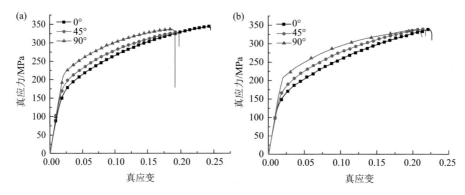

图 2-50　CE（a）和 SASE（b）AZ31-1.8Sn 板材的真应力-真应变曲线

由图可见，SASE 板材的力学各向异性更小、加工硬化值要大。与对称挤压板材相比，各方向的力学性能变化不大，这与前述 AZ31 挤压板材存在较大差异，主要与 Mg_2Sn 第二相的作用有关。

表 2-6 为 CE 和 SASE 试样的抗拉强度、屈服强度及延伸率值统计结果。0° 试样的抗拉强度基本保持不变，屈服强度由 146.2 MPa 下降到 126.0 MPa，提高了板材的成形性能，这主要是晶粒细化和基面织构弱化共同作用的结果。从 AZ31-1.8Sn 板材室温拉伸断口形貌，可以看到背散射电子图像上的韧窝中存在第二相（Mg_2Sn 和 Al_8Mn_5）化合物，同时表现为韧性断裂特征。

表 2-6　AZ31-1.8Sn 板材在 0°、45°和 90°上的力学性能

试样	UTS/MPa			YS/MPa			E_u/%		
	0°	45°	90°	0°	45°	90°	0°	45°	90°
CE	342.5	322.4	330.8	146.2	165.3	207.6	22.6	18.0	17.3
SASE	336.2	343.1	338.8	126.0	154.7	203.4	20.9	20.4	18.7

2.4.4　LAZ531 挤压板材的组织与力学性能

图 2-51 为对称挤压 AZ31-5Li（LAZ531）板材，其金相组织为等轴状晶粒，有少量纤维组织，平均尺寸约为 20 μm。LAZ531 合金是在 AZ31 合金基础上添加 5 wt%的 Li 元素，根据 Mg-Li 二元相图，此时的 LAZ531 镁合金为 α-Mg 单相组织，Li 元素固溶在 Mg 基体中，Mg 基体仍为密排六方结构（hcp）。但是，通过 XRD 测试数据计算得到其晶体参数（表 2-7），随着 Li 元素添加量增加，镁合金的轴比（c/a）逐渐降低，使镁合金的塑性变形能力得到提高。同时，Li 元素的加入将起到固溶强化增塑的作用，在塑性变形过程中将促进非基面滑移。

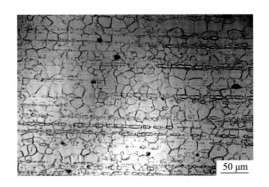

图 2-51　对称挤压 LAZ531 镁合金板材组织

表 2-7　从 XRD 数据计算得到镁合金的晶体参数

材料	a/Å	c/Å	c/a	容积/Å³
AZ31	3.20447±0.002	5.2055±0.004	1.6245±0.001	46.29
AZ31-1Li	3.19907±0.004	5.1876±0.006	1.6216±0.002	45.97
AZ31-3Li	3.1934±0.004	5.1487±0.002	1.6170±0.002	45.47
AZ31-5Li	3.1864±0.004	5.1278±0.004	1.6082±0.001	45.09

图 2-52 为大应变非对称挤压 LAZ531 板材的金相组织。由于合金轴比较小，基面滑移开始启动，合金的塑性变形能力较大，因此 LAZ531 挤压板材上、中、

下部分的晶粒形貌和尺寸不大，都为等轴状动态再结晶晶粒，存在一些纤维状晶粒，其平均尺寸约为 18 μm。对于 LAZ531 镁合金，由于非基面滑移更容易启动，大应变非对称挤压过程中的附加剪切应力使合金晶粒更容易偏转。部分晶粒处于更易变形的软取向状态，从而发生大的塑性变形，因动态再结晶而形成连续分布的更加细小的晶粒，最终形成细小化的纤维组织。图 2-53 为 LAZ531 合金的真应变-真应力拉伸曲线。由图可见，两种合金板材在拉伸变形过程中均出现"锯齿波"，又称 PLC（Portevin-Le Chatelier）现象[31-33]。在镁合金变形过程中，PLC 现象是由可动位错与溶质原子运动的相互作用导致产生的。对 Li 元素含量小于 5.75%（α 相的 Mg-Li 合金）来说，因为 Li 元素的添加导致镁基体的轴比（c/a）降低，镁合金柱面滑移更易开动。在 LAZ531 合金中，通过基面向柱面的交滑移产生大量的位错，随应变增加导致位错交割的增加，使 Li 和 Al 元素等溶质原子与位错的交互作用加剧。由于溶质原子的扩散作用，可动位错附近的溶质原子将通过管道扩散的方式向可动位错迁移。如果可动位错在障碍物处停留时间较长，就可能造成在这种可动位错附近存在溶质原子塞积，使可动位错被锁住，进而使得可动位错的移动更加困难。在 LAZ531 镁合金塑性变形的初期，因为溶质原子移动速度比较慢，可动位错被锁住的概率较小，所以真应力-真应变曲线的前部分就相对平滑。但随着变形量增加，空位及其他缺陷的密度将急剧增加，导致溶质原子的扩散速度提高，可动位错被溶质原子锁住的可能性就增大，而未被锁住可动位错就必须在更高应力

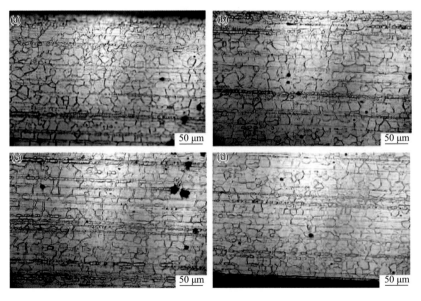

图 2-52　大应变非对称挤压 LAZ531 板材金相组织：（a）上部分；（b，c）中间部分；（d）下部分

作用的情况下才能启动。因此，这样的变形过程反复出现，在真应力-真应变曲线上宏观表现为锯齿状。由图 2-52 看出，SASE 挤压板材的锯齿波凹凸程度要明显小于 CE 挤压板材，表明在 SASE 挤压板材中的溶质原子扩散速度降低，可动位错被溶质原子锁住的可能性减小，可动位错与溶质原子运动的相互作用也就减少。

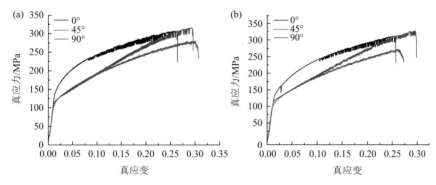

图 2-53　LAZ531 挤压板材的真应力-真应变拉伸曲线：（a）CE；（b）SASE

表 2-8 列出了两种 LAZ531 挤压板材的力学性能数据。由表可见，SASE 挤压板材的综合力学性能略高于 CE 挤压板材，LAZ531 的力学性能各向异性有所改善。图 2-54 为两种 LAZ531 挤压板材的二次电子和背散射电子扫描断口 SEM 形貌，均属于典型的解理断裂，存在比较多的撕裂棱。其中，SASE 挤压板材的撕裂棱数量要明显多于 CE 挤压板材，表明 SASE 板材延伸率优于 CE 板材。

表 2-8　LAZ531 挤压板材沿 0°、45°和 90°方向的拉伸力学性能数据

试样	UTS/MPa			YS/MPa			E_u/%		
	0°	45°	90°	0°	45°	90°	0°	45°	90°
CE	310	278.8	314.3	143.4	107.1	112.2	24.5	26.5	28.5
SASE	315.8	277.0	330.7	145.2	113.0	124.6	25.4	28.8	28.0

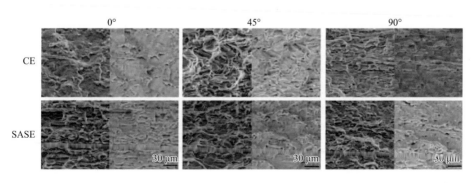

图 2-54　两种 LAZ531 挤压板材的二次电子和背散射电子扫描断口 SEM 形貌

2.5 变截面非对称挤压镁合金板材的组织与力学性能

图 2-55 为变截面非对称挤压 AZ31 板材的上、中、下部分的金相组织。由图可见，该挤压板材的金相组织主要由细小的动态再结晶晶粒组成，三部分的平均晶粒尺寸分别为 4.1 μm、4.6 μm、5 μm。与对称挤压 AZ31 板材（图 2-10）相比，变截面非对称挤压 AZ31 板材的晶粒细化 69%，其晶粒尺寸甚至低于 PASE 板材和 SASE 板材的晶粒尺寸，主要是因为在挤压过程中其发生了二次变形。挤压模具上下面平行宽度不同，使流速及应变产生一定的梯度，当达到板材形状成形出口，因挤压板材的截面小于挤压模具截面[34-36]，又进行第二次变形和动态再结晶，导致变截面非对称挤压 AZ31 板材的晶粒较细。

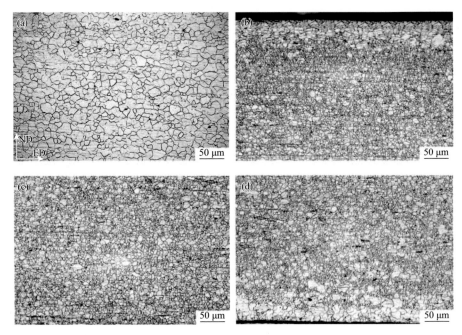

图 2-55 变截面非对称挤压 AZ31 板材的金相组织：（a）上部分；（b）中间部分；（c）下部分；（d）边缘

图 2-56 为对称挤压和变截面非对称挤压 AZ31 板材的（0002）基面织构。如前所述，对称挤压 AZ31 板材的（0002）基面织构比较集中、基密度很高。变截面非对称挤压 AZ31 板材的（0002）基面织构的极密度强度显著减弱，上、下表面附近的基面织构强度分别为 18.9 和 14.7，这主要是挤压模具的非对称几何结构在挤压过程中形成的应变梯度，促使基面晶粒 c 轴发生倾转的结果。

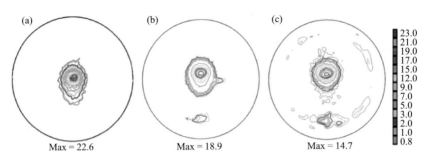

图 2-56　AZ31 挤压板材的基面织构：（a）CE 板材；（b）VASE 板材上表面；（c）VASE 板材下表面

　　图 2-57 为对称挤压（CE）和变截面非对称挤压 AZ31 板材的真应力-真应变曲线和力学性能。VASE 挤压板材在真应力-真应变曲线上表现为各向异性降低，加工硬化减小。表 2-9 为对应的抗拉强度、屈服强度及延伸率平均值。由表可知，VASE 挤压板材在三个方向上的强度明显比 CE 板材高，其延伸率得到改善。0°试样的抗拉强度由 332.0 MPa 提高到 358.9 MPa，屈服强度由 161.2 MPa 提高到 171.5 MPa，同时延伸率由 15.4%提高到 21.9%，这主要是因为变截面非对称挤压细化了板材的晶粒，并减少了各向异性。同时，变截面非对称挤压使（0002）基面织构弱化偏移，使 AZ31 镁合金板材的延伸率提高[37, 38]。拉伸断口 SEM 形貌如图 2-58 所示，断口中伴随着大量的撕裂棱出现，VASE 挤压板材断口存在较多的韧窝，表现出更好的塑性。

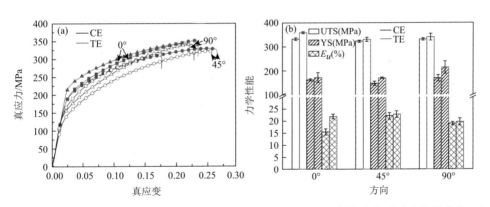

图 2-57　对称挤压和变截面非对称挤压 AZ31 板材沿 0°、45°和 90°的真应力-真应变拉伸曲线（a）
　　　　和力学性能（b）

表 2-9　CE 和 VASE AZ31 试样的抗拉强度、屈服强度及延伸率

试样	UTS/MPa			YS/MPa			E_u/%		
	0°	45°	90°	0°	45°	90°	0°	45°	90°
CE	332.0	322.8	331.0	161.2	147.7	168.6	15.4	22.1	19.0
VASE	358.9	330.6	341.2	171.5	170.1	213.6	21.9	22.8	19.7

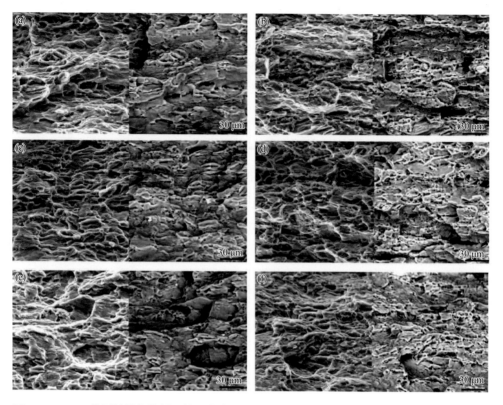

图 2-58　AZ31 挤压板材拉伸断口的二次电子和背散射电子 SEM 形貌：（a, c, e）CE 板材的 0°、45°和 90°；（b, d, f）VASE 板材 0°、45°和 90°

2.6　厚向梯度非对称挤压镁合金板材的组织与力学性能

2.6.1　镁合金挤压板材的显微组织

图 2-59 为对称挤压 AZ31 板材和厚向梯度非对称（GASE-60）挤压 AZ31 板材上表面、中间层和下表面的金相组织。由图可知，对称挤压 AZ31 镁合金板材近表层的微观组织由较小的再结晶晶粒和部分粗大未再结晶晶粒组成，微观组织不均匀，再结晶晶粒的平均尺寸和所占比例分别约为 9.3 μm 和 80.3%。厚向梯度非对称挤压 AZ31 板材晶粒尺寸明显变小且更加均匀，挤压板材从上表面到下表面的晶粒尺寸逐渐增加。挤压 AZ31 镁合金板材上表面、中间层和下表面再结晶晶粒的平均尺寸和所占比例分别约为 7.5 μm、7.8 μm、8.4 μm 和 90.8%、86.5%、82.1%。对比可知，由于挤压工艺中引入剪切应力，厚向梯度非对称挤压 AZ31 板材的再结晶程度更加充分。

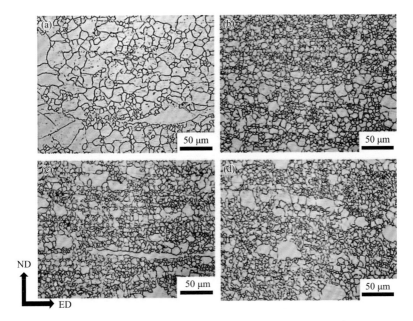

图 2-59　AZ31 板材金相组织：(a)CE；(b)GASE-60 上表面；(c)GASE-60 中间层；(d)GASE-60 下表面

通过 EBSD 手段进一步分析了 GASE-30、GASE-45、GASE-60 和 GASE-90 四种挤压 AZ31 板材上表面、中间层和下表面的金相组织及其晶粒尺寸分布，如图 2-60 所示。可以看出，挤压 AZ31 镁合金发生了动态再结晶，显微组织明显细化，但仍存在未再结晶晶粒，晶粒形貌和尺寸呈双峰结构，即由粗大未再结晶晶粒和细小再结晶晶粒组成，尤其是 GASE-30 和 GASE-90 挤压板材。

表 2-10 为四种 AZ31 镁合金挤压板材上表面、中间层和下表面的再结晶晶粒平均尺寸及其分数，再结晶分数通过 Image-Pro Plus 6 软件从五张单独的低倍金相照片的平均值来确定。由表可见，在四种 AZ31 镁合金挤压板材中，再结晶晶粒平均尺寸和所占比例在挤压 AZ31 镁合金板材上表面、中间层和下表面略有不同。GASE-30、GASE-45、GASE-60 和 GASE-90 四种挤压板材的再结晶晶粒平均尺寸分别约为 7.0 μm、7.3 μm、7.9 μm 和 8.8 μm，随着挤压模具夹角增加，板材再结晶晶粒的平均尺寸略有增加。然而，再结晶晶粒所占比例并未随挤压模具角度增加而增大，GASE-30 和 GASE-90 挤压板材的再结晶晶粒分数低于 GASE-45 和 GASE-60 挤压板材，其中 GASE-45 挤压板材的再结晶分数达到最大值 87.3%。此外，采用下式对四种挤压 AZ31 镁合金板材的微观组织不均匀度进行评价[39]。

$$F = \frac{f_{\text{DRX,min}}}{f_{\text{DRX,max}}}$$

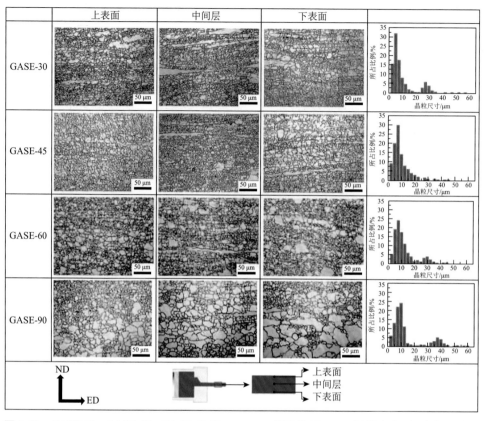

图 2-60　GASE-30、GASE-45、GASE-60 和 GASE-90 四种挤压 AZ31 板材上表面、中间层和下表面的金相组织及其晶粒尺寸分布

式中，$f_{DRX,min}$ 和 $f_{DRX,max}$ 分别为挤压板材再结晶晶粒所占比例（f_{DRX}）的最小值和最大值；F 为挤压 AZ31 镁合金板材在厚度方向上的微观组织均匀度，较高的 F 值意味着挤压镁合金板材微观组织更加均匀。由表 2-10 可知，GASE-30、GASE-45、GASE-60 和 GASE-90 四种挤压 AZ31 板材的 F 值分别为 0.89、0.93、0.90 和 0.85。结果表明，采用 45°夹角挤压模具挤压得到的 AZ31 镁合金挤压板材具有更均匀的微观组织。

表 2-10　AZ31 挤压板材再结晶晶粒平均尺寸、体积分数及其不均匀程度

板材	d_{DRX}/μm				DRX 百分数/%				不均匀组织（DRX 占比）
	上表面	中间层	下表面	平均值	上表面	中间层	下表面	平均值	
GASE-30	6.6	7.0	7.4	7.0	85.8	76.3	79.7	81.9	0.89
GASE-45	7.0	7.2	7.8	7.3	91.1	87.6	84.4	87.7	0.93
GASE-60	7.5	7.8	8.4	7.9	90.8	86.5	82.1	84.5	0.90
GASE-90	8.7	9.6	8.2	8.8	87.5	81.3	74.5	81.1	0.85

2.6.2　镁合金挤压板材的织构与晶粒取向

图 2-61 为对称挤压 AZ31 镁合金板材上表面以及厚向梯度非对称挤压 AZ31 镁合金板材的上表面、中间层和下表面的（0002）宏观织构。由图可知，对称挤压 AZ31 镁合金板材上表面的最大极密度为 18.7，厚向梯度非对称挤压 AZ31 镁合金板材上表面、中间层和下表面的织构强度更低，且变得更加分散。厚向梯度非对称挤压 AZ31 板材上表面织构强度最大为 12.4，部分晶粒取向沿 ED 偏转约 66°。板材中间层可观察到双峰织构特征，其最大织构强度下降到 8.7。板材下表面的最大织构强度为 15.4，部分晶粒取向沿 ED 偏转约 75°。根据有限元模拟结果（图 2-9），在厚向梯度非对称挤压过程中，AZ31 板材上表面和下表面产生速度差，速度差导致在挤压过程中形成剪切应力。剪切应力和梯度应变的产生，将有利于挤压 AZ31 镁合金板材织构弱化且基面晶粒取向发生明显偏转，从而改善挤压镁合金板材的力学性能[40,41]。

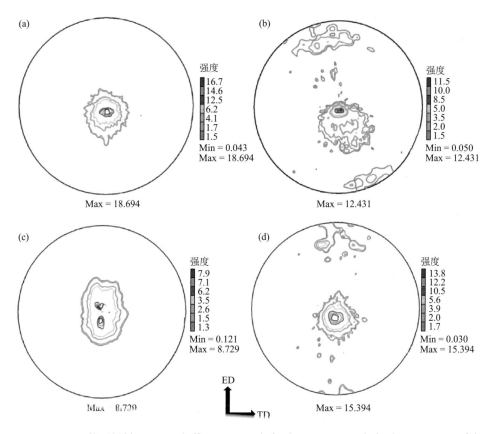

图 2-61　AZ31 挤压板材（0002）织构：（a）CE 上表面；（b）GASE 上表面；（c）GASE 中间层；（d）GASE 下表面

为了进一步理解 AZ31 镁合金在 CE 和 GASE 两种挤压工艺中的流变行为差异，对 AZ31 镁合金在挤压过程中受力状态进行分析，如图 2-62 所示。在对称挤压过程中，AZ31 镁合金在挤压板材成形区域的板材上表面和下表面受到模具施加相同的力（$P_T = P_B$）。在厚向梯度非对称挤压过程中，AZ31 镁合金的受力更为复杂。当 AZ31 镁合金流入到变形区（红色区域）时，它们受到模具施加的力 P，其可以被分成两个分量（分别称为 P_{ED} 和 P_{ND}），表明在厚向梯度挤压模具中 AZ31 镁合金承受额外的正应力 P_{ND}。同时，AZ31 镁合金在挤压板材的上表面和下表面受到不同大小的应力（$P_T \neq P_B$），导致 AZ31 镁合金在挤压过程中挤压板材的上表面和下表面形成不同的流速（$V_T \neq V_B$），有利于在板材成形过程中沿 ED 方向形成额外的剪切应变。因此，在厚向梯度挤压过程中，沿挤压板材厚度方向形成较大的有效应变梯度。大的有效应变和应变梯度能有效细化 AZ31 镁合金板材的微观组织且弱化织构[42]。

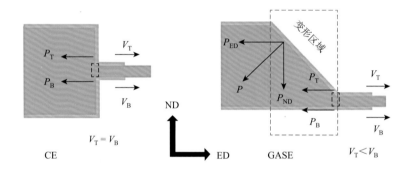

图 2-62　AZ31 镁合金在 CE 和 GASE 挤压过程中的受力分析

图 2-63～图 2-66 分别为 GASE-30、GASE-45、GASE-60 和 GASE-90 四种挤压 AZ31 镁合金板材上表面、中间层和下表面的 EBSD 分析和（0002）面宏观织构。图 2-67 为四种挤压 AZ31 镁合金板材上表面、中间层和下表面（0002）基极最大强度变化趋势。在四种挤压 AZ31 镁合金板材中，织构强度和晶粒取向分布明显不同。在同一挤压板材的不同区域，织构强度也存在差异。四种挤压 AZ31 板材中间层均呈现双峰织构特征且沿 ED 方向拉长。GASE-45 板材中间层织构强度为 8.0，达到最低值。GASE-90 板材下表面织构强度为 24.2，达到最高值。此外，GASE-45 和 GASE-60 上表面基极更加分散且沿 ED 方向倾斜，同时沿 ED 方向出现新的织构成分。总的来看，GASE-45 板材在相同区域呈现更低的织构强度。因此，由于挤压模具上下表面夹角的变化，AZ31 镁合金挤压板材的织构随之变化，夹角 45° 模具挤压得到的 AZ31 镁合金板材具有最低的基面织构强度。

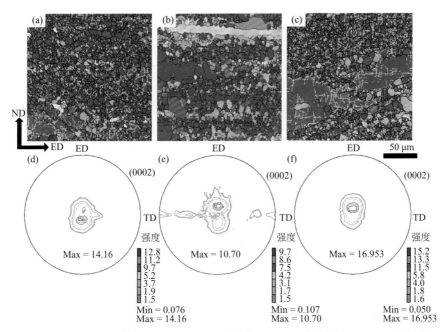

图 2-63　GASE-30 板材 EBSD 和（0002）极图：（a，d）上表面；（b，e）中间层；（c，f）下表面

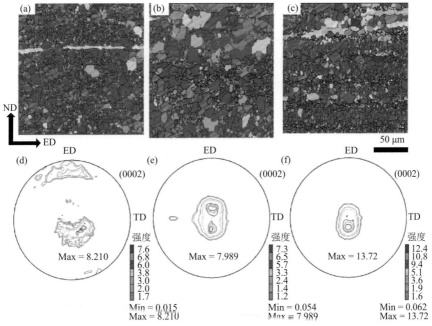

图 2-64　GASE-45 板材 EBSD 和（0002）极图：（a，d）上表面；（b，e）中间层；（c，f）下表面

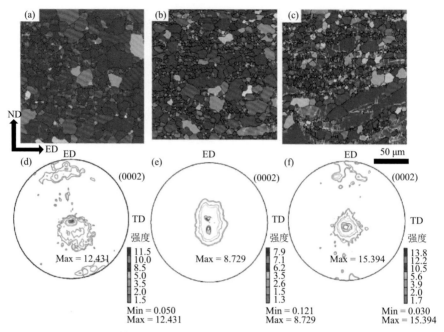

图 2-65　GASE-60 板材 EBSD 和（0002）极图：（a，d）上表面；（b，e）中间层；
（c，f）下表面

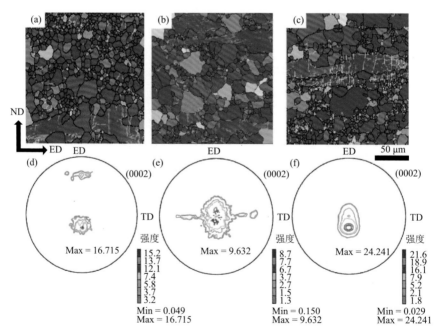

图 2-66　GASE-90 板材 EBSD 和（0002）极图：（a，d）上表面；（b，e）中间层；
（c，f）下表面

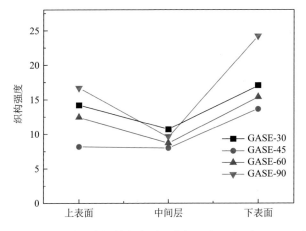

图 2-67　四种挤压 AZ31 镁合金板材上表面、中间层和下表面（0002）基极最大强度

挤压 AZ31 镁合金板材晶界取向差分布如表 2-11 所示，其统计了大于 2°晶界取向差。四种挤压 AZ31 镁合金板材晶界主要为大角度晶界（HAGBs＞15°），其中 GASE-45 挤压板材的大角度晶界所占比例为 71.0%，达到最高值。大角度的晶界取向差的出现与动态再结晶有关，镁合金的层错能较低，在热挤压过程中，易发生动态再结晶，获得细小再结晶晶粒[22]。动态再结晶过程又与有效应变和有效应变率有关。当受到较大的有效应变和应变率时，再结晶程度增加，能获得更加细小和均匀的微观组织[23, 24]。根据有限元模拟结果，四种挤压工艺沿挤压板材厚度方向出现应变差，有利于剪切应变的形成[2]，在使用夹角 30°和 90°挤压模具时，挤压时模具提供的有效应变和应变差较小，导致挤压镁合金板材低的再结晶比例和强的基面织构。在使用夹角为 45°和 60°挤压模具时，尤其是倾斜角为 45°挤压模具，在挤压过程中能够提供高的有效应变和应变差，在板材成形区域形成一个大的非对称剪切应变，致使挤压 AZ31 镁合金板材大角度晶界取向差所占比例增加。

表 2-11　四种挤压 AZ31 镁合金板材的晶界取向差分布

试样	晶界分数/%		
	2°～5°	5°～15°	＞15°
GASE-30	20.6	21.2	58.2
GASE-45	11.2	17.8	71.0
GASE-60	14.1	18.6	67.3
GASE-90	22.3	14.5	63.2

2.6.3 镁合金挤压板材的力学性能

图 2-68 为对称挤压和 GASE-60 非对称挤压 AZ31 镁合金板材沿 ED、45°和 TD 方向的室温拉伸真应变-真应力曲线，表 2-12 为对应的延伸率、屈服强度、抗拉强度、n 值、r 值和屈强比等综合力学性能。相对于 CE 对称挤压 AZ31 镁合金板材，GASE 非对称挤压 AZ31 镁合金板材具有更低的屈服强度和更高的延伸率，特别是 45°方向拉伸样品的屈服强度从 166.6 MPa 下降到 152.5 MPa，延伸率则从 21.0%增加到 22.9%。此外，GASE 非对称挤压 AZ31 镁合金板材的 n 值沿各个方向总体呈增加的趋势，r 值呈下降趋势。通过上述挤压 AZ31 镁合金板材室温拉伸力学性能分析和比较，可见 GASE 非对称挤压能够有效改善 AZ31 镁合金板材的力学性能。GASE 非对称挤压 AZ31 镁合金板材的屈服强度降低，延伸率增加，主要是由于挤压 AZ31 镁合金板材微观组织和织构发生了显著改变。

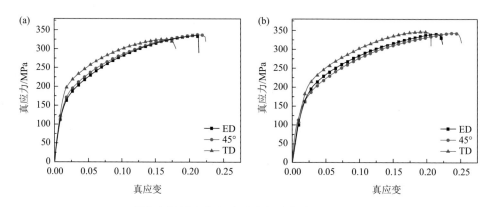

图 2-68　AZ31 镁合金板材真应力-真应变拉伸曲线：（a）CE；（b）GASE-60

表 2-12　CE 和 GASE-60 挤压 AZ31 镁合金板材延伸率、屈服强度、抗拉强度、r 值、n 值和屈强比

试样		EI/%	YS/MPa	UTS/MPa	r 值	n 值	YS/UTS
	ED	20.0	156.2	335.6	2.14	0.27	0.47
CE	45°	21.0	166.6	337.4	2.08	0.26	0.49
	TD	16.4	196.3	328.3	2.87	0.22	0.60
	ED	20.9	151.1	342.6	1.96	0.27	0.44
GASE-60	45°	22.9	152.5	345.1	1.87	0.28	0.44
	TD	18.5	182.3	349.1	2.43	0.26	0.52

图 2-69 为 CE 和 GASE-60 挤压 AZ31 镁合金板材沿 ED 和 TD 方向在拉伸过程中基面<*a*>滑移的平均 Schmid 因子（SF）。由图可知，GASE-60 挤压 AZ31 镁合金板材沿 ED 或 TD 方向基面<*a*>滑移的平均 Schmid 因子高于对称挤压 AZ31 镁合金板材。在室温下，镁合金很容易激活，具有较低的临界剪切应力的基面<*a*>滑移，这在镁合金室温塑性变形过程中起重要作用。GASE-60 挤压 AZ31 镁合金板材具有较高的基面<*a*>滑移 Schmid 因子，导致该挤压 AZ31 镁合金板材具有较低的屈服强度。

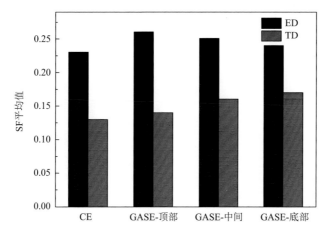

图 2-69　CE 和 GASE-60 挤压 AZ31 镁合金板材沿 ED 和 TD 拉伸过程中基面<*a*>滑移的平均 Schmid 因子

GASE-60 挤压 AZ31 镁合金板材 *n* 值的提高主要是由于挤压板材织构得到改善[43, 44]。AZ31 镁合金板材中晶粒 *c* 轴发生偏转将限制动态回复，有利于激活{10$\bar{1}$2}拉伸孪生。Somekawa 等[11]发现经 ECAP 工艺的 AZ31 镁合金板，由于织构强度降低和发散，板材 *n* 值提高。Chino 等[45]指出 AZ31 镁合金板材的基面织构改善能提高板材抵抗塑性失稳的能力。*n* 值增加意味着板材抵抗局部应变能力增加，有利于提高挤压板材的均匀延伸率[46]。Kang 等[47]研究发现，较大的 *n* 值有助于获得较高的均匀延伸率。

与对称挤压 AZ31 镁合金板材相比，GASE-60 非对称挤压板材 *r* 值降低。由于 $r = \varepsilon_w / \varepsilon_t$，其中 ε_t 为厚向应变，ε_w 为宽向应变，即较小的 *r* 值主要是由于较小的宽向应变或（与）较大的厚向应变。对于具有强基面织构的 AZ31 镁合金板材，在单轴拉伸过程中厚向应变需要锥面<*c* + *a*>滑移和{10$\bar{1}$2}拉伸孪生协调，宽向应变由柱面<*a*>滑移主导[48, 49]。而此时{10$\bar{1}$2}拉伸孪生的 Schmid 因子非常小，难以开启，锥面<*c* + *a*>滑移在室温下的临界剪切应力较高而难以被激活，板材表现

出高的 r 值[50]。Huang 等[51]指出，r 值的高低与板材织构有着密切的关系。当板材具有较弱的织构或板材的基极发生偏转时，在拉伸过程中基面滑移容易启动，板材厚度方向的应变可以通过基面滑移来协调，有利于 r 值的降低[52]。

图 2-70 为对称挤压和 GASE-60 非对称挤压 AZ31 镁合金板材在室温下拉伸断裂后二次电子 SEM 扫描断口形貌。对称挤压 AZ31 镁合金板材断裂表面主要由解理面和韧窝组成，可以清楚地观察到一个典型的超过 50 μm 的解理长度，由于存在大的解理面，该板材表现出相对较差的延伸率。这种是由脆性和韧性结合的断裂模式，镁合金在室温下断裂常表现出此种断裂模式[53]。GASE-60 非对称挤压 AZ31 镁合金板材的断口上覆盖着许多韧窝，表现出典型的韧性断口形貌，因而该挤压板材延伸率得到改善。

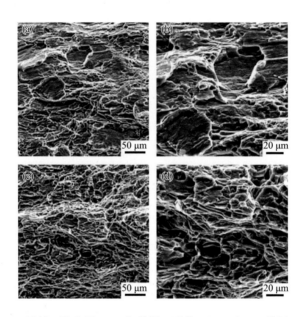

图 2-70　挤压 AZ31 板材二次电子 SEM 扫描断口形貌：（a，b）CE 挤压；（c，d）GASE-60 非对称挤压

总的来看，厚向梯度非对称挤压过程中，可以有效地引入沿挤压板材厚度方向的应变差，形成梯度应变，梯度应变的形成有利于非对称剪切应变的产生，导致挤压 AZ31 镁合金板材获得较细的微观组织和较弱的织构。进一步使挤压板材屈服强度和 r 值降低，延伸率和 n 值增加，从而有效改善 AZ31 镁合金板材的综合力学性能。

通过引入不同的上下模面夹角，能够有效改变显微组织和弱化基面织构，其对力学性能也将有重要影响。图 2-71 为 GASE-30、GASE-45、GASE-60 和 GASE-90

四种挤压 AZ31 镁合金板材的真应力-真应变拉伸曲线，表 2-13 为对应的挤压 AZ31 镁合金板材屈服强度、延伸率、抗拉强度、屈强比、n 值、r 值、Δr 值等。可以看出，四种非对称挤压 AZ31 镁合金板材具有良好的延伸率和强度，但不同夹角挤压模具制备的板材之间存在较大差异。挤压 AZ31 镁合金板材 TD 方向屈服强度达到最大值，抗拉强度沿板材的不同方向没有明显变化。随着模具模面夹角从 30°增大到 45°，板材延伸率增加，屈服强度和抗拉强度同时降低，模具模面夹角进一步增加到 60°和 90°，板材延伸率略有下降，屈服强度增加。挤压 AZ31 镁合金板材 TD 方向样品 n 值较 ED 和 45°方向减小；在相同的拉伸方向，GASE-45 板材的 n 值较其他挤压 AZ31 镁合金板材提高。挤压 AZ31 镁合金板材的 r 值相差很大，GASE-30 板材 r 值随样品取样方向改变发生较大幅度的变化，沿 TD 方向 r 值约为 3.12，达到最高值；GASE-45 板材 r 值在四种挤压 AZ31 镁合金板材中最低。GASE-30、GASE-45、GASE-60 和 GASE-90 四种板材的Δr 分别为 0.38、0.31、0.33 和 0.33，GASE-45 板材Δr 值最低，此时的 AZ31 镁合金挤压板材的塑性各向异性得到显著改善。

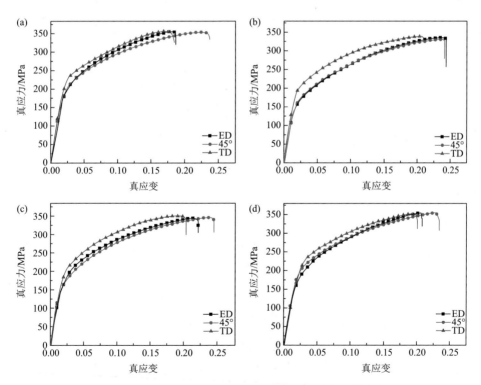

图 2-71　AZ31 板材真应力-真应变拉伸曲线：（a）GASE-30；（b）GASE-45；（c）GASE-60；
（d）GASE-90

表 2-13 挤压 AZ31 镁合金板材延伸率、屈服强度、抗拉强度、r 值、n 值、屈强比、Δr 值

试样		EI/%	YS/MPa	UTS/MPa	r 值	n 值	YS/UTS	Δr
GASE-30	ED	17.1	161.2	356.3	2.10	0.29	0.45	0.38
	45°	22.08	169.2	354.6	2.23	0.26	0.48	
	TD	17.6	190.7	356.4	3.12	0.24	0.56	
GASE-45	ED	22.9	143.4	341.4	1.43	0.31	0.42	0.31
	45°	22.7	146.7	343.1	1.51	0.30	0.42	
	TD	19.5	177.3	339.7	2.20	0.27	0.51	
GASE-60	ED	20.9	151.1	342.6	1.96	0.27	0.44	0.33
	45°	22.9	152.5	345.1	1.87	0.28	0.44	
	TD	18.5	182.3	349.1	2.43	0.26	0.52	
GASE-90	ED	19.0	157.1	356.0	2.01	0.30	0.44	0.33
	45°	21.6	171.1	356.3	2.13	0.26	0.48	
	TD	18.1	179.2	353.2	2.90	0.25	0.51	

GASE-45 板材的屈服强度降低，延伸率增加，主要是由于晶粒尺寸和织构的综合影响。GASE-45 板材具有较小的晶粒尺寸，而屈服强度却是最低，与 Hall-Petch 公式相反，显然是由于板材的织构特征起主导作用。室温下，基面滑移由于具有较低的临界剪切应力而容易被激活，在镁合金塑性变形过程中扮演重要的作用[54-56]。图 2-72 为四种挤压板材沿 ED 和 TD 方向（0002）$<11\bar{2}0>$ 基面滑移的 Schmid 因子分布图。直方图每个竖条表示对应于 Schmid 因子间隔 0.1 所占的体积分数。当沿 ED 方向拉伸时 [图 2-72（a）]，GASE-30 和 GASE-90 板材大多数晶粒表现较低的 Schmid 因子，即沿该方向拉伸时，其基面滑移不易被开启。当沿 TD 方向拉伸时 [图 2-72（b）]，GASE-45 板材中较多的晶粒表现出较高的 Schmid 因子。根据 Schmid 定律，屈服强度（$\sigma_{0.2}$）定义为

$$\sigma_{0.2} = \frac{\tau_{\text{CRSS}}}{m_{\text{b}}}$$

式中，m_{b} 为基面<a>滑移 Schmid 因子；τ_{CRSS} 为基面滑移临界剪切应力；与 GASE-30、GASE-60 和 GASE-90 板材相比，GASE-45 板材具有更高的 Schmid 因子，从而导致挤压板材呈现低的屈服强度。

n 值能够反映 AZ31 镁合金板材在拉伸和成形过程中的加工硬化能力。较高的 n 值可以提高 AZ31 镁合金板材抵抗局部颈缩的能力，从而在拉伸和成形过程中具有较强的抗断裂能力[57]。n 值与镁合金板材的织构密切相关，织构弱化或基极偏转将限制动态回复，激活 $\{10\bar{1}2\}$ 拉伸孪晶，n 值将增加。从上述四种板材的力学性能数据可以看出，GASE-45 板材基面织构最弱，因而比 GASE-30、GASE-60 和 GASE-90 三种板材具有更高的 n 值。

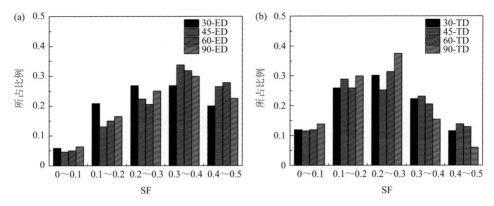

图 2-72　四种挤压 AZ31 镁合金板材（0002）<11$\bar{2}$0>基面滑移 Schmid 因子分布：（a）ED；
（b）TD

　　r 值是变形板材中的宽度应变与厚度应变之比。对于 AZ31 镁合金板材，较低的 r 值意味着板材厚度有减小的趋势，更能够协调厚度方向变形，有利于改善板材拉伸变形和成形性。对于强基面织构且基极没有偏转的镁合金板材，宽度应变由柱面<a>滑移主导，厚度应变由孪晶和锥面<$c + a$>滑移协调，室温下板材表现出高的 r 值。因此，GASE-30 和 GASE-90 两种板材具有高的 r 值，主要是由于其具有强的基面织构。Huang 等[51]报道了具有弱的倾斜基面织构的镁合金板材厚度方向应变可由基面<a>滑移协调，r 值降低。GASE-45 板材的 r 值较其他挤压 AZ31 镁合金板材降低主要是由于挤压板材织构强度降低。

　　图 2-73 为四种挤压 AZ31 板材在室温下拉伸断口的二次电子 SEM 形貌。对于 GASE-30 和 GASE-90 板材，断裂表面主要由解理面和韧窝组成。GASE-45 和 GASE-60 板材的断口上覆盖着许多韧窝，表现出典型的韧性断裂表面形貌。断口韧窝的大小和深度可在一定程度上反映出板材的延伸率[58]。综上所述，采用 45° 夹角挤压模具挤压得到的 AZ31 镁合金板材表现出弱的基面织构、均匀的微观组织。进而表现出低的屈服强度和 r 值、高的延伸率和 n 值。

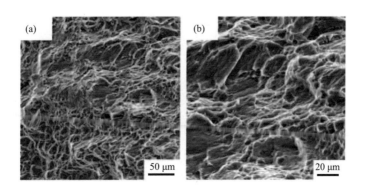

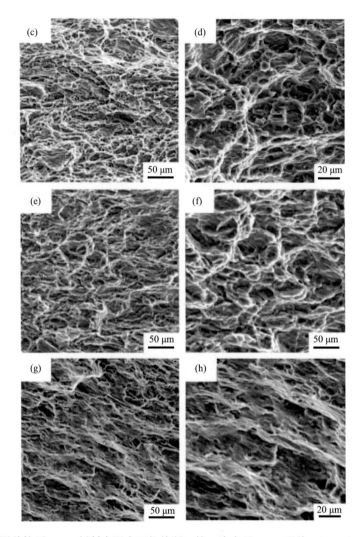

图 2-73 四种挤压 AZ31 板材在温室下拉伸断口的二次电子 SEM 形貌：（a，b）GASE-30；
（c，d）GASE-45；（e，f）GASE-60；（g，h）GASE-90

参 考 文 献

[1] Chang L L，Cho J H，Kang S B. Microstructure and mechanical properties of AM31 magnesium alloys processed by differential speed rolling[J]. Journal of Materials Processing Technology，2011，211（9）：1527-1533.

[2] Chang L L，Kang S B，Cho J H. Influence of strain path on the microstructure evolution and mechanical properties in AM31 magnesium alloy sheets processed by differential speed rolling[J]. Materials & Design，2013，44：144-148.

[3] Chang L L，Cho J H，Kang S K. Microstructure and mechanical properties of twin roll cast AM31 magnesium alloy

sheet processed by differential speed rolling[J]. Materials & Design，2012，34：746-752.

[4]　Barnett M R. Twinning and the ductility of magnesium alloys[J]. Materials Science and Engineering A，2007，464（1-2）：8-16.

[5]　Beausir B，Biswas S，Kim D I，et al. Analysis of microstructure and texture evolution in pure magnesium during symmetric and asymmetric rolling[J]. Acta Materialia，2009，57（17）：5061-5077.

[6]　丁茹，王伯健，任晨辉，等. 异步轧制 AZ31 镁合金板材的晶粒细化及性能[J]. 稀有金属，2010，34（1）：34-37.

[7]　何杰军，吴鲁淑. 挤压态 AZ31 镁合金变形组织演变机制[J]. 材料热处理学报，2017，38（1）：43-49.

[8]　Wang Q H，Jiang B，Chen D，et al. Strategies for enhancing the room-temperature stretch formability of magnesium alloy sheets：A review[J]. Journal of Materials Science，2021，56（23）：12965-12998.

[9]　庞灵欢，徐春，陈麒忠. 异速轧制对 AZ31 镁合金板组织与织构的影响[J]. 上海金属，2018，40（6）：79-83.

[10]　Kang S B，Cho J，Chang L，et al. Influence of twin roll casting and differential speed rolling on microstructure and tensile properties in magnesium alloy sheets[J]. Procedia Engineering，2011，10：1190-1195.

[11]　Dai Z H，Lu L，Chai H W，et al. Mechanical properties and fracture behavior of Mg-3Al-1Zn alloy under high strain rate loading[J]. Materials Science and Engineering A，2020，789：139690.

[12]　Kim W J，Lee Y G，Lee M J，et al. Exceptionally high strength in Mg-3Al-1Zn alloy processed by high-ratio differential speed rolling[J]. Scripta Materialia，2011，65（12）：1105-1108.

[13]　Iftikhar C M A，Khan A S. The evolution of yield loci with finite plastic deformation along proportional and non-proportional loading paths in an annealed extruded AZ31 magnesium alloy[J]. International Journal of Plasticity，2021，143（8）：103007.

[14]　Watanabe H，Fukusumi M，Somekawa H，et al. Texture and mechanical properties of a superplastically deformed Mg-Al-Zn alloy sheet[J]. Scripta Materialia，2009，61（9）：883-886.

[15]　Zhao L，Chen W H，Zhou B A，et al. Quantitative study on the tension-compression yield asymmetry of a Mg-3Al-1Zn alloy with bimodal texture components[J]. Journal of Magnesium and Alloys，2022，10：1680-1693.

[16]　Pérez-Prado M T，Ruano O A. Texture evolution during annealing of magnesium AZ31 alloy[J]. Scripta Materialia，2002，46（2）：149-155.

[17]　Frederick M J，Goswami R，Ramanath G. Sequence of Mg segregation，grain growth，and interfacial MgO formation in Cu-Mg alloy films on SiO$_2$ during vacuum annealing[J]. Journal of Applied Physics，2003，93（10）：5966-5972.

[18]　Kim H K，Kim W J. Microstructural instability and strength of an AZ31 Mg alloy after severe plastic deformation[J]. Materials Science and Engineering A，2004，385（1-2）：300-308.

[19]　唐佳伟，帅美荣，王海宇，等. 异速比对镁合金板材轧制成形的影响分析[J]. 太原科技大学学报，2020，41（4）：302-306.

[20]　张文玉，刘先兰，陈振华，等. 异步轧制对 AZ31 镁合金板材组织和性能的影响[J]. 武汉理工大学学报，2007，29（11）：57-61.

[21]　Luo D，Wang H Y，Zhao L G，et al. Effect of differential speed rolling on the room and elevated temperature tensile properties of rolled AZ31 Mg alloy sheets[J]. Materials Characterization，2017，124：223-228.

[22]　张文玉，刘先兰，陈振华. 轧制路径对 AZ31 镁合金薄板组织性能的影响[J]. 特种铸造及有色合金，2007，27（9）：716-719.

[23]　常丽丽. 变形镁合金 AZ31 的织构演变与力学性能[D]. 大连：大连理工大学，2009.

[24]　Levinson A，Mishra R K，Doherty R D，et al. Influence of deformation twinning on static annealing of AZ31 Mg

alloy[J]. Acta Materialia，2013，61（16）：5966-5978.

[25] Yin S M，Wang C H，Diao Y D，et al. Influence of grain size and texture on the yield asymmetry of Mg-3Al-1Zn alloy[J]. Journal of Materials Science & Technology，2011，27（1）：29-34.

[26] Song B，Xin R L，Chen G，et al. Improving tensile and compressive properties of magnesium alloy plates by pre-cold rolling[J]. Scripta Materialia，2012，66（12）：1061-1064.

[27] Ali A N，Huang S J. Ductile fracture behavior of ECAP deformed AZ61 magnesium alloy based on response surface methodology and finite element simulation[J]. Materials Science and Engineering A，2019，746：197-210.

[28] Wu P F，Lou Y S，Chen Q，et al. Modeling of temperature- and stress state-dependent yield and fracture behaviors for Mg-Gd-Y alloy[J]. International Journal of Mechanical Sciences，2022，229：107506.

[29] Kang S H，Han D W，Kim H K. Fatigue strength evaluation of self-piercing riveted joints of AZ31 Mg alloy and cold-rolled steel sheets[J]. Journal of Magnesium and Alloys，2020，8（1）：241-251.

[30] Du J J，Song H Y，An M R，et al. Effect of rare earth element on amorphization and deformation behavior of crystalline/amorphous dual-phase Mg alloys[J]. Materials & Design，2022，221：110979.

[31] Lloyd D J，Worthn P J，Embury J D. Dislocation dynamics in the copper-tin system[J]. Philosophical Magazine，1970，22（180）：1147-1160.

[32] Gilman J. Dislocation mobility in crystals[J]. Journal of Applied Physics，1965，36（10）：3195-3206.

[33] Johnston W G，Gilman J J. Dislocation velocities，dislocation densities，and plastic flow in lithium fluoride crystals[J]. Journal of Applied Physics，1959，30：129-144.

[34] Zhou G，Yang Y，Sun L，et al. Tailoring the microstructure，mechanical properties and damping capacities of Mg-4Li-3Al-0.3Mn alloy via hot extrusion[J]. Journal of Materials Research and Technology，2022，19：4197-4208.

[35] Zhang Y X，Zhang Z R，Kang H H，et al. Development of an extremely dilute Mg-Mn-Ce alloy with high strength-thermal conductivity synergy by low-temperature extrusion[J]. Materials Letters，2022，326：132965.

[36] Zhao Y R，Chang L L，Guo J，et al. Twinning behavior of hot extruded AZ31 hexagonal prisms during uniaxial compression[J]. Journal of Magnesium and Alloys，2019，7（1）：90-97.

[37] Sun J P，Yang Z Q，Liu H，et al. Tension-compression asymmetry of the AZ91 magnesium alloy with multi-heterogenous microstructure[J]. Materials Science and Engineering A，2019，759：703-707.

[38] Lyu S，Li G D，Zheng R X，et al. Reduced yield asymmetry and excellent strength-ductility synergy in Mg-Y-Sm-Zn-Zr alloy via ultra-grain refinement using simple hot extrusion[J]. Materials Science and Engineering A，2022，856：143783.

[39] Yu H，Park S H，You B S. Die angle dependency of microstructural inhomogeneity in an indirect-extruded AZ31 magnesium alloy[J]. Journal of Materials Processing Technology，2015，224：181-188.

[40] Wang X，Liu H，Tang X，et al. Influence of asymmetric rolling on the microstructure，texture evolution and mechanical properties of Al-Mg-Si alloy[J]. Materials Science and Engineering A，2022，844：143154.

[41] Wang Q H，Jiang B，Tang A T，et al. Ameliorating the mechanical properties of magnesium alloy：Role of texture[J]. Materials Science and Engineering A，2017，689：395-403.

[42] 唐昌平，张超，王雪兆，等. 镁合金非对称变形研究进展[J]. 稀有金属，2021，45（12）：1501-1511.

[43] Tu J，Zhou T，Liu L，et al. Effect of rolling speeds on texture modification and mechanical properties of the AZ31 sheet by a combination of equal channel angular rolling and continuous bending at high temperature[J]. Journal of Alloys and Compounds，2018，768：598-607.

[44] Del Valle J A，Carreno F，Ruano O A. Influence of texture and grain size on work hardening and ductility in

magnesium-based alloys processed by ECAP and rolling[J]. Acta Materialia，2006，54（16）：4247-4259.

[45]　Chino Y，Iwasaki H，Mabuchi M. Stretch formability of AZ31 Mg alloy sheets at different testing temperatures[J]. Materials Science and Engineering A，2007，466（1-2）：90-95.

[46]　Zhou T，Yang Z，Hu D，et al. Effect of the final rolling speeds on the stretch formability of AZ31 alloy sheet rolled at a high temperature[J]. Journal of Alloys and Compounds，2015，650：436-443.

[47]　Kang D H，Kim D W，Kim S，et al. Relationship between stretch formability and work-hardening capacity of twin-roll cast Mg alloys at room temperature[J]. Scripta Materialia，2009，61（7）：768-771.

[48]　Koike J，Ohyama R. Geometrical criterion for the activation of prismatic slip in AZ61 Mg alloy sheets deformed at room temperature[J]. Acta Materialia，2005，53（7）：1963-1972.

[49]　Rakshith M，Seenuvasaperumal P. Review on the effect of different processing techniques on the microstructure and mechanical behaviour of AZ31 Magnesium alloy[J]. Journal of Magnesium and Alloys，2021，9（5）：1692-1714.

[50]　Zhang H，Huang G S，Wang L F，et al. Improved formability of Mg-3Al-1Zn alloy by pre-stretching and annealing[J]. Scripta Materialia，2012，67（5）：495-498.

[51]　Huang X S，Suzuki K，Watazu A，et al. Improvement of formability of Mg-Al-Zn alloy sheet at low temperatures using differential speed rolling[J]. Journal of Alloys and Compounds，2009，470（1-2）：263-268.

[52]　Zhang H，Huang G S，Li J，et al. Influence of warm pre-stretching on microstructure and properties of AZ31 magnesium alloy[J]. Journal of Alloys and Compounds，2013，563：150-154.

[53]　Wu P F，Lou Y S，Chen Q，et al. Modeling of temperature-and stress state-dependent yield and fracture behaviors for Mg-Gd-Y alloy[J]. International Journal of Mechanical Sciences，2022，229：107506.

[54]　Minárik P，Král R，Čížek J，et al. Effect of different c/a ratio on the microstructure and mechanical properties in magnesium alloys processed by ECAP[J]. Acta Materialia，2016，107：83-95.

[55]　Qiu W，Huang G，Li Y，et al. Microstructure and properties of Mg-Ca-Zn alloy for thermal energy storage[J]. Vacuum，2022，203：111282.

[56]　Guo F L，Feng B，Fu S W，et al. Microstructure and texture in an extruded Mg-Al-Ca-Mn flat-oval tube[J]. Journal of Magnesium and Alloys，2017，5（1）：13-19.

[57]　Frydrych K，Libura T，Kowalewski Z，et al. On the role of slip，twinning and detwinning in magnesium alloy AZ31b sheet[J]. Materials Science and Engineering A，2021，813（26）：141152.

[58]　Lu H，Shi L，Dong H G，et al. Influence of flame rectification on mechanical properties of AlZnMg alloy[J]. Journal of Alloys and Compounds，2016，689：278-286.

第3章

厚向非对称分流模挤压镁合金板材加工技术

3.1 厚向非对称分流模挤压模具结构

第 2 章重点介绍了厚向非对称平模挤压制备镁合金板材的研究结果。平模制备加工过程简单，但常用平模的模腔以及对应的挤压筒的横截面大多是圆形，与挤压板材的矩形截面不对应，导致挤压板材沿宽度方向的变形程度不均匀，特别是对于宽厚比较大的挤压板材，这种问题尤为突出。在实际生产和工业应用中，针对具有较大的宽厚比的宽幅挤压板材，为了提高效率、改善挤压板材质量，通常采用扁挤压筒和分流模来挤压制备加工。

扁挤压筒开坯挤压板材已在铝合金领域得到了很好的应用，特别是在挤压加工宽幅板材方面具有独特优势[1-3]。扁挤压筒挤压板材就是在高温下将与最终板材截面相似的坯料，在相似截面形状的挤压筒中，挤压成所需尺寸的板材，金属的挤压流动更均匀，成形速度较快[4-7]。一般来说，大型挤压机的扁挤压筒加工制作成本比圆挤压筒高很多，且扁挤压筒四个角部在使用过程中易产生应力集中而失效，导致其维护成本高。同时，与扁挤压筒匹配的扁铸锭的价格相对圆铸锭来说更高。因此，对于常用挤压板材，可以采用成本更低、操作维护方便的分流模挤压加工。分流模挤压板材就是在挤压过程中使圆铸锭坯料利用分流模的模桥进行一次分流，进入模腔后的合金坯料进行流动混合，使坯料更加均匀。同时，模腔形状是扁平的，与最终板材矩形截面相似，使挤压变形更加均匀。

本章所用扁挤压筒的内腔截面尺寸为宽 90 mm、高 40 mm、长 450 mm，如图 3-1 所示。采用近似矩形截面的挤压模具（图 3-2），所得挤压板材尺寸为宽 56 mm、厚 1 mm。

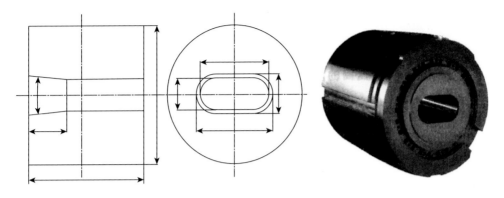

图 3-1　扁挤压筒内腔结构示意图及实物

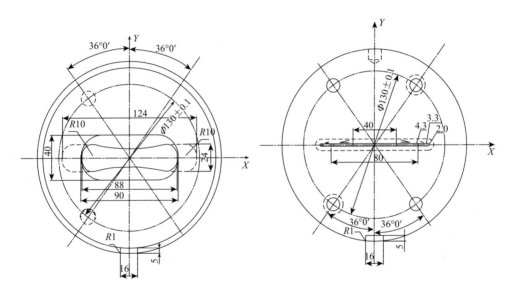

图 3-2　扁挤压筒挤压模具结构示意图（单位：mm）

图 3-3 为普通对称挤压模具、对称分流模具和三种非对称分流模具的截面示意图。与普通对称模具[图 3-3（a）]相比，对称分流模具[图 3-3（b）]就是扩大模具入口尺寸，在模腔入口处设置一个模桥（或导流挡板），使合金坯料在挤压过程中分成两股金属流动，在随后模具腔体的高温高压环境中，两股金属紧密贴合为良好的冶金结合界面。如图 3-3（c）～（e）所示，本书作者团队在对称分流模挤压（porthole die extrusion，PE）的基础上，改变模桥结构尺寸，使之成为具有不同角度（45°，60°，90°）非对称分流模挤压（asymmetric porthole die extrusion，APE），分别称为 APE-45、APE-60 和 APE-90，挤压板材尺寸为宽 56 mm，厚 1 mm。

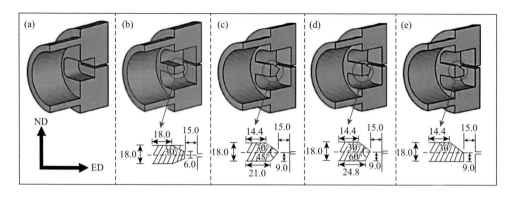

图 3-3 挤压模具截面示意图：（a）普通对称挤压模具；（b）对称分流模具；（c）APE-45 分流模具；（d）APE-60 分流模具；（e）APE-90 分流模具（单位：mm）

3.2 非对称分流模挤压过程中镁合金的流动与应变

为了更好地描述非对称分流模挤压和普通挤压之间的差异，本节利用 3D-DEFORM 软件进行挤压过程的有限元模拟，分析在挤压过程中合金坯料的流速、有效应变和应力，揭示非对称挤压过程中的非对称应力应变特征。利用 Unigraphics NX 软件构建坯料和模具尺寸，导入至 3D-DEFORM 软件计算，有限元模拟过程中的挤压参数与实际挤压过程中的参数保持一致。3D-DEFORM 有限元模拟能够为实际的挤压过程提供很好的可行性分析和借鉴。为了简化模拟过程，选择 APE-90 非对称分流模挤压与普通挤压进行的模拟分析对比。

图 3-4 为普通对称平模挤压和 APE-90 非对称分流模挤压过程中流速、有效应力以及有效应变的对比情况。由图可见，对于普通对称平模挤压，因模具几何结构的对称性，坯料在挤压过程中纵截面上下对称位置的流速、有效应力和有效应变均相等。对于 APE-90 非对称分流模挤压，沿模具出口处中轴线上下对称位置的流速、有效应力和有效应变均存在较大差异，在流速分布图中的中轴线上侧坯料流动速率明显大于下侧坯料的流动速率。同样，在有效应力和有效应变模拟图中，中轴线上侧坯料的有效应力和应变均大于下侧。这表明非对称分流模挤压过程中形成了显著的非对称应力应变，具有显著的非对称分布特征。为了更加直观地观察和理解这种规律，利用模拟过程中的"点追踪"来定量比较沿挤压模具中轴线上下对称位置点的流速、有效应力和有效应变，如图 3-5 所示。图中 P_1 和 P_2 是中轴线上下对称的两个位置点。当挤压时间小于 8 s 时，P_1 和 P_2 点的流速、有效应力和有效应变均基本相同，仍处于对称分布状态。当挤压过程持续时间大于 8 s 时，P_1 点的流速、有效应力以及有效应变均大于 P_2 点。这表明，当坯料流动至分流区域时，由于非对称模桥的作用，坯料对称位置呈现出明显的不对称流动

状态，呈现非对称应力应变特征。这种非对称状态将对挤压板材组织和性能产生显著影响。

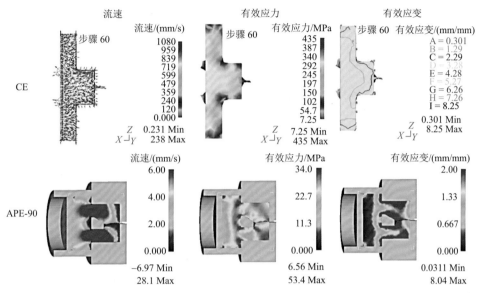

图 3-4　对称挤压（CE）和 APE-90 非对称分流模挤压过程中的流速、有效应力以及有效应变

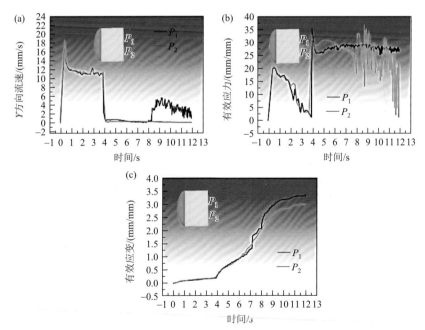

图 3-5　APE-90 挤压过程中的对称位置点 P_1 和 P_2 的流速（a）、有效应力（b）以及有效应变（c）的点追踪

综合大量研究分析，通过改变应变路径，引入强剪切应变，产生贯穿板材厚度方向的非对称塑性变形可以显著细化镁合金晶粒尺寸和弱化基面织构[8, 9]，这也是改变镁合金显微组织和织构类型，提高成形性能的有效途径。如图 3-4 和图 3-5 中提到的，相对于普通对称挤压过程，非对称分流模挤压能够产生强烈的不对称流动。在分流融合区域，上下两部分金属坯料相互挤压摩擦产生较大的额外的强剪切作用和较大的额外有效应变，有望导致镁合金板材的晶粒细化和织构弱化。图 3-6 为 APE-45、APE-60 和 APE-90 三种非对称分流模挤压过程中合金坯料流动至模具出口时离轴线上下 ±1.5 mm 处两个位置的有效应变及其对应的有效应变差值。

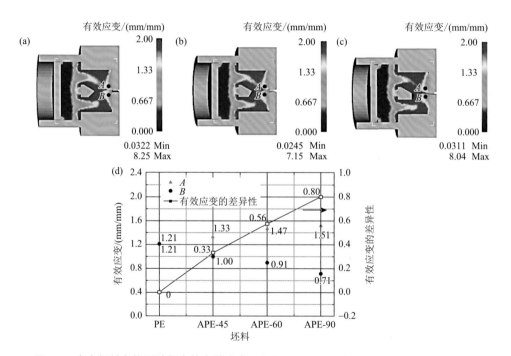

图 3-6　合金坯料在挤压过程中的有效应变：（a）APE-45；（b）APE-60；（c）APE-90；
（d）ED 轴线附近 ±1.5 mm 处 A 和 B 两点的有效应变及其差值

为了对比更加直观，图 3-6（d）提取了普通对称分流模挤压（PE）和三种非对称分流模挤压（APE）过程中在相应位置的有效应变及其差值。对于普通对称分流模挤压过程，在 A 点和 B 点产生的有效应变均为 1.21 mm/mm，无法产生有效的剪切行为。对于 APE-45、APE-60 和 APE-90 三种非对称分流模挤压过程，在 A 点产生的有效应变均大于 PE 过程在 A 点产生的有效应变，而在 B 点则相反。这表明，非对称分流模挤压能对合金坯料产生有效的剪切作用，并且随非对称分流模角度增大，有效剪切的差值从 0.33 增大到 0.80，非对称剪切作用更加显著。

3.3　扁挤压筒挤压镁合金板材的组织与力学性能

3.3.1　扁挤压筒挤压板材的组织及织构

采用图 3-1 所示的扁挤压筒和图 3-2 所示的挤压模具，挤压制备 AZ31 镁合金板材，挤压工艺参数为：坯料温度、模具温度和挤压筒温度均为 430℃，挤压速度 20 mm/s，挤压比 27∶1。利用 OLYMPUS-GX41 金相显微镜观察挤压筒挤压开坯镁合金挤压板材的金相组织，并与圆筒挤压镁合金板材进行对比。利用 XRD、SEM、EBSD 等手段对镁合金挤压板材的组织和织构进行表征。

图 3-7 为圆筒挤压 AZ31 镁合金板材边部和中部的金相组织。由图可见，挤压板材金相组织基本由等轴晶组成，晶粒尺寸较为均匀，但边部晶粒和中部晶粒存在明显差异，边部平均晶粒尺寸约为 32 μm、中部平均晶粒尺寸约为 53 μm。

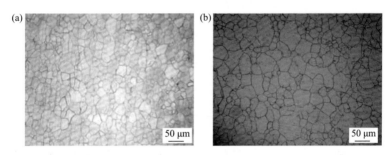

图 3-7　圆筒挤压 AZ31 镁合金板材的金相组织：（a）边部；（b）中部

图 3-8 为扁挤压筒挤压 AZ31 镁合金板材边部和中部的金相组织。由图可见，挤压板材金相组织基本由等轴晶组成，晶粒尺寸较圆筒挤压板材更为细小、均匀，边部晶粒和中部晶粒略有差异，边部平均晶粒尺寸约为 8 μm、中部平均晶粒尺寸约为 10 μm。

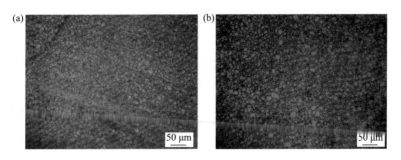

图 3-8　扁挤压筒挤压 AZ31 镁合金板材的金相组织：（a）边部；（b）中部

图 3-9 为扁挤压筒挤压 AZ31 板材的宏观织构分布，表现为较强的（0002）基面织构，其极密度最大值为 21.637，同时还有部分基面取向向 TD 偏转。

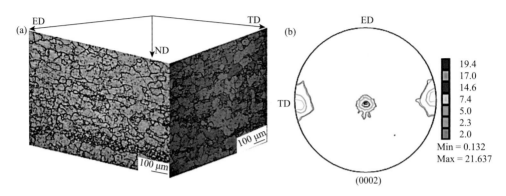

图 3-9　扁挤压筒挤压 AZ31 板材的（0002）基面极图

图 3-10 为扁挤压筒挤压多个扁铸锭时 AZ31 板材挤压连接处的金相组织，由图可见，前后两块扁挤压筒挤压镁合金板材接缝处啮合较好，没有发现微裂纹及明显缺陷存在，接缝呈"凸"状。在板材接缝处存在较多细小的再结晶晶粒（约 15 μm），还存在部分再结晶区域，细小再结晶晶粒被较大纤维状晶粒（约 200 μm）包围。这可能是在镁合金板材挤压过程中，接头处存在氧化皮和坯料温度降低而导致未发生完全动态再结晶。

图 3-10　扁挤压筒挤压多个扁铸锭时 AZ31 板材挤压连接处的金相组织

3.3.2　扁挤压筒挤压板材的力学性能

图 3-11 为扁挤压筒挤压 AZ31 板材沿挤压方向 0°、30°、45°、60° 和 90° 的拉伸真应力-真应变曲线和对应的加工硬化行为。由图可见，90° 试样的延伸率最小，

并且表现出很强的加工硬化现象，45°试样延伸率最好。这主要是因为 Schmid 因子（m_s，$m_s = \cos\lambda\cos\varphi$）的大小，为滑移面和滑移方向与外力之间的关系。$\lambda$ 为外力轴线与滑移方向之间的夹角，φ 为外力轴线与滑移面之间的夹角，当 $\lambda = \varphi = 45°$ 时，Schmid 因子有最大值[10, 11]，此时屈服强度最小；当 λ 或 φ 为 90°时，m_s 为 0，此时屈服强度为最大值，延伸率最小。

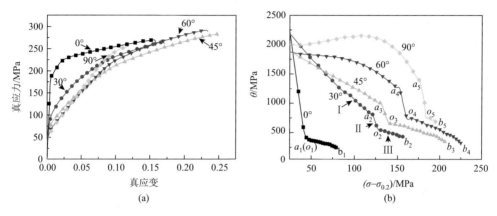

图 3-11　扁挤压筒挤压 AZ31 板材的拉伸真应力-真应变曲线（a）和加工硬化行为（b）

表 3-1 为扁挤压筒挤压 AZ31 板材在 0°、30°、45°、60°和 90°方向上的室温拉伸力学性能数据。由表可见，随着取样角度增加，屈服强度不断减少，从 188.6 MPa 减少到 58.8 MPa。抗拉强度变化不明显，45°试样延伸率最大，为 23.8%。应变硬化指数（n 值）也随着角度增加，从 0.10 增加到 0.52。这表明扁挤压筒挤压 AZ31 镁合金板材存在较为明显的力学各向异性。

表 3-1　扁挤压筒挤压 AZ31 板材在 0°、30°、45°、60°和 90°方向上的室温拉伸力学性能数据

沿 ED 方向角度	YS/MPa	UTS/MPa	FE/%	n 值
0°	188.6	268.1	15.5	0.10
30°	106.1	264.8	16.3	0.31
45°	73.7	280.6	23.8	0.38
60°	64.2	289.9	21.6	0.45
90°	58.8	258.2	12.9	0.52

由图 3-11（b）可知，扁挤压筒挤压 AZ31 板材的加工硬化行为的各向异性很明显，各方向的试样屈服后，0°试样第一个出现下降台阶，存在一个小弹性过渡，同时在加工硬化曲线第三阶段（Stage III）均存在下降趋势。加工硬化行为主要是由于晶粒取向改变了基面的临界剪切应力，并影响非基面滑移系的开动。第二阶

段（Stage Ⅱ）和第三阶段这两阶段基本上平行，说明这两个阶段的动态回复与拉伸方向无关。另外，加工硬化曲线上第二阶段（a_1o_1、a_2o_2、a_3o_3、a_4o_4 和 a_5o_5）长度随角度增加，可能主要是因为位错的累积。孪晶在拉伸过程中起重要作用，为此将 0°、30°、45°、60° 和 90° 试样再进行预拉伸，在板材拉伸变形量为 8% 时停止。取预拉伸变形试样中间部分，在 ED-ND 平面观察金相组织，同时取 90° 试样进行 EBSD 成像分析。

图 3-12（a）～（e）为扁挤压筒挤压 AZ31 板材沿挤压方向 0°、30°、45°、60° 和 90° 拉伸应变为 0.08 时的金相组织。随着取向角度增加，孪晶分数逐渐增加。图 3-12（g）为 90° 预拉伸试样的 EBSD 分析结果，孪晶类型为 {$10\overline{1}2$}，是由相邻晶粒应力状态和拉伸方向相互作用产生的。因为此处的扁挤压筒挤压 AZ31 板材为强基面织构，同时部分 c 轴向 TD 偏转，所以沿不同方向拉伸时产生的局部应力也不同，其示意图如图 3-12（f）所示，90° 试样产生应力分力较大，故产生孪晶的数量最多。

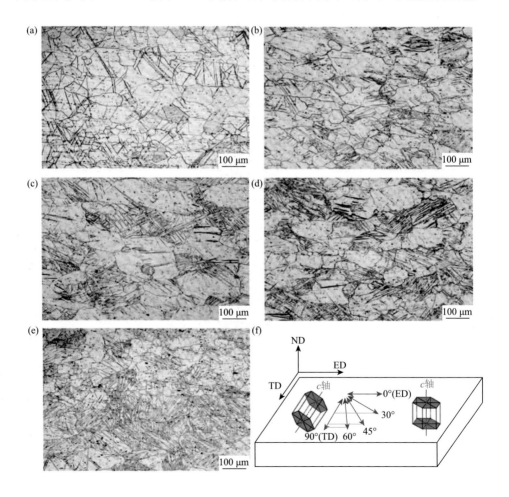

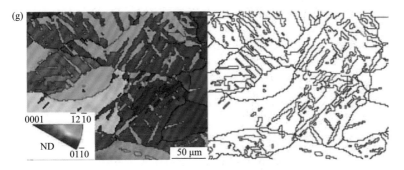

图 3-12　扁挤压筒挤压 AZ31 板材应变为 0.08 时的金相组织：（a）0°；（b）30°；（c）45°；（d）60°；（e）90°；（f）拉伸方向和 c 轴示意图；（g）90°预拉伸试样的 EBSD 图

　　图 3-13 为扁挤压筒挤压 AZ31 板材的室温拉伸断口 SEM 形貌，可以观察到较多断裂台阶和韧窝，属于塑性断裂。在韧窝中观察到第二相化合物，充分说明位错在第二相处产生聚集，堆积到一定程度发生断裂。也可以看出，45°试样的断裂断口比较多样化，撕裂纹理比较多，存在撕裂台阶和韧窝，这与 45°试样延伸率最好、0°和 90°试样的延伸率比较差的规律是保持一致的。

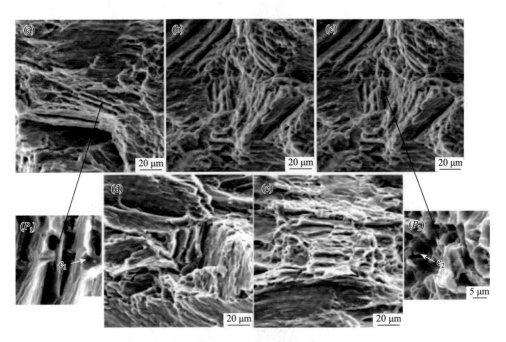

图 3-13　扁挤压筒挤压 AZ31 板材的室温拉伸断口 SEM 形貌：（a）0°；（b）30°；（c）45°；（d）60°；（e）90°

3.3.3 扁挤压筒挤压镁合金板材接缝处的力学性能

在镁合金挤压过程中，为了提高挤压效率，连续添加多个镁合金铸锭，当第一个铸锭挤压完成后，紧接着添加第二个镁合金铸锭进行挤压成形，在前后两个挤压板材中将形成接缝（joint），接缝对后续镁合金挤压板材成卷及成形性能有很大影响。如图 3-10 所示，扁挤压筒挤压 AZ31 板材接缝处的组织完好，无明显缺陷。为此，取接缝处板材进行力学性能测试，与常规板材对比。

图 3-14 为扁挤压筒挤压开坯 AZ31 板材在室温下接缝处和远离接缝处的真应力-真应变拉伸曲线，试样 I 为正常 AZ31 挤压板材远离接缝处的试样，试样 II 为接缝处试样。可见，屈服强度和抗拉强度差别不大，但延伸率相差较大，接缝处试样的延伸率降低了约 50%，从 12.6%变成 6.9%，主要原因在于接缝处组织不均匀。

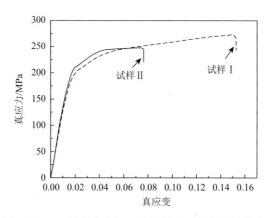

图 3-14 扁挤压筒挤压开坯 AZ31 板材在室温下接缝处和远离接缝处的真应力-真应变拉伸曲线

图 3-15 为扁挤压筒挤压 AZ31 板材拉伸断口附近的金相组织。试样 II 拉伸断裂后，接缝处细小晶粒没有发生变化，断裂位置在细小晶粒周围的粗大晶粒处。两个试样断裂的位置都产生大量孪晶，试样 II 断裂处孪晶数量较多，主要是因为晶粒大小不均匀性造成变形不协调[12-14]。在变形过程中镁合金的粗大晶粒更易出现孪晶，孪晶在试样 II 中产生一个松弛的作用，在细小晶粒中未出现孪晶。由于孪晶产生的协调作用，试样 I 和试样 II 的屈服强度变化不大。

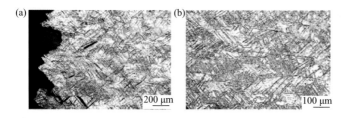

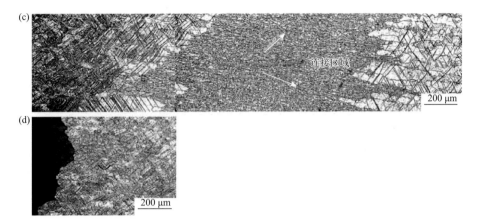

图 3-15 扁挤压筒挤压 AZ31 板材拉伸断口附近的金相组织：（a）试样Ⅰ；（b）试样Ⅰ中间
部分；（c）试样Ⅱ接缝区域；（d）试样Ⅱ

3.4 非对称分流模挤压 AZ31 镁合金板材的组织与力学性能

3.4.1 非对称分流模挤压过程中合金坯料的显微组织

图 3-16 为对称分流模挤压（PE）和非对称分流模挤压（APE-45、APE-60
和 APE-90）在挤压过程中合金坯料沿纵截面的光学显微组织。从图 3-16（a）~
（d）的合金坯料几何形状可以看出，挤压过程中 AZ31 合金坯料完全充满了模具
型腔。图 3-16（e）~（h）为对应图 3-16（a）~（d）中的合金坯料流股融合放

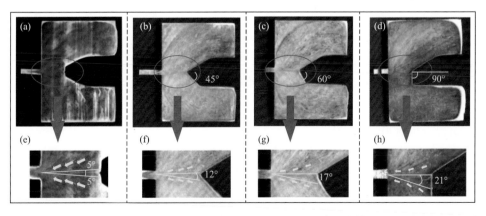

图 3-16 挤压过程中合金坯料的沿纵截面的光学显微组织：对称分流模挤压（a，e）和非对称
分流模挤压 APE-45（b，f）、APE-60（c，g）、APE-90（d，h）

大图。通过坯料在挤压过程中的流线分布可以看出，挤压过程中以 ED 为轴线的合金流动具有较好的对称性，但挤压流线与 ED 轴线方向存在流线角差异。其中，对称挤压的流线角为 5°，三种 APE 非对称模具的流线角分别为 12°、17°和 21°。由此可见，非对称分流模使流线角显著增大，且随着模桥夹角的增大，流线角也逐渐增大。这表明，非对称分流模几何结构上的非对称使合金坯料发生显著的不对称流动。

图 3-17 为 CE、PE、APE-45、APE-60 和 APE-90 五种挤压板材在 ED-ND 面上的光学显微组织。由图可见，五种挤压板材均发生了较为完整的动态再结晶，其晶粒尺寸存在较大的差异。CE 对称平模挤压板材的显微组织特征呈现为大晶粒和小晶粒组成的混晶组织，其平均晶粒尺寸约为 9.3 μm，但其粗大晶粒的尺寸超过 55 μm。对于 PE 对称分流模挤压，其板材的组织特征表现为等轴晶，平均晶粒尺寸大约为 17.2 μm，尽管晶粒尺寸相较 CE 挤压板材增大，但其更加均匀。相较于 CE 和 PE 挤压板材，三种非对称分流模挤压 APE-45、APE-60 和 APE-90 板材在晶粒分布方面，随着分流角度的增大，其逐渐表现出更加趋于均匀，晶粒尺寸逐渐减小，从约 8.3 μm 降低到约 11.2 μm。因此，相比于普通挤压和对称型分流模挤压，非对称分流模挤压不仅能有效地改善晶粒组织的不均匀性，而且还能有效地细化挤压板材的晶粒尺寸，将对镁合金挤压板材性能的改善起到重要作用。

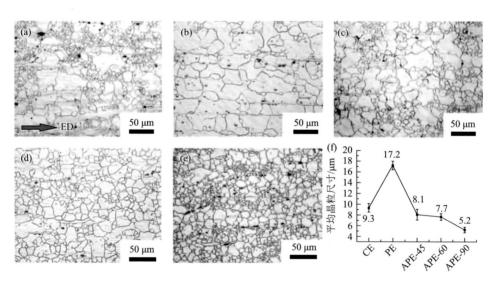

图 3-17　五种挤压板材在 ED-ND 面上的光学显微组织：（a）CE；（b）PE；（c）APE-45；（d）APE-60；（e）APE-90；（f）平均晶粒尺寸

3.4.2　非对称分流模挤压板材的织构与晶粒取向演变

图 3-18 为 CE、PE、APE-45、APE-60 和 APE-90 五种挤压板材在 ED-ND 面上的（0002）宏观织构，五种挤压板材在（0002）极图上的最大极密度均位于中心位置，但是存在细微差别。CE 挤压板材呈现出典型的基面板织构特征，最大极密度位于（0002）极图的正中心，且具有较高的最大极密度值，约为 14.833。相较于 CE 板材，PE 挤压板材仅表现出更高的最大极密度值，约为 16.586，最大极密度分布相同。对于三种非对称分流模挤压板材，与前两者相比，不仅在最大极密度分布上有所差别，而且在最大极密度数值上也呈现出明显的区别。在最大极密度分布方面，三种挤压板材均沿 ED 方向发生一定角度的偏移，随着分流角度的增加，偏移角度逐渐增大，从约 15.3°增加到约 21.3°；在最大极密度方面，随着分流角度的增大，最大极密度逐渐降低，从约 10.886 降低到约 7.194。最大极密度沿 ED 方向偏转角的变化规律与非对称分流角变化规律一致，且二者在数值上非常相近。由此表明，非对称分流角的引入导致挤压板材最大极密度沿 ED 方

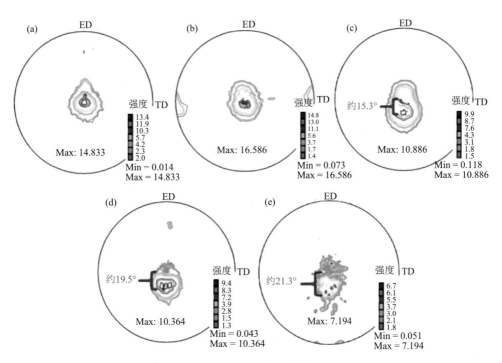

图 **3-18**　五种挤压板材在 ED-ND 面上的（0002）宏观织构：（a）CE；（b）PE；（c）APE-45；（d）APE-60；（e）APE-90

向的偏移。从最大极密度的降低和极轴更加分散，可知非对称分流模挤压相比于 CE 和 PE 对称挤压能更有效地弱化镁合金的基面织构，尤其对于分流角度较大的 APE-90 分流模挤压。另外，最大极密度的变化规律与挤压板材晶粒尺寸的变化趋势相一致，基面织构的弱化与挤压过程中的动态再结晶程度密切相关。

图 3-19 为 CE、PE、APE-45、APE-60 和 APE-90 五种挤压板材在 ED-ND 面上的 EBSD 分析和（0002）微观极图。为了尽可能地保证数据的可靠性，在利用 EBSD 分析测定时选择的区域面积应尽可能大，此处选择 200 倍的区域面积为 300 μm×300 μm。通过 Channel 5 软件处理得到挤压板材的显微组织，与在金相显微镜下观察到的显微组织大小基本一致。从图中可以看出，EBSD 测得的显微组织特征与金相显微镜下观察到的组织特征基本吻合。在 EBSD 图中所有挤压板材所呈现出的晶粒大多数为红色，并且随着挤压模具分流模夹角的增大，红色晶粒数量逐渐减少，其他颜色的晶粒数量逐渐增多。可见，对称型模具挤压出来的板材呈现出较为明显的基面织构特征，而非对称分流模具挤压获得的板材基面织构特征明显减弱，最大极密度减小而且更加发散，极轴沿 ED 方向呈一定角度偏转。

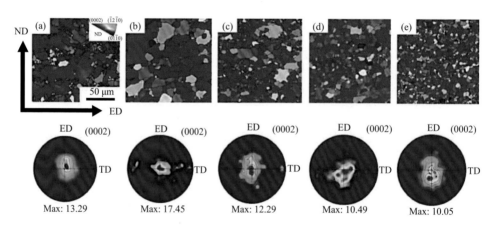

图 3-19　五种挤压板材在 ED-ND 面上的 EBSD 分析和（0002）微观极图：（a）CE；（b）PE；（c）APE-45；（d）APE-60；（e）APE-90

从 XRD 宏观织构和 EBSD 微观织构分析结果可以看出，APE-90 挤压板材表现出最为明显的基面织构弱化。为了进一步阐述 APE-90 板材织构弱化的机理，将对 CE 对称挤压和 APE-90 非对称挤压过程中显微组织和织构演变进行分析。图 3-20 为 CE 和 APE-90 挤压过程中离挤压模具出口处相同距离的四个位置试样的显微组织和织构对比。从图中可以看出，两种挤压过程存在以下差异。

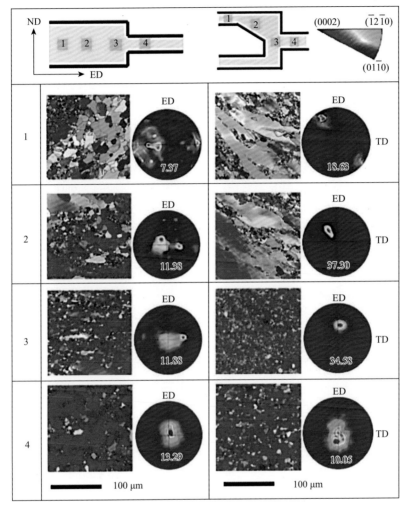

图 3-20　CE 和 APE-90 挤压过程中离挤压模具出口处相同距离的四个位置试样的显微组织和织构对比

（1）在 CE 挤压过程中，从 1 到 4 每个位置都表现出显微组织的不均匀性，为典型的混晶组织。在 APE-90 挤压过程中，从挤压初期的动态再结晶组织和未变形晶粒的不均匀混合（位置 1），随着挤压的持续进行，逐渐转变为较为均匀的完全动态再结晶组织，尤其是在位置 3 和位置 4，晶粒尺寸更加细小，表明 APE-90 挤压过程在挤压变形的最后阶段出现了强剪切应变，促进了动态再结晶。

（2）随着挤压过程的进行，合金的基面滑移逐渐占据主导地位，在（0002）极图上的表现为最大极密度从极图的边缘位置向中心位置靠拢。与 CE 挤压过程相比，APE-90 挤压过程中基面织构的形成被推迟，极轴转向中心位置延后，即在

APE-90 挤压过程中，显著的基面取向晶粒出现在位置 2，而 CE 挤压过程则出现在位置 1。与 CE 挤压板材相比，APE-90 挤压板材中保留了更多的非基面取向晶粒，形成了较弱的沿挤压方向倾斜的基面织构，而且更加发散。

（3）在 CE 挤压过程中可以清楚地看到，随着挤压的进行，最大极密度值从 7.37（位置 1）逐渐增加到 13.29（位置 4）。而 APE-90 过程则相反，最大极密度值先从 18.63（位置 1）增加到 37.30（位置 2），然后急剧下降到 10.05（位置 4），这种差异与 CE 对称挤压模具和 APE-90 非对称挤压模具的不同挤压通道，进而导致不同的流动特性和剪切应力密切相关。

与 CE 对称挤压相比，APE 非对称挤压过程中存在附加的非对称剪切应变作用，合金坯料承受的应变速率更大，根据 Zener-Hollomon 公式，分流融合区域的平均晶粒尺寸就小于 CE 挤压过程中相同位置的平均晶粒尺寸（图 3-20）。当坯料从分流融合区域到挤压出模具出口时，尽管有较大的应变速率，但由于坯料与模具之间的摩擦产生较高的摩擦热，在二者综合作用下，位置 4 的平均晶粒尺寸稍大于位置 3。

图 3-21 为 PE 挤压和三种非对称分流模挤压板材的非对称分流模角度和宏观织构最大极密度沿 ED 方向偏转角度之间的关系，可以看出，非对称分流模挤压板材的最大极密度沿 ED 方向发生偏移，并且偏移的角度与非对称分流模角度相近，变化规律一致。因此，非对称分流模几何结构的差异导致非对称剪切作用的产生，使得合金坯料在挤压过程中的流动速度不同，引起微观晶体沿挤压方向发生一定角度的倾斜。

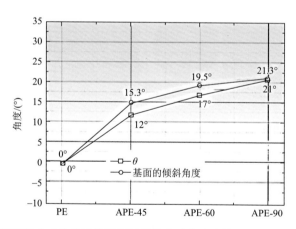

图 3-21　PE 挤压和三种非对称分流模挤压板材的非对称分流模角度和宏观织构最大极密度沿 ED 方向偏转角度之间的关系

宏观织构和微观织构特征的形成均与合金挤压过程中的动态再结晶密切相关。利用 EBSD 分析五种挤压板材的动态再结晶程度，将显微组织中的晶粒分为三类：完全再结晶晶粒、亚晶以及变形晶粒。进而分析三类晶粒在（0002）极图上的分布，得出动态再结晶行为与挤压板材织构的关系。

　　图 3-22 为五种挤压板材的再结晶与晶体取向分析。图中蓝色晶粒代表完全再结晶晶粒，黄色代表亚晶，红色代表变形晶粒，具体的三类晶粒所占的面积分数如表 3-2 所示。CE 对称平模和 PE 对称分流模挤压板材的再结晶晶粒所占的面积分数分别为 24% 和 41%，明显低于非对称分流模挤压板材的再结晶晶粒所占的面积分数，并且在非对称分流模挤压板材中，随着非对称分流模角度的增加，再结晶晶粒的面积分数增加从 72% 到 93%。这三类晶粒在（0002）极图上的分布情况如图 3-22（k）～（o）所示。红色变形晶粒和黄色的亚晶粒主要集中在（0002）极图的中心位置，而蓝色的完全再结晶晶粒相对前面的两类晶粒在（0002）极图上的分布较为分散。由此说明，非对称分流模挤压促进了具有较为随机取向的动态再结晶晶粒的形成，从而有效地弱化挤压板材的基面织构强度。综上所述，对于非对称分流模挤压，由于模具结构的不对称性，导致坯料在挤压过程中产生非对称剪切作用，促进随机取向的动态再结晶晶粒的形成，引起晶粒细化和织构弱化。

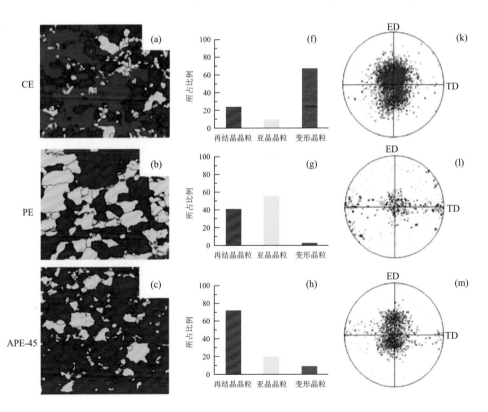

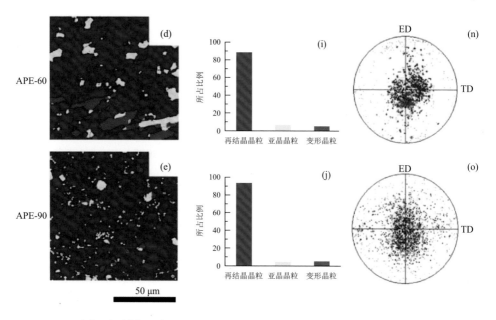

图 3-22　五种挤压板材的再结晶与晶体取向：（a～e）CE、PE、APE-45、APE-60 和 APE-90 再结晶图；（f～j）五种挤压板材的完全再结晶晶粒（蓝色晶粒）、亚晶（黄色晶粒）以及变形晶粒（红色晶粒）所占面积分数；（k～o）三类晶粒在（0002）极图上的分布

表 3-2　在 CE、PE、APE-45、APE-60 和 APE-90 挤压板材中，完全再结晶晶粒、亚晶以及变形晶粒的面积分数

试样	面积分数/%		
	再结晶晶粒	亚晶晶粒	变形晶粒
CE	24	9	67
PE	41	56	3
APE-45	72	19	9
APE-60	88	7	5
APE-90	93	4	3

3.4.3　非对称分流模挤压板材的力学行为

图 3-23 为 CE、PE、APE-45、APE-60 和 APE-90 五种挤压板材沿 ED、45° 以及 TD 三个方向上的真应力-真应变拉伸曲线。表 3-3 对应挤压板材的力学性能数据。由表 3-3 可见，五种挤压板材在 ED 方向上的屈服强度均小于 TD 方向上的

屈服强度，这是因为所有板材都具有最大极密度沿 ED 扩展而非沿 TD 扩展的特征。相比于对称型 CE 和 PE 板材，三种非对称分流模挤压板材的屈服强度、r 值以及屈强比均降低，延伸率增加，而在抗拉强度以及 n 值上数值几乎没有变化。APE-90 挤压板材在沿 ED 方向表现出较低的屈服强度、屈强比以及 r 值和较高的断后延伸率，而在沿 TD 方向却有相反的数值表现。

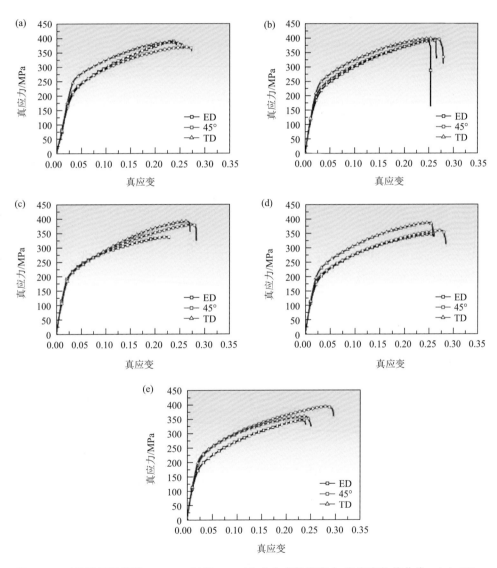

图 3-23　五种挤压板材沿 ED、45°以及 TD 三个方向上的真应力-真应变拉伸曲线：（a）CE；（b）PE；（c）APE-45；（d）APE-60；（e）APE-90

表 3-3　CE、PE、APE-45、APE-60 和 APE-90 五种挤压板材在室温下沿 ED、45°、TD 三个方向上的拉伸屈服强度、抗拉强度、断后延伸率、r 值、n 值以及屈强比

试样	YS/MPa			UTS/MPa			ε_f/%			r 值			n 值			YS/UTS		
	ED	45°	TD	ED	45°	TD	ED	45°	TD	ED	45°	TD	ED	45°	TD	ED	45°	TD
CE	194.0	204.1	253.8	389.5	369.2	385.6	21.1	23.3	21.9	2.79	5.20	4.31	0.307	0.271	0.244	0.497	0.552	0.658
PE	198.7	206.4	235.5	377.7	386.5	387.6	21.7	23.8	22.1	5.73	4.91	2.67	0.299	0.271	0.249	0.526	0.534	0.592
APE-45	180.8	180.8	180.8	337.6	379.5	389.9	21.9	26.2	25.1	2.71	2.94	2.01	0.224	0.285	0.336	0.535	0.476	0.463
APE-60	170.9	179.1	207.3	347.2	358.5	386.1	23.7	26.3	23.9	2.71	2.11	2.78	0.264	0.272	0.272	0.492	0.499	0.536
APE-90	163.3	178.4	206.9	350.1	394.6	357.9	22.8	27.1	24.3	1.34	1.77	3.07	0.295	0.272	0.247	0.466	0.494	0.578

为了更好地比较五种挤压板材的综合力学性能，将所测得的沿三个方向的力学性能参数分别对应求平均值，如表 3-4 所示。与 CE 板材相比，对称分流模挤压 PE 板材在平均屈服强度、平均抗拉强度、平均断后延伸率、平均屈强比以及平均 n 值均无明显的差异，但平均 r 值和 Δr 值有所差别。PE 板材表现出较大的平均 r 值和较小的 Δr 值。三种非对称分流模挤压板材的平均屈服强度、r 值、屈强比以及绝对值明显低于 CE 和 PE 板材，平均断后延伸率却高于 CE 和 PE 板材，而抗拉强度和 n 值没有差别。

表 3-4　CE、PE、APE-45、APE-60 和 APE-90 五种挤压板材在室温下的平均力学性能

试样	$\overline{YS}$/MPa	$\overline{UTS}$/MPa	$\overline{\varepsilon_f}$/%	$\bar{r}$	$\bar{n}$	$\overline{YS/UTS}$	Δr
CE	213.9	378.3	22.4	3.98	0.273	0.565	−1.65
PE	211.7	382.1	22.8	4.23	0.273	0.554	−0.71
APE-45	180.8	371.6	24.9	2.53	0.283	0.487	−0.58
APE-60	183.2	362.6	25.1	2.50	0.271	0.505	0.63
APE-90	181.2	374.3	25.4	1.91	0.272	0.484	0.43

综上所述，利用非对称分流模挤压能有效地降低 AZ31 合金挤压板材的屈服强度，提高其断后延伸率，改善其平面各向异性。一般而言，材料的强度和室温成形性能是难以兼容的。材料强度的提高在很大程度上会降低其成形能力；反之，材料强度的降低也在一定程度上提高了其成形能力。为了测试该五种挤压板材的室温成形性能，将其进行室温 Erichsen 杯突（IE）成形试验。

图 3-24 为 CE、PE、APE-45、APE-60 和 APE-90 五种挤压板材的杯突成形样品图和成形能力值（IE 值）。如图所示，五种挤压板材的 IE 值分别为 1.9 mm、1.7 mm、2.3 mm、2.5 mm 和 3.3 mm，其中 PE 挤压板材的 IE 值最低，非对称分流模挤压板材的 IE 值显著高于对称挤压板材。其中 APE-90 挤压板材的 IE 值为 3.3 mm，是几种挤压板材中室温塑性成形能力最好的。因此，利用非对称分流模挤压，可使 AZ31 合金挤压板材的塑性成形能力提高约 94%，这与平均 r 值、平均 n 值和平均屈强比紧密相关，最终提高镁合金板材的室温成形能力。

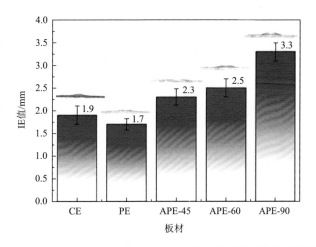

图 3-24　CE、PE、APE-45、APE-60 和 APE-90 五种挤压板材的杯突成形样品图和 IE 值

材料的显微组织决定其力学性能。本节的晶粒细化和织构弱化是非对称分流模挤压板材与对称型 CE 和 PE 挤压板材在显微组织上最主要的差别，下面重点讨论晶粒细化和织构弱化对挤压板材力学性能和杯突成形性能的影响。

一般而言，根据霍尔-佩奇关系，晶粒细化是提高镁合金强度的有效手段。非对称分流模挤压板材的平均晶粒尺寸小于对称 CE 和 PE 挤压板材，因此非对称分流模挤压板材的屈服强度应该大于对称 CE 和 PE 挤压板材，但实际上的结果恰好相反。由此可见，除了晶粒细化对镁合金力学性能的影响以外，还必然有其他因素导致这种相反的结果。非对称分流模挤压板材的织构弱化可能是导致其屈服强度降低的重要原因。大量研究表明，织构类型的改变和织构强度的变化均能对镁合金的力学性能产生显著的影响[15-17]。室温下，基面滑移是镁合金变形过程中最容易开启的塑性变形机制，可以用基面滑移 SF_{basal}（Schmid factor，施密特因子）值的大小来衡量基面滑移开启的难易程度。镁合金织构的改变直接影响室温下 SF_{basal} 值，从而影响其室温力学性能。

由图 3-23 可以看出，五种挤压板材在室温下沿三个方向拉伸变形时的塑性变形机制均以滑移变形为主，尤其是基面滑移。因此，通过比较室温下挤压板材沿三个方向拉伸时的 SF_{basal} 来分析织构对板材力学性能的影响。表 3-5 总结了 CE、PE、APE-45、APE-60 和 APE-90 挤压板材在室温下沿 ED、45°以及 TD 方向拉伸时的 SF_{basal}。从表中可见，非对称分流模挤压板材沿三个方向上的 SF_{basal} 均大于对称型的 CE 和 PE 挤压板材，尤其是沿着 ED 和 45°方向。根据 SF_{basal} 定律，室温下 SF_{basal} 越大，材料的屈服强度越低。因此，相比于对称 CE 和 PE 挤压板材，由于非对称分流模挤压板材表现出较大的平均 SF_{basal}，导致其平均的屈服强度较低。

表 3-5　CE、PE、APE-45、APE-60 和 APE-90 挤压板材沿 ED、45°以及 TD 方向拉伸时的基面滑移 Schmid 因子

试样	SF_{basal}			SF_{basal} 平均值
	ED	45°	TD	
CE	0.205	0.210	0.175	0.196
PE	0.183	0.197	0.196	0.192
APE-45	0.224	0.226	0.221	0.223
APE-60	0.264	0.270	0.243	0.259
APE-90	0.273	0.281	0.227	0.260

综上所述，在晶粒细化和织构弱化的影响下，非对称分流模挤压板材仍然呈现出较低的屈服强度，表明织构弱化引起挤压板材屈服强度降低的影响大于晶粒细化导致板材屈服强度增加的作用。有研究表明，预锻 Mg-1.58Zn-0.52Gd（wt%）合金在 350℃和 400℃挤压后，延伸率分别提高到 27.9%和 34.8%[16]。在挤压过程中所产生的大量细小动态再结晶晶粒以及基面织构的弱化，导致合金延伸率显著增加。细小均匀的晶粒分布不仅能有效地阻碍位错在晶界附近的运动，增加材料形变抗力，而且还能削弱位错在晶界附近的局部应力集中而引发局部失稳断裂，这就是晶粒细化既能增加材料的强度，又能有效地提高材料塑性的原因。由表 3-5 可以看出，挤压板材的织构弱化使得室温下 SF_{basal} 增大。根据施密特定律，室温下 SF_{basal} 值越大，材料的断后延伸率越高。因此，相对于对称型 CE 和 PE 板材而言，非对称分流模挤压板材所表现出的晶粒细化和织构弱化是其断后延伸率增加的关键原因。

镁合金的杯突成形性能主要取决于其在厚度方向上的综合变形能力，影响镁合金杯突成形能力的因素主要有以下三个：织构[18,19]、非基面滑移激活[20-22]、孪生[23-25]。一般来说，随机/弱织构的基面分布较广，在 Erichsen 杯突试验中，当随机取向的晶粒受到周向拉伸载荷时，由于基面滑移沿试样厚度方向的 SF_{basal} 较高，因此基面滑移的激活可以协调厚度方向应变，提高材料的成形性能[17]。含 Ca 和稀土的镁合金在变形过程中普遍存在非基面滑移激活的情况。Yuasa 等[21]计算并指出第二主族元素（Ca、Sr 或 Ba）添加到 Mg-Zn 合金中能抑制基面<a>滑移的开启而激活柱面<a>滑移，导致高的杯突成形性能。这是由于合金元素的加入降低了基面<a>滑移和柱面<a>滑移的堆垛层错能之比。此外，Sandlöbes 等[20]也表明，轧制退火后的 Mg-3Y（wt%）合金的室温延伸率较纯 Mg 有明显提高。锥面<$c + a$>滑移的激活对提高 Mg-3Y 合金的室温延伸率有重要作用。然而，传统 AZ 系镁合金在室温变形时，激活非基面滑移所需的临界剪切应力较大。因此，非基面滑移对 AZ31 挤压板材杯突成形性能的影响相对较弱。

除了织构和非基面滑移外，孪生对提高镁合金室温杯突成形性能也起重要作用。在室温下，当镁合金在有利于孪生的变形条件下，优先激活 $\{10\bar{1}2\}$ 拉伸孪晶。这是因为激活压缩孪晶和双孪晶所需的孪生临界剪切应力较大。在 Mg-Zn-Ca 合金中，Suh 等[26]发现即使在不利于拉伸孪晶形成的应力条件下，Mg-Zn-Ca 合金的双轴变形过程中 $\{10\bar{1}2\}$ 拉伸孪晶的体积分数仍然较大，在杯突成形后期，这些 $\{10\bar{1}2\}$ 拉伸孪晶受到周向拉伸时表现出高于未发生孪生区域的 SF_{basal}，更好地协调了试样沿厚度方向的变形，提高了 Mg-Zn-Ca 合金的杯突成形性能。

相对于对称型的 CE 和 PE 挤压板材而言，非对称分流模挤压 AZ31 板材呈现明显的织构弱化，并且在力学性能测试中也表现出较低的 r 值和屈强比。表明在拉伸变形过程中，厚度方向上的应变增加，这正是非对称挤压板材获得较高成形性能的原因之一。根据文献报道[26, 27]，在杯突成形前期，接触成形冲头的一侧承受压应力，在远离冲头的一侧承受拉应力。对于具有较强基面织构的 CE 和 PE 板材来说，在承受压应力时晶粒的 c 轴受拉，非常有利于 $\{10\bar{1}2\}$ 拉伸孪晶的产生。而对于具有弱基面织构的非对称板材而言，在承受压应力时所产生的拉伸孪晶的体积分数必然小于 CE 和 PE 板材，且在小晶粒内部不利于拉伸孪晶的产生[28, 29]。综上所述，在成形初期，对称 CE 和 PE 板材容易激活较多的孪晶，随着杯突成形过程的进行，以周向拉应力为主。对于对称 CE 和 PE 板材来说，板材下侧的孪晶在周向受力条件下的 SF_{basal} 很小[30]，不利于厚度方向应变的协调；上侧的强基面织构也不提供板材的厚向应变，这就是对称 CE 和 PE 板材的杯突成形性能较差的原因。对于非对称分流模挤压板材，尽管下侧产生较少的拉伸孪晶，但是在成形过程中依靠弱基面织构特征始终保持着较高的 SF_{basal}，有效地协调了板材的厚向应变，获得较高的杯突成形性能。

3.5 非对称坯料分流模挤压镁合金复合板材的组织与力学性能

开发双金属或多金属层状复合材料可综合两种或多种基体金属材料的优势。通过固-液复合可以制备得到 AZ31/Al 6061[31]、AZ31/WE43[32] 以及 AZ31/AZ91[33] 等多种双金属复合材料，但存在制备加工温度较高而恶化使用性能的问题。通过直接共挤压[34-37]、累积叠轧[38-40]、累积叠挤[41, 42] 和等通道挤压法[43] 等固-固复合方法，可以制备出多层双金属或者多金属复合材料，如 Al/AZ31[44] 和 Mg-12Li-1Al/Mg-5Li-1Al（LA121/LA51，wt%）[38] 等，进一步通过合适的退火工艺，使基体金属层之间发生原子扩散，增强界面结合能力。在本节研究中，本书作者团队选用 AZ31 和低稀土含量 Mg-0.3 wt%Y（W0）合金，在前述对称分流模基础上，利用材料种类的差异，实现非对称变形的挤压复合，从而挤压制备出双金属层状复合材料。

3.5.1 AZ31/W0 镁合金复合板材的组织结构与界面

图 3-25 为 AZ31 板材、W0 板材和 AZ31/W0 层状复合板材纵截面的显微组织和（0002）微观织构。从图中可以看出，AZ31/W0 层状复合板材的组织与织构均与单一 AZ31 板材和 W0 板材之间存在显著差异。在平均晶粒尺寸方面，单一 AZ31

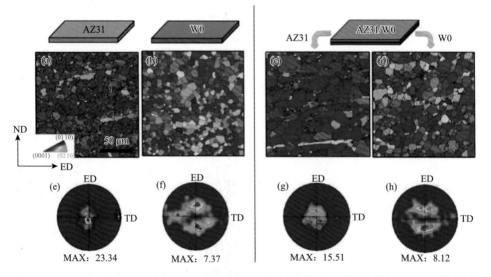

图 3-25 AZ31 板材、W0 板材和 AZ31/W0 层状复合板材纵截面的显微组织和（0002）微观织构

板材和 W0 板材的平均晶粒尺寸分别约为 5.3 μm 和 7.3 μm。AZ31/W0 层状复合板材中的 AZ31 层和 W0 层的平均晶粒尺寸分别约为 18.4 μm 和 9.6 μm。对称分流模挤压的复合板材平均晶粒尺寸大于普通挤压板材的平均晶粒尺寸。无论是普通挤压还是对称分流模挤压，W0 板材（或者 W0 层）的显微组织均较 AZ31 板材（或者 AZ31 层）更加均匀。

从图 3-25（e）～（h）可以看出，与具有强基面织构的 AZ31 板材（最大极密度 23.34）相比，AZ31/W0 复合板材中 AZ31 层的基面织构强度较低（15.51），分布较为分散。AZ31/W0 复合板材中 W0 层与 W0 板材的最大极密度及其分布情况很类似，最大极密度极轴沿 ED 方向偏移约±30°，沿 TD 方向有弱取向的分布，形成典型的稀土双峰织构特征。这种织构特征可能与锥面<c + a>滑移的激活有关[17]。

界面是复合材料关注的重点。本研究中的 AZ31/W0 层状复合板材界面结合良好，肉眼未观察到明显的缺陷。图 3-26 为 AZ31/W0 层状复合板材界面的 TEM 观察。从图 3-26（a）中可以看出，在 AZ31 层和 W0 层之间存在一个微小的互扩散区（图中黄色虚线之间的区域），互扩散区宽度约为 0.35 μm。对 AZ31/W0 界面区域局部放大，如图 3-26（b）所示，根据对暗区和亮区进行选区电子衍射（SAED）观察，两个区域的物相均为镁基体相，未观察到化合物相。图 3-26（c）为图 3-26（b）中 A 方框区域的高倍放大图。高分辨透射电子显微镜（HRTEM）图像显示在 Mg 层和扩散区之间存在一个晶体学界面。如图 3-26（d）所示，基体和扩散区各自的 $\{10\bar{1}0\}$ 晶面间距均为 0.160 nm，可以确认为 Mg 过饱和固溶体。其中，通过晶面角度的测量，Mg 层的 $\{10\bar{1}0\}$ 晶面与扩散区 $\{10\bar{1}0\}$ 晶面之间的晶面角度约为 17°。在图 3-26（d）中，阐述了基体和扩散区之间的晶体学关系。综上所述，AZ31/W0 层状复合板材的 AZ31 和 W0 层之间形成了一个微小的互扩散区，基体和扩散区之间有很好的晶体学匹配关系，该扩散区使 AZ31 层和 W0 层实现良好的结合。

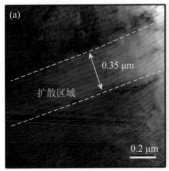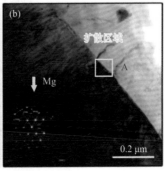

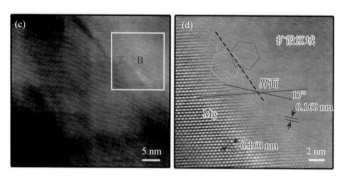

图 3-26 AZ31/W0 层状复合板材界面的 TEM 观察：（a）AZ31/W0 界面的低倍数 TEM 图，扩散区宽度约为 0.35 μm；（b）扩散区高倍放大图和选取电子衍射花样；（c，d）图（b）中黄色方框 A 处的 HRTEM 图

3.5.2 AZ31/W0 镁合金复合板材的拉伸力学性能

图 3-27（a）为 AZ31 板材、W0 板材和 AZ31/W0 层状复合板材沿 ED 方向拉伸时的真应力-真应变曲线，其屈服强度、极限抗拉强度和断后延伸率见表 3-6。由图 3-27（a）和表 3-6 可以发现，对于强基面织构的 AZ31 板材而言，表现出最高

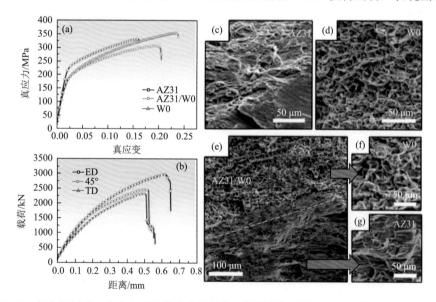

图 3-27 复合板材在三个方向上的拉伸力学性能、界面剪切强度以及对应的断口组织特征：（a）AZ31 板材、W0 板材和 AZ31/W0 层状复合板材沿 ED 方向拉伸时的真应力-真应变曲线；（b）AZ31/W0 层状复合板材沿 ED、45°以及 TD 三个方向进行界面剪切强度测试时的载荷-位移曲线；（c～e）AZ31 板材、W0 板材和 AZ31/W0 层状复合板材沿 DE 方向拉伸时的断口 SEM 形貌；（f，g）图（e）中 AZ31 层和 W0 层的高倍放大图

的屈服强度 203.9 MPa 和最低的延伸率 16.3%；对于弱稀土织构的 W0 板材而言，表现出最低的屈服强度 154.1 MPa 和最高的延伸率 22.1%。对于 AZ31/W0 层状复合板材而言，其拉伸性能介于 AZ31 板材和 W0 板材之间。其屈服强度约为 160.3 MPa，延伸率为 18.7%，这说明 AZ31/W0 复合板材具有良好的综合力学性能，晶粒尺寸和织构对材料的力学性能有重要影响。

表 3-6　AZ31 板材、W0 板材和 AZ31/W0 层状复合板材沿 ED 方向拉伸时的力学性能数据

试样	YS/MPa	UTS/MPa	ε_f /%
AZ31	203.9	324.9	16.3
W0	154.1	347.9	22.1
AZ31/W0	160.3	300.9	18.7

图 3-27（b）为界面剪切强度试验时 AZ31/W0 层状复合板材沿 ED、45°以及 TD 方向的载荷-位移曲线，其具体数据统计见表 3-7。AZ31/W0 界面的剪切强度可反映复合板材的界面结合能力。如表 3-7 所示，AZ31/W0 层状复合板材沿 ED、45°以及 TD 方向的界面剪切强度分别为 149.1 MPa、121.0 MPa 以及 114.9 MPa，明显超过由直接插入法获得的 AZ31/WE43 复合材料的界面剪切强度（约 108 MPa）[32]，以及远远超过由累积叠轧法制备的 LA121/LA51 层状复合板材的界面剪切强度（11~22 MPa）[38]。因此，利用分流模挤压法能够有效地制备出具有较高界面剪切强度的异种镁合金层状复合板材。

表 3-7　AZ31/W0 层状复合板材沿 ED、45°以及 TD 三个方向的界面拉伸剪切强度

试样	剪切强度/MPa		
	ED	45°	TD
AZ31/W0	149.1	121.0	114.9

图 3-27（c）~（g）为 AZ31 板材、W0 板材和 AZ31/W0 层状复合板材沿 ED 方向拉伸时的断口 SEM 形貌。与 AZ31 板材和 W0 板材之间断后延伸率的差别一样，二者在断口形貌上也存在显著区别。由于 AZ31 板材表现出较低的断后延伸率，在断口扫描图呈现出大面积的解理面，伴随少量的韧窝，这种形貌属于典型的准解理断裂特征，如图 3-27（c）所示。对于具有较高断后延伸率的 W0 板材而言，断口形貌呈现出典型的韧性断裂特征，大量的韧窝分布其中，如图 3-27（d）所示。AZ31/W0 层状复合板材的断口形貌分为两种特征，一种是属于准解理断裂（AZ31 层），另一种是属于韧性断裂（W0 层），如图 3-27（f）和（g）所示。但是，在两种断裂特征之间并没有明显的界限和出现任何的裂纹，如图 3-27（e）所示。

3.5.3 AZ31/W0 镁合金复合板材的成形行为

1. 杯突性能及其塑性变形机制

图 3-28 为室温 Erichsen 杯突试验后 AZ31 板材、W0 板材和 AZ31/W0 层状复合板材的形貌及载荷-位移曲线。当 AZ31/W0 层状复合板进行 Erichsen 测试时，AZ31 层与冲头一侧接触；W0 层远离冲头一侧。从图中可以观察到，AZ31 板材、W0 板材和 AZ31/W0 层状复合板材的 IE 值分别为 3.1 mm、4.4 mm 和 5.3 mm。AZ31/W0 层状复合板材的 IE 值较 AZ31 板材和 W0 板材分别增加了 71% 和 20%。与传统挤压加工的 AZ31 板材和 W0 板材相比，分流模挤压加工的 AZ31/W0 层状复合板材能有效地提高室温杯突成形性。在相同位移下，与 AZ31 板材相比，W0 板材和 AZ31/W0 层状复合板材所需的载荷更小。此外，AZ31/W0 层状复合板材表现出明显的应变硬化行为，如图 3-28（b）所示。对于 AZ31/W0 层状复合板材来说，高的 IE 值和应变硬化效应是多种变形机制共同作用的结果。

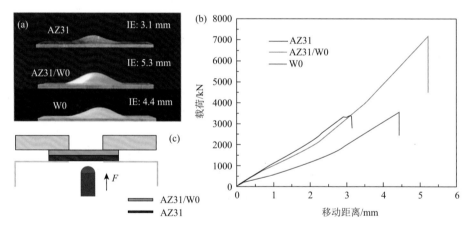

图 3-28　三种板材的室温杯突测试结果：（a）AZ31 板材、W0 板材和 AZ31/W0 层状复合板材的杯突成形试样；（b）三种试样在杯突成形过程中的载荷-位移曲线；（c）AZ31/W0 层状复合板材在杯突成形过程中的试样放置图

为了阐述 AZ31 板材、W0 板材和 AZ31/W0 层状复合板材在杯突成形过程中不同的变形机制，将对 AZ31 板材、W0 板材以及 AZ31/W0 层状复合板材试样杯突成形至高度为 2 mm 位置，然后对状态下的三种板材的显微组织演变进行观察，如图 3-29 所示。图 3-29（a）为杯突成形至 2 mm 高度后的 AZ31/W0 层状复合板材的显微组织。从图中可以观察到，明显不同的两种显微组织被界面分开。由上而下，着重观察分析 6 个区域：A、B 和 C 三个区域属于上侧 W0 层；D、E 和 F 三个区域属于下侧 AZ31 层。通过 EBSD 观察分析，在上侧 W0 层，A、B 和 C

三个区域并没有发现拉伸孪晶的产生。由于具有稀土双峰织构特征，在变形过程中受到拉应力的作用使基面滑移容易被激活并成为主要的塑性变形方式，不利于拉伸孪晶的产生。一般而言，在杯突成形中后期可视为双轴拉伸应力状态[45,46]。表 3-8 列出了 AZ31 板材、W0 板材和 AZ31/W0 层状复合板材在双轴拉伸应力状态下基面滑移的 SF_{basal} 和 $\{10\bar{1}2\}$ 拉伸孪晶的 SF_{twin}。从表中可知，AZ31/W0 层状复合板材

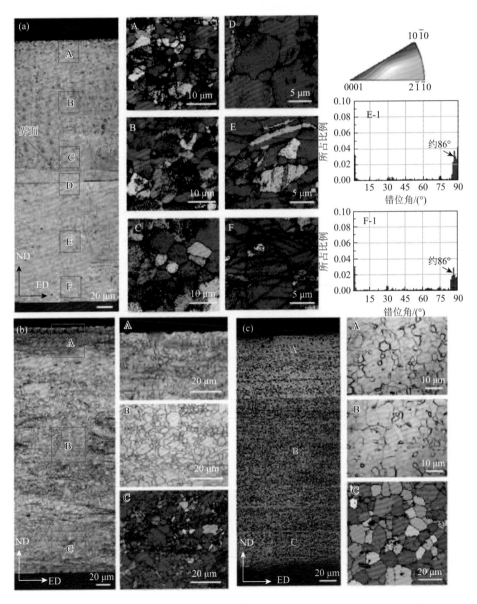

图 3-29　杯突成形至高度 2 mm 位置的显微组织：（a）AZ31/W0；（b）AZ31；（c）W0

上侧 W0 层在双轴拉伸应力状态下具有较高的 SF_{basal}，并且大于 SF_{twin}，这与 EBSD 观察结果一致。在下侧 AZ31 层中，大量的 $\{10\bar{1}2\}$ 拉伸孪晶出现在 E 和 F 区域（出现在 $86°\pm5°$ 位置的相对频率较高）。在 D 区域并没有发现 $\{10\bar{1}2\}$ 拉伸孪晶，W0 层和 AZ31 层的上部区域被视为拉伸区域，而 AZ31 层的中下部区域被视为压缩区域，基面织构晶粒受到垂直于 c 轴的载荷所表现出来的典型特征是 $\{10\bar{1}2\}$ 拉伸孪晶形成[47]。因此，AZ31/W0 层状复合板材在杯突成形过程中主要的变形机制是基面滑移和拉伸孪生。

表 3-8　AZ31、W0 和 AZ31/W0 板材在双轴拉伸应力状态下基面滑移的 SF_{basal} 和 $\{10\bar{1}2\}$ 拉伸孪晶的 SF_{twin}

试样	SF_{basal}	SF_{twin}
AZ31	0.18	0.20
W0	0.31	0.26
AZ31/W0（AZ31）	0.20	0.19
AZ31/W0（W0）	0.31	0.24

图 3-29（b）为杯突成形至 2 mm 高度后的 AZ31 板材的显微组织，它与 AZ31/W0 层状复合板材中 AZ31 层的显微组织特征存在很大差异。在 A 和 B 区域，没有发现任何 $\{10\bar{1}2\}$ 拉伸孪晶的产生，因为在拉应力条件下，强基面织构不利于拉伸孪晶产生。与此同时，这种特征织构也不利于基面滑移的激活。由表 3-8 可知，对于 AZ31 板材而言，在双轴拉伸应力条件下的基面滑移的 SF_{basal} 和 $\{10\bar{1}2\}$ 拉伸孪晶的 SF_{twin} 分别为 0.18 和 0.20，导致双轴拉伸变形困难。在 C 区域，可以观察到只有少数 $\{10\bar{1}2\}$ 拉伸孪晶产生。$\{10\bar{1}2\}$ 拉伸孪晶往往出现在粗大的晶粒中，粗大晶粒具有拉伸孪晶成核和长大的位置空间。与 AZ31/W0 层状复合板材的 AZ31 层相比，晶粒尺寸较小的 AZ31 板材下部区域较难产生孪晶。因此，对于强基面织构的 AZ31 板材，基面滑移和孪晶的激活量少，使其室温下的杯突成形性能较差。

图 3-29（c）为杯突成形至 2 mm 高度后的 W0 板材的显微组织，它与 AZ31/W0 层状复合板材中 W0 层的显微组织变化规律基本一致。在 A 区域没有产生 $\{10\bar{1}2\}$ 拉伸孪晶，具有双峰稀土织构的 W0 板材取向更有利于基面滑移。如表 3-8 所示，在双轴拉伸条件下，W0 板材的基面滑移的 SF_{basal} 高达 0.31。基面滑移的大量激活促进板材厚度方向易于变形。在 C 区域，承受压应力的区域仍然未观察到孪晶。这可能是由于稀土 Y 元素的加入更有利于基面和非基面滑移。一方面，当试样在双轴压缩条件下，仍表现出基面滑移软取向，进而协调变形的机制仍然是基面滑移而不是孪生。另一方面，虽然理论上沿 TD 方向压缩是有利于 $\{10\bar{1}2\}$ 拉伸孪生，

但稀土 Y 元素加入到镁合金中有利于变形过程中激活非基面滑移[21]。因此,对于 W0 板材而言,在成形过程中主要的变形机制是基面滑移的大量激活,可能伴随少量的非基面滑移。然而,尽管大量的滑移激活,W0 板材的 IE 值仍然低于 AZ31/W0 层状复合板材的 IE 值。这意味着多种变形机制的出现,特别是{10$\bar{1}$2} 拉伸孪晶形成,对 AZ31/W0 层状复合板材的杯突成形性能的提高起到了至关重要的作用。

对称分流模挤压法制备的 AZ31/W0 层状复合板在单轴拉伸试验中具有优良的综合力学性能和较高的界面剪切强度。此外,基于 HRTEM 观察,在 AZ31/W0 界面存在一个宽度约为 0.35 μm 的扩散区,在基体和扩散区之间保持着良好的晶体学匹配,为 AZ31/W0 层状复合板材具有较高的成形能力提供了有效保障。在 AZ31/W0 层状复合板材成形过程中,可以观察到 W0 层中更多的基面滑移和 AZ31 层中大量的{10$\bar{1}$2}拉伸孪晶被激活。多种变形机制的出现导致复合板材表现出高的室温杯突成形性能。

考虑到镁合金的室温杯突成形性能主要取决于镁合金的织构特征、非基面滑移和孪生等因素,下面就此对 AZ31 板材、W0 板材以及 AZ31/W0 层状复合板材的成形性能进行讨论。

2. 织构特征对杯突性能的影响

随机/弱取向板材的成形性能优于强基面织构板材,主要原因是高的基面滑移 SF_{basal} 有利于板材沿厚度方向的应变协调。如图 3-25 所示,AZ31 板材表现出典型强基面织构,W0 板材则是典型的稀土双峰织构类型,AZ31/W0 层状复合板材则兼具基面织构特征和稀土双峰织构特征为一体的复合型织构特性。为了揭示复合型织构特性对基面滑移 SF_{basal} 的影响,计算并绘制了 AZ31 板材、W0 板材以及 AZ31/W0 层状复合板材在拉伸变形过程中基面滑移 SF_{basal} 与沿不同角度拉伸变形之间的关系,如图 3-30 所示。

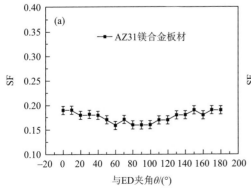

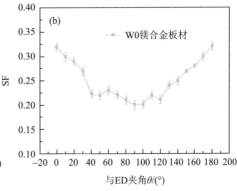

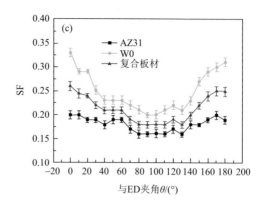

图 3-30　板材平面多向拉伸变形过程的基面滑移 SF_{basal}：（a）AZ31；（b）W0；（c）AZ31/W0

如图 3-30（a）所示，由于强基面织构 AZ31 板材在各个方向上的基面滑移 SF_{basal} 均较低，其塑性变形机制的难以激活必然导致变形过程中应变协调困难，以至于在双轴应变条件下难以变形而提前失效。对于 W0 板材而言，如图 3-30（b）所示，W0 板材为弱的沿 ED 方向分布的稀土双峰织构，使沿 ED 方向拉伸变形时表现出较高的基面滑移 SF_{basal}。但是，随着拉伸角度从 0° 增加到 90°，基面滑移 SF_{basal} 逐渐由最高的 0.32 降低到最低的 0.18。由此可见，在 W0 板材中呈现出显著的平面各向异性。研究表明，平面各向异性易使板材在成形过程中出现明显的制耳效应，进一步影响板材的成形性能[48]。对于 AZ31/W0 层状复合板材［图 3-30（c）］，由于相对低的基面织构，AZ31 层在拉伸过程中表现出相对高于 AZ31 板材的基面滑移 SF_{basal}、W0 层与 W0 板材相似的织构特性，因此，在各个方向拉伸过程中呈现出相似的基面滑移 SF_{basal}。在此二者的综合作用下，AZ31/W0 层状复合板材的平均基面滑移 SF_{basal} 为 0.21，高于 AZ31 板材（0.16），稍低于 W0 板材（0.24）。但是，相比于 W0 板材，也明显地观察到复合型织构特征表现出较低的平面各向异性，这将大大有利于降低成形过程中的制耳效应，提高杯突成形能力。

3. 杯突过程中的非基面滑移

Ca 或稀土元素添加到镁合金中可以有效地降低非基面的层错能，并降低非基面滑移与基面滑移的临界剪切应力之比，使得在变形过程中容易激活非基面滑移[21, 49-51]。为了揭示 AZ31/W0 层状复合板材在成形过程中非基面滑移的激活，利用滑移迹线法来判断复合板材在变形过程中是否出现非基面滑移。

图 3-31 为在微型杯突装置中观察分析 AZ31/W0 层状复合板材在不同应变条件下 W0 层的滑移迹线。根据滑移迹线法，若观察面与一个晶粒基面、柱面或锥面的交线与该晶粒内部的滑移迹线相平行，认为该晶粒在某一应变条件下发生了

基面滑移、柱面滑移、锥面滑移[52-55]。如图 3-31（b）所示，在 0.05 应变条件下，在 A、B 和 C 晶粒中，可以观察到一些平直的滑移迹线，并且观察面与这三个晶粒基面的交线和晶粒内部的滑移迹线平行。因此，在 0.05 应变条件下，大量的基面<a>滑移被激活。在 0.10 应变条件下，在 D、E 和 F 晶粒中，可以观察到一些滑移迹线。但是，与 0.05 应变不同的是，除晶粒 F 外，在 D 和 E 晶粒中观察面与 D 和 E 晶粒的柱面、锥面的交线与对应晶粒内部的滑移迹线平行。由此，可以认为在 0.10 应变条件下，出现了柱面滑移和锥面滑移。随着应变增加到 0.14，在晶粒 H 中，也能观察到锥面滑移的存在，这是因为 H 晶粒中观察面与 H 晶粒的锥面的交线和晶粒内部的滑移迹线平行。

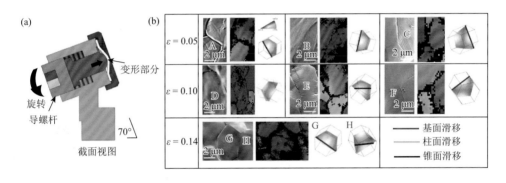

图 3-31　不同杯突应变条件下的组织观察：（a）微型杯突装置；（b）在 0.05、0.10 和 0.14 杯突应变下 AZ31/W0 层状复合板材的 W0 层滑移迹线观察

进一步，将 200 μm×200 μm 面积内的 80 个变形晶粒进行滑移迹线统计分析，给出这些变形晶粒内部发生基面滑移、柱面滑移以及锥面滑移的晶粒数量和体积分数，如图 3-32 所示。具体数据如表 3-9 所示。从图 3-32 和表 3-9 中可以观察到，具有基面滑移特征的晶粒数量所占的体积分数最多，约为 76%，柱面滑移特征的晶粒数量所占体积分数次之，约为 15%，锥面滑移所占体积分数最少，约为 9%。由此可知，在杯突成形过程中，AZ31/W0 层状复合板材 W0 层的最主要变形机制仍然是基面滑移，少量非基面滑移被激活。尽管非基面滑移的激活程度相对较低，但是，其在协调厚度方向应变上起到了非常重要的作用。此外，尽管 W0 板材同样表现出大量的基面滑移和少量非基面滑移，但其 IE 值仍然低于 AZ31/W0 层状复合板材。因此，除了 AZ31/W0 层状复合板材中的 W0 层外，AZ31 层与 W0 层的协同作用决定了 AZ31/W0 层状复合板材具有更高的成形性能。

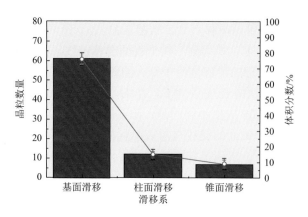

图 3-32 80 个变形晶粒滑移迹线统计分析以及基面滑移、柱面滑移和锥面滑移晶粒数量及体积分数

表 3-9 图 3-32 中具体数据的列表

AZ31/W0	基面滑移	柱面滑移	锥面滑移
晶粒数量 N	61	12	7
体积分数/%	76	15	9

4. 杯突过程中的拉伸孪生

在杯突成形过程中，除了滑移外，孪生也是协调板材厚度方向应变的一种重要变形机制。Huang 等[56]研究发现在室温拉伸变形的早期阶段，异步轧制处理 AZ31 板材中出现了大量的$\{10\bar{1}2\}$拉伸孪晶，而在随后的拉伸变形过程中，这些孪晶表现出较高的基面滑移 SF_{basal}。Suh 等[45]也发现，即使在不利于拉伸孪晶形成的应力条件下，Mg-Zn-Ca 合金在成形过程中$\{10\bar{1}2\}$拉伸孪晶也是十分活跃的。在拉伸成形的中后期，这些拉伸孪晶区的基面滑移的SF_{basal}高于未孪生区的基面滑移的SF_{basal}，这对改善 Mg-Zn-Ca 合金的拉伸成形性能起到主要作用。同样，在本研究的 AZ31/W0 层状复合板材的 AZ31 层中，也观察到大量的$\{10\bar{1}2\}$拉伸孪晶。

为了比较 AZ31 层中孪生区和未孪生区在成形中后期对应变的贡献，二者在成形中后期的平均基面滑移的SF_{basal}统计结果如图 3-33 所示。结果表明，在 ED 和 45°方向上，拉伸孪晶在基面滑移SF_{basal}图中呈现出红色，未孪生区域呈现出蓝色或绿色，$\{10\bar{1}2\}$拉伸孪晶区基面滑移的平均SF_{basal}明显高于未孪晶区（0.37 *vs.* 0.16）。在拉伸变形的中后期，具有较高平均基面滑移SF_{basal}的孪晶可以有效地协调厚度方向的应变，进一步提高 AZ31/W0 层状复合板材的室温成形性。此外，$\{10\bar{1}2\}$拉伸孪晶边界可以作为位错运动的屏障，成为加工硬化的来源。Bian 等[57]认为以孪晶为主的变形所得到的压缩应力大于以滑移为主的变形所得到的压缩应力，这是由于$\{10\bar{1}2\}$孪晶的激活引起了较强的加工硬化效应。相似的结果也可以从图 3-28 中看出，AZ31/W0 层状复合板材在拉伸成形过程中可以达到比其他板材更高的载荷，说明其具有较高的加工硬化能力。

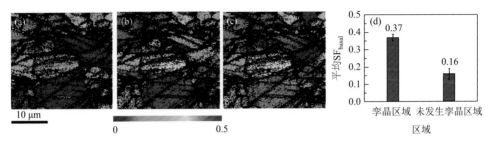

图 3-33　AZ31/W0 层状复合板材上 AZ31 层的孪生区和未孪生区在 ED（a）、45°（b）、TD（c）方向上的基面滑移 SF_{basal} 图和平均 SF_{basal}（d）

参 考 文 献

[1]　尹君，成小乐，胥光申，等. 应力释放扁挤压筒的优化设计[J]. 西安交通大学学报，2018，52（7）：146-152.

[2]　石如磬，王丽薇. 扁挤压筒在 36MN 镁挤压机上的应用[J]. 锻压技术，2012，37（2）：122-124.

[3]　Kim N H，Kang C G，Kim B M. Die design optimization for axisymmetric hot extrusion of metal matrix composites[J]. International Journal of Mechanical Sciences，2001，43（6）：1507-1520.

[4]　刘志强，谢建新，刘静安. 大型整体壁板用扁挤压筒受力的有限元分析[J]. 锻压技术，1998，23（6）：51-55.

[5]　Thole V. Flat extrusion method for manufacturing inorganically or organically bonded wooded materials，especially multilayer panels：US，19910679036[P]. 1993-02-09.

[6]　Yang Q S，Jiang B，Dai J H，et al. Mechanical properties and anisotropy of AZ31 alloy sheet processed by flat extrusion container[J]. Journal of Materials Research，2013，28（9）：1148-1154.

[7]　成小乐，冯亚斌，肖锦祺，等. 扁挤压筒优化设计方法研究[J]. 重型机械，2020，（4）：6-16.

[8]　Yang Q S，Jiang B，Song B，et al. The effects of orientation control via tension-compression on microstructural evolution and mechanical behavior of AZ31 Mg alloy sheet[J]. Journal of Magnesium and Alloys，2022，10（2）：446-458.

[9]　Deng Z K，Li X P，Wang S Z，et al. Improved mechanical properties of Mg-1Gd alloy by cold rolling and electropulse treatment[J]. Materials Letters，2022，327：133012.

[10]　Del Valle J A，Carre O F，Ruano O A. Influence of texture and grain size on work hardening and ductility in magnesium-based alloys processed by ECAP and rolling[J]. Acta Materialia，2006，54（16）：4247-4259.

[11]　Piao K，Lee J K，Kim J H，et al. A sheet tension/compression test for elevated temperature[J]. International Journal of Plasticity，2012，38：27-46.

[12]　Chen L Y，Ye T，Wang Y，et al. Development of mechanical properties in AZ31 magnesium alloy processed by cold dynamic extrusion[J]. Materials Characterization，2021，182：111535.

[13]　Ji Z K，Qiao X G，Hu C Y，et al. Effect of aging treatment on the microstructure，fracture toughness and fracture behavior of the extruded Mg-7Gd-2Y-1Zn-0.5Zr alloy[J]. Materials Science and Engineering A，2022，849：143514.

[14] Seipp S，Wagner M F X，Hockauf K，et al. Microstructure，crystallographic texture and mechanical properties of the magnesium alloy AZ31B after different routes of thermo-mechanical processing[J]. International Journal of Plasticity，2012，35：155-166.

[15] Lee S E，Kim M S，Chae Y W，et al. Effect of intermediate heat treatment during hot rolling on the texture and formability of annealed AZ31 Mg alloy sheets[J]. Journal of Alloys and Compounds，2022，897：163238.

[16] Xu J，Jiang B，Song J F，et al. Unusual texture formation in Mg-3Al-1Zn alloy sheets processed by slope extrusion[J]. Materials Science and Engineering A，2018，732：1-5.

[17] Miller V M，Berman T D，Beyerlein I J，et al. Prediction of the plastic anisotropy of magnesium alloys with synthetic textures and implications for the effect of texture on formability[J]. Materials Science and Engineering A，2016，675：345-360.

[18] Lu H H，Lu L，Zhang W G，et al. Improvement of stretch formability and weakening the basal texture of Mg alloy by corrugated wide limit alignment and annealing process[J]. Journal of Materials Research and Technology，2022，17：2495-2504.

[19] Li Z G，Miao Y，Jia H L，et al. Designing a low-alloyed Mg-Al-Sn-Ca alloy with high strength and extraordinary formability by regulating fine grains and unique texture[J]. Materials Science and Engineering A，2022，852：143687.

[20] Sandlöbes S，Zaefferer S，Schestakow I，et al. On the role of non-basal deformation mechanisms for the ductility of Mg and Mg-Y alloys[J]. Acta Materialia，2011，59（2）：429-439.

[21] Yuasa M，Miyazawa N，Hayashi M，et al. Effects of group Ⅱ elements on the cold stretch formability of Mg-Zn alloys[J]. Acta Materialia，2015，83：294-303.

[22] Suh B C，Kim J H，Bae J H，et al. Effect of Sn addition on the microstructure and deformation behavior of Mg-3Al alloy[J]. Acta Materialia，2017，124：268-279.

[23] Song B，Yang Q S，Zhou T，et al. Texture control by $\{10\bar{1}2\}$ twinning to improve the formability of Mg alloys：A review[J]. Journal of Materials Science & Technology，2019，35（10）：2269-2282.

[24] Cheng W I，Wang L F，Zhang H，et al. Enhanced stretch formability of AZ31 magnesium alloy thin sheet by pre-crossed twinning lamellas induced static recrystallizations[J]. Journal of Materials Processing Technology，2018，254：302-309.

[25] He W J，Zeng Q H，Yu H H，et al. Improving the room temperature stretch formability of a Mg alloy thin sheet by pre-twinning[J]. Materials Science and Engineering A，2016，655：1-8.

[26] Suh B C，Kim J H，Hwang J H，et al. Twinning-mediated formability in Mg alloys[J]. Scientific Reports，2016，6：22364.

[27] Park J W，Shin K S. Improved stretch formability of AZ31 sheet via grain size control[J]. Materials Science and Engineering A，2017，688：56-61.

[28] Cepeda-Jiménez C M，Molina-Aldareguia J M，Pérez-Prado M T. Origin of the twinning to slip transition with grain size refinement，with decreasing strain rate and with increasing temperature in magnesium[J]. Acta Materialia，2015，88：232-244.

[29] Meyers A M，Vhringer B O，Lubarda A V A. The onset of twinning in metals：A constitutive description[J]. Acta Materialia，2001，49（19）：4025-4039.

[30] Xia D B，Huang G S，Deng Q Y，et al. Influence of stress state on microstructure evolution of AZ31 Mg alloy rolled sheet during deformation at room temperature[J]. Materials Science and Engineering A，2018，715：379-388.

[31] Liu J C，Hu J，Nie X Y，et al. The interface bonding mechanism and related mechanical properties of Mg/Al

compound materials fabricated by insert molding[J]. Materials Science and Engineering A，2015，635：70-76.

[32]　Zhao K N，Li H X，Luo J R，et al. Interfacial bonding mechanism and mechanical properties of novel AZ31/WE43 bimetal composites fabricated by insert molding method[J]. Journal of Alloys and Compounds，2017，729：344-353.

[33]　Zhao K N，Liu J C，Nie X Y，et al. Interface formation in magnesium-magnesium bimetal composites fabricated by insert molding method[J]. Materials & Design，2016，91：122-131.

[34]　Thirumurugan M，Rao S A，Kumaran S，et al. Improved ductility in ZM21 magnesium-aluminium macrocomposite produced by co-extrusion[J]. Journal of Materials Processing Technology，2011，211（10）：1637-1642.

[35]　Negendank M，Mueller S，Reimers W. Coextrusion of Mg-Al macro composites[J]. Journal of Materials Processing Technology，2012，212（9）：1954-1962.

[36]　Fan X K，Chen L，Chen G J，et al. Joining of 1060/6063 aluminum alloys based on porthole die extrusion process[J]. Journal of Materials Processing Technology，2017，250：65-72.

[37]　Feng B，Xin Y C，Guo F，et al. Compressive mechanical behavior of Al/Mg composite rods with different types of Al sleeve[J]. Acta Materialia，2016，120：379-390.

[38]　Wu H J，Wang T Z，Wu R Z，et al. Effects of annealing process on the interface of alternate α/β Mg-Li composite sheets prepared by accumulative roll bonding[J]. Journal of Materials Processing Technology，2018，254：265-276.

[39]　聂慧慧. 镁铝复合板拉深极限的理论与实验研究[D]. 太原：太原理工大学，2013.

[40]　Mozaffari A，Danesh Manesh H，Janghorban K. Evaluation of mechanical properties and structure of multilayered Al/Ni composites produced by accumulative roll bonding（ARB）process[J]. Journal of Alloys and Compounds，2010，489（1）：103-109.

[41]　Xin Y C，Hong R，Feng B，et al. Fabrication of Mg/Al multilayer plates using an accumulative extrusion bonding process[J]. Materials Science and Engineering A，2015，640：210-216.

[42]　Feng B，Sun Z，Wu Y，et al. Microstructure and mechanical behavior of Mg ZK60/Al 1100 composite plates fabricated by co-extrusion[J]. Journal of Alloys and Compounds，2020，842：155676.

[43]　Wu D，Chen R S，Han E H. Bonding interface zone of Mg-Gd-Y/Mg-Zn-Gd laminated composite fabricated by equal channel angular extrusion[J]. Transactions of Nonferrous Metals Society of China，2010，20（7）：613-618.

[44]　Liu X B，Chen R S，Han E H. Preliminary investigations on the Mg-Al-Zn/Al laminated composite fabricated by equal channel angular extrusion[J]. Journal of Materials Processing Technology，2009，209（10）：4675-4681.

[45]　Suh B C，Kim J H，Hwang J H，et al. Twinning-mediated formability in Mg alloys[J]. Scientific Reports，2016，6：22364.

[46]　Xia D B，Huang G S，Deng Q Y，et al. Influence of stress state on microstructure evolution of AZ31 Mg alloy rolled sheet during deformation at room temperature[J]. Materials Science and Engineering A，2018，715：379-388.

[47]　Hou D W，Zhu Y Z，Li Q Z，et al. Effect of $\{10\bar{1}2\}$ twinning on the deformation behavior of AZ31 magnesium alloy[J]. Materials Science and Engineering A，2019，746：314-321.

[48]　Shi B D，Yang C，Peng Y，et al. Anisotropy of wrought magnesium alloys: A focused overview[J]. Journal of Magnesium and Alloys，2022，10（6）：1476-1510.

[49]　Wu Z X，Ahmad R，Yin B L. Mechanistic origin and prediction of enhanced ductility in magnesium alloys[J]. Science，2018，359（6374）：447-452.

[50]　Sabat R K，Brahme A P，Mishra R K，et al. Ductility enhancement in Mg-0.2%Ce alloys[J]. Acta Materialia，2018，161：246-257.

[51] Chaudry U M，Kim T H，Park S D，et al. Effects of calcium on the activity of slip systems in AZ31 magnesium alloy[J]. Materials Science and Engineering A，2019，739：289-294.

[52] Zeng Z R，Bian M Z，Xu S W，et al. Effects of dilute additions of Zn and Ca on ductility of magnesium alloy sheet[J]. Materials Science and Engineering A，2016，674：459-471.

[53] Nazari-Onlaghi S，Sadeghi A，Karimpour M. Effect of grain size on fracture behavior of pure magnesium sheet：An in-situ study combined with grain-scale DIC analysis[J]. Materials Science and Engineering A，2022，832：142396.

[54] Dessolier T，Lhuissier P，Roussel-Dherbey F，et al. Effect of temperature on deformation mechanisms of AZ31 Mg-alloy under tensile loading[J]. Materials Science and Engineering A，2020，775：138957.

[55] Wang Q H，Jiang B，Tang A T，et al. Unveiling annealing texture formation and static recrystallization kinetics of hot-rolled Mg-Al-Zn-Mn-Ca alloy[J]. Journal of Materials Science & Technology，2020，43（8）：104-118.

[56] Huang X S，Suzuki K，Watazu A，et al. Improvement of formability of Mg-Al-Zn alloy sheet at low temperatures using differential speed rolling[J]. Journal of Alloys and Compounds，2009，470（1-2）：263-268.

[57] Bian M Z，Sasaki T T，Suh B C，et al. A heat-treatable Mg-Al-Ca-Mn-Zn sheet alloy with good room temperature formability[J]. Scripta Materialia，2017，138：151-155.

第4章

横向非对称平模挤压镁合金板材加工技术

4.1　横向非对称平模挤压模具结构

第 2 章和第 3 章研究了板材厚向的非对称挤压模具及其挤压板材的组织、织构和力学性能,通过引入沿厚向的梯度应变,挤压加工制备的镁合金板材基面织构得到明显弱化,板材具有较好的塑性变形能力。本章提出了沿板材横向的非对称挤压工艺,通过挤压模具横向几何结构的设计,构建沿挤压镁合金板材横向方向的梯度应变,在优化工艺参数的基础上,调控 AZ31 镁合金挤压板材的基面织构和微观组织,从而达到改善挤压镁合金板材塑性成形性的目的。此外,在镁及镁合金中添加稀土元素能使晶粒取向偏转和有效弱化基面织构,从而提高挤压镁合金板材延伸率和成形性能。在横向非对称挤压模具基础上,本章还采用镁稀土合金 VK20 作为挤压板材材料,研究分析该工艺对 VK20 合金板材微观组织、织构和成形性能的影响。

本章设计了两种横向非对称平模挤压,图 4-1 所示的模具是在模腔出口处设置一个等腰三角形空间,利用三角形的两条边可以控制沿板材横向的中心和边部的流动速度差,从而起到剪切作用,形成非对称应力应变。通过改变挤压模具倾斜角 θ($\theta = 0°$、$15°$、$30°$、$37°$、$45°$、$52°$ 和 $60°$)进行不同非对称程度的挤压实验,当 $\theta = 0°$ 时,该模具为传统对称挤压(CE)模具,而倾斜角 $\theta = 15°$、$30°$、$37°$、$45°$、$52°$ 和 $60°$ 时的模具即为横向梯度挤压(TGE)模具。在横向梯度挤压工艺中,根据模具倾斜角 θ 的改变,所制备的 AZ31 镁合金板材分别命名为 TGE-15、TGE-30、TGE-37、TGE-45、TGE-52 和 TGE-60 板材。

进一步,将厚向非对称挤压与图 4-1 所示的横向非对称挤压相结合,本章还设计了两种三维弧形非对称挤压模具（图 4-2），在挤压过程中不仅沿板材厚向（ND）存在流速差，还在板材横向（TD）引入流速差，从三维空间上调控挤压镁合金板材基面织构，可望改善挤压镁合金板材力学性能。图 4-2（b）中的三维弧形非对称挤压模具，在板材成形处上下表面设计为相同半径的圆弧（半径 28 mm），图 4-2（c）中的三维弧形非对称挤压模具，在板材成形处上下表面设计为不同半径的圆弧，半径分别为 28 mm 和 29 mm，表现为合金坯料的不同长度平行流变通道。

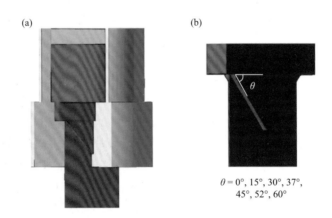

$\theta = 0°, 15°, 30°, 37°,$
$45°, 52°, 60°$

图 4-1　（a）横向非对称平模挤压模具；（b）挤压坯料轮廓示意图

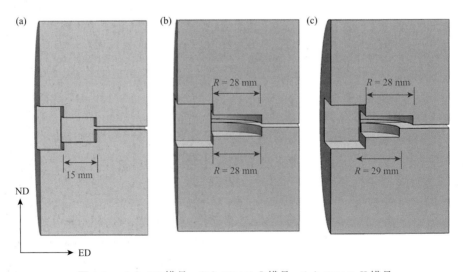

图 4-2　（a）CE 模具；（b）3DAE Ⅰ模具；（c）3DAE Ⅱ模具

4.2　横向非对称挤压过程中镁合金的流动

采用 DEFORM-3D 有限元软件对横向非对称挤压过程的合金坯料流动分布进行模拟，如 2.2 节和 3.3 节的研究结果，流速差的演变规律与应力应变差基本一致，因此本节着重分析在挤压过程中合金坯料的流速，揭示非对称挤压过程中的流速差异。所用挤压筒内径为 85 mm，挤压板材尺寸为宽 56 mm、厚 2 mm。利用 Unigraphics NX 软件构建坯料和模具尺寸，导入至 DEFORM-3D 有限元软件计算，有限元模拟过程中的挤压参数与实际挤压过程中的参数保持一致，从而更好地指导实际挤压过程。

图 4-3 为 CE 对称挤压和 TGE-52 非对称挤压过程中在靠近挤压模具出口区域 ED-TD 面的流速分布。在 CE 对称挤压过程中，流速方向始终与 ED 方向基本一致。在 TGE-52 非对称挤压过程中，除了挤压板材中心区域外，流速在挤压模具出口处发生改变，沿 ED 偏向 TD 方向，即在该工艺中，沿 TD 方向引入新的流速 V_{TD}。在挤压过程中，引入 TD 方向的流速有利于基极沿 TD 发生偏转，V_{TD} 越大，基极沿 ED 偏向 TD 方向的角度越大。在横向梯度挤压工艺中，随着模具倾斜角 θ 的增加，V_{TD} 增加（$V_{TD} = V_{ED}\tan\theta$），挤压板材基极沿 ED 向 TD 方向偏转的角度增加。

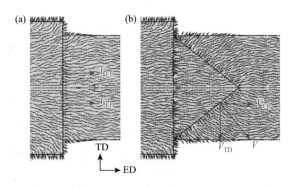

图 4-3　靠近挤压模具出口区域的 ED-TD 面的流速分布：（a）CE 对称挤压；（b）TGE-52 对称挤压

图 4-4 为 CE 对称挤压和 TGE-52 非对称挤压过程中在靠近模具出口区域（黑色矩形区域）沿板材宽度方向（TD）的五个位置（P_1、P_2、P_3、P_4 和 P_5）在 ED 方向的流速（V_{ED}）变化。由图可知，在 CE 对称挤压过程中，P_1、P_2、P_3、P_4 和 P_5 五个点在挤压过程中沿 ED 方向流速几乎没有差别。在 TGE-52 工艺中，因挤压模具出口沿 TD 方向为非对称几何结构，挤压过程中 P_1、P_2、P_3、P_4 和 P_5 五个

点沿 TD 方向产生明显的流速差。P_1 点的挤压坯料流速达到最大值，P_5 点处流速最低。可见，在 TGE-52 工艺中，从板材中心到边缘，流速逐渐减小。

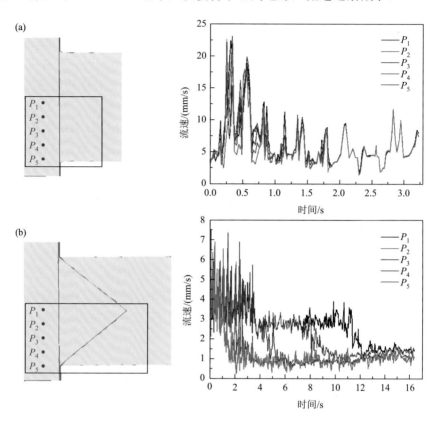

图 4-4　靠近模具出口区域（黑色矩形区域）沿 ED 方向流速（V_{ED}）变化：（a）CE 对称挤压；（b）TGE-52 非对称挤压

图 4-5 为 CE 对称挤压和 3DAE Ⅰ 非对称挤压过程中，AZ31 镁合金在板材成形处 ED-TD 面的流速分布。由图可见，CE 对称挤压过程中，合金坯料流速与 ED 方向基本保持一致。3DAE Ⅰ 非对称挤压过程中，挤压流速（V）方向在板材成形处沿 ED 向 TD 方向发生偏转，即在 3DAE Ⅰ 和 3DAE Ⅱ 两种模具挤压过程中，由于挤压模具几何结构的改变，AZ31 镁合金在挤压过程中产生了沿 ED（V_{ED}）和 TD（V_{TD}）方向的流动分速，3DAE Ⅰ 和 3DAE Ⅱ 两种模具均能有效地引入沿 TD 方向的额外流速（V_{TD}）。

图 4-6 为 AZ31 镁合金在 3DAE Ⅰ 挤压过程中板材成形处 TD-ND 面的低倍金相显微组织。由图可知，沿 TD 方向出现了许多拉长的未再结晶晶粒，即在挤压过程中，沿 TD 方向产生了额外的流速。由于在 3DAE Ⅰ 和 3DAE Ⅱ 两种模具挤

压过程中沿 TD 方向引入了额外的流速，将产生附加剪切应力，有利于挤压板材沿 TD 方向形成新的织构成分，使板材基面织构弱化。

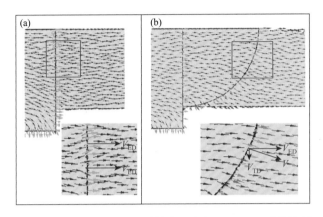

图 4-5　AZ31 镁合金在板材成形处 ED-TD 面的流速分布：（a）CE 对称挤压；（b）3DAE Ⅰ非对称挤压

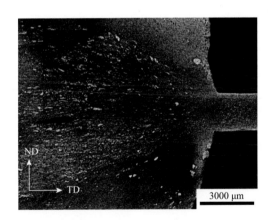

图 4-6　AZ31 镁合金在 3DAE Ⅰ挤压过程中板材成形处 TD-ND 面的低倍金相显微组织

图 4-7 为在 CE 对称挤压和 3DAE Ⅱ非对称挤压过程中，AZ31 镁合金在板材成形处（红色区域）上表面和下表面的流速变化。由图可见，在 CE 对称挤压过程中，挤压模具呈对称结构，AZ31 镁合金板材上表面和下表面的流速变化几乎一致[图 4-7（a）]。在 3DAE Ⅱ挤压过程中，挤压板材上表面的流速低于板材下表面的流速[图 4-7（b）]，在 3DAE Ⅱ挤压工艺中，挤压模具结构中挤压通道设计为厚向与横向均不对称，因此 AZ31 镁合金在挤压过程中流变行为相对于挤压板材的中间层呈非对称分布，速度差的形成有利于在挤压过程中引入非对称剪切应力[1, 2]，从而有利于弱化 AZ31 镁合金板材的织构[3]。

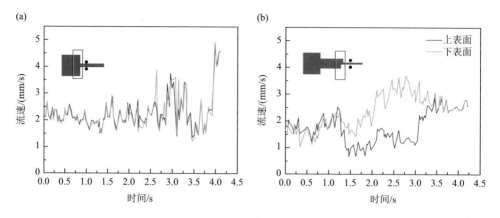

图 4-7 挤压过程中在 AZ31 镁合金板材成形处（红色区域）上表面和下表面的流速变化：
（a）CE 对称挤压；（b）3DAE Ⅱ非对称挤压

图 4-8 为 AZ31 镁合金在 CE 对称挤压和 3DAE Ⅱ非对称挤压过程中挤压板材成形处 ED-ND 面的低倍金相显微组织，可以进一步验证图 4-7 中的有限元计算结果。由图可见，AZ31 镁合金在挤压过程中的流变特征可以分为两个不同的区域：变形区和剪切区。剪切区是 AZ31 镁合金材料与模具接触的高塑性变形区域[4]。3DAE Ⅱ挤压过程中的剪切区所占面积较 CE 更高，从而导致 3DAE Ⅱ挤压的 AZ31 镁合金板材具有更均匀的显微组织。此外，在 CE 对称挤压镁合金样品中存在许多粗大的未再结晶晶粒[图 4-8（a）]，而在 3DAE Ⅱ挤压镁合金样品中几乎没有观察到粗大未动态再结晶晶粒[图 4-8（b）]。

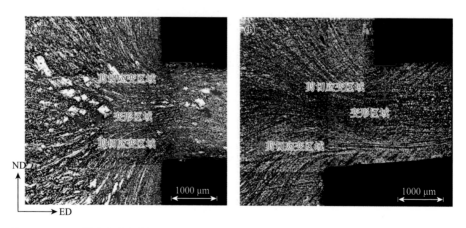

图 4-8 AZ31 镁合金在板材成形处 ED-ND 面的低倍金相显微组织：（a）CE 对称挤压；
（b）3DAE Ⅱ非对称挤压

4.3 横向非对称挤压 AZ31 板材

4.3.1 横向非对称挤压 AZ31 板材的组织与织构

采用图 4-1 所示的横向非对称挤压模具，所选材料为商用 AZ31 镁合金，挤压工艺参数为：锭坯加热温度、挤压模具温度、挤压筒温度均为 430℃，挤压板材尺寸为宽 56 mm、厚 2 mm，挤压比为 50 : 1。采用前述工艺挤压制备了 TGE-15、TGE-30、TGE-37、TGE-45、TGE-52 和 TGE-60 六种非对称挤压 AZ31 板材，并与对称挤压板材进行对比。

图 4-9 为 CE 对称挤压、TGE-52 和 TGE-60 非对称挤压 AZ31 镁合金板材实物图。由图可知，对称挤压板材和 TGE-52 挤压板材平直、光亮，表面质量良好。当挤压模具倾斜角 $\theta = 60°$ 时，挤压制备的 AZ31 镁合金板材平直，但其中心区域出现鱼骨头状褶皱条纹，表面质量较差。

CE板材　　　TGE-52板材　　　TGE-60板材

图 4-9　CE 对称挤压、TGE-52 和 TGE-60 非对称挤压 AZ31 镁合金板材实物图

所用挤压模具沿 TD 方向为非对称结构，因而对 AZ31 镁合金挤压板材沿 TD 方向不同区域进行微观组织观察分析。图 4-10 为对称挤压和非对称挤压的 7 种 AZ31 镁合金挤压板材在板材中心和 1/4 边缘区域的 IPF 图及其平均晶粒尺寸分布。其中 CE 对称挤压 AZ31 镁合金板材微观组织由细小的再结晶晶粒和粗大的未再结晶晶粒组成，微观组织不均匀，尤其是在板材中心区域。在横向非对称挤

压 AZ31 镁合金板材中，TGE-15 板材仍然存在粗大未再结晶晶粒，微观组织不均匀。相对于 TGE-15 板材，TGE-30 板材的晶粒得到细化，粗大未再结晶晶粒数量急剧减少，板材中心区域微观组织较 1/4 边缘区域更加均匀。在 TGE-37、TGE-45、TGE-52 和 TGE-60 四种挤压板材中，无论是板材中心还是 1/4 边缘区域都是均匀、细小的微观组织。CE、TGE-15、TGE-30、TGE-37、TGE-45、TGE-52 和 TGE-60 七种挤压板材的中心区域平均晶粒尺寸分别约为 11.3 μm、13.3 μm、4.7 μm、4.9 μm、5.4 μm、6.3 μm 和 4.2 μm，1/4 边缘区域平均晶粒尺寸分别约为 9.8 μm、11.2 μm、5.2 μm、5.6 μm、5.2 μm、5.8 μm 和 4.9 μm。当模具倾斜角 $\theta = 60°$ 时，挤压 AZ31 镁合金板材的晶粒尺寸达到最小值。

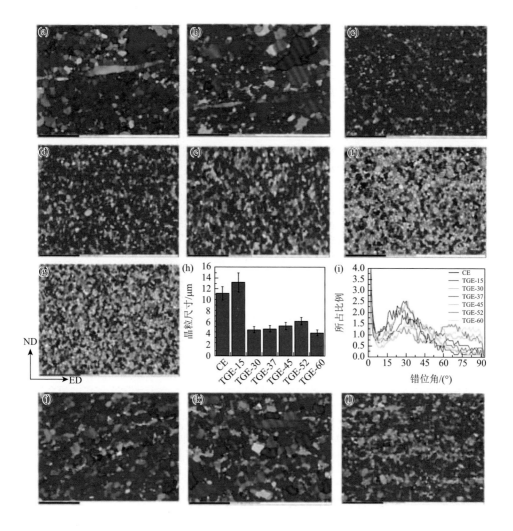

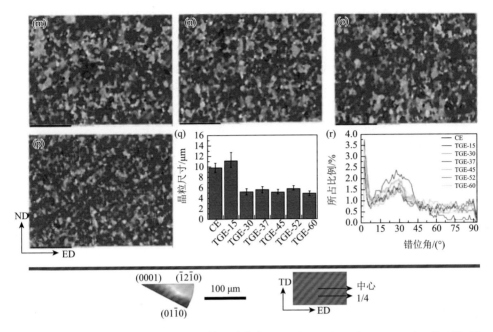

图 4-10 挤压板材的 IPF 图及其平均晶粒尺寸分布：(a, j) CE，(b, k) TGE-15，(c, l) TGE-30，(d, m) TGE-37，(e, n) TGE-45，(f, o) TGE-52，(g, p) TGE-60；(a～g) 板材中心；(j～p) 板材 1/4 边缘；板材中心（h, i）和板材 1/4 边缘（q, r）的平均晶粒尺寸（h, q）和取向差分布（i, r）

通过对 6 种横向非对称挤压 AZ31 镁合金板材不同区域的微观组织分析可知：当模具倾斜角 $\theta \geqslant 30°$ 时，横向非对称挤压 AZ31 镁合金板材的晶粒得到有效细化；当模具倾斜角 $\theta \geqslant 37°$ 时，挤压 AZ31 镁合金板材能获得均匀细小的完全再结晶组织，且再结晶晶粒形貌发生改变，沿 ND 方向被拉长；在横向非对称挤压 AZ31 镁合金板材中，当模具倾斜角较大时，挤压 AZ31 镁合金板材中心区域平均晶粒尺寸小于 1/4 边缘区域，即在横向非对称挤压 AZ31 镁合金板材中心区域能获得更细小的微观组织。

各挤压态 AZ31 镁合金板材不同区域晶粒取向差分布如图 4-10 所示。对称挤压 AZ31 镁合金板材主要由大角度取向差晶粒组成，且在 30°取向差附近出现峰值。横向非对称挤压 AZ31 镁合金板材在 30°取向差峰值强度低于 CE 板材，特别是当挤压模具倾斜角 $\theta \geqslant 37°$ 时，横向非对称挤压 AZ31 镁合金板材取向差大于 45°，所占比例增加，意味着该挤压 AZ31 镁合金板材具有取向更加随机的晶粒，进而有效弱化了 AZ31 镁合金板材织构。

图 4-11 为七种挤压 AZ31 镁合金板材的中心区域（0002）和（10$\bar{1}$0）极图。由图可知，CE 对称挤压 AZ31 镁合金板材呈现典型的（0002）基面织构，大多数

晶粒的基面平行于挤压方向，基面织构强度较高，而横向非对称挤压 AZ31 镁合金板材织构强度呈现不同幅度的下降。其中，TGE-45 挤压板材的基面织构强度下降到最低值，最大极密度仅为 5.4，远低于 CE 对称挤压 AZ31 镁合金板材的基面织构强度。横向非对称挤压 AZ31 镁合金板材除了基面织构强度降低以外，织构类型也发生了大幅度的变化。其中，TGE-15、TGE-30 和 TGE-37 三种挤压板材中出现较多沿 TD 方向偏转的晶粒，TGE-45、TGE-52 和 TGE-60 挤压板材的基极沿 ED 发生较大幅度的偏转，且沿 TD 方向被拉长，织构特征呈现为类似于稀土添加后形成的双峰织构。随着挤压模具倾斜角 θ 的增加，挤压制备加工的 AZ31 镁合金板材基面织构成分逐渐减弱，基极偏离 ND 方向幅度增加。TGE-45 挤压板材中仅有少量的基面织构组分，TGE-52 和 TGE-60 挤压板材基面织构成分几乎完全消失。TGE-52 挤压板材的基极沿 ND 向 ED 方向偏转约 ±70°，且沿 TD 方向被拉长。

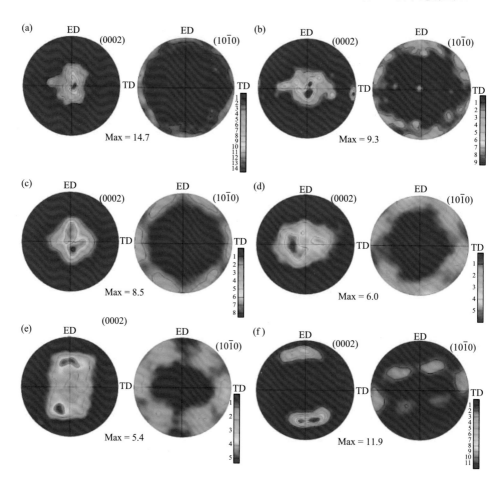

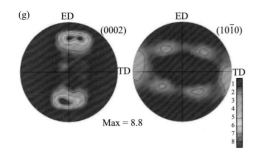

图 4-11　七种挤压 AZ31 镁合金板材的中心区域（0002）和（10$\bar{1}$0）极图：（a）CE；（b）TGE-15；（c）TGE-30；（d）TGE-37；（e）TGE-45；（f）TGE-52；（g）TGE-60

图 4-12 为七种挤压 AZ31 镁合金板材在 1/4 边缘区域（0002）和（10$\bar{1}$0）极图。由图可见，CE 对称挤压 AZ31 镁合金板材在 1/4 边缘和中心区域呈现相同的基面织构类型，最大织构强度发生较小幅度的波动。对于横向非对称挤压 AZ31 镁合金板材，当挤压模具倾斜角 θ 较大时，挤压板材中心和 1/4 边缘区域呈现不同的织构特征，横向非对称挤压 AZ31 镁合金板材在 1/4 边缘均呈现双峰织构。当挤压模具倾斜角 $\theta \geqslant 30°$时，横向梯度挤压 AZ31 镁合金板材基极沿 ED 向 TD 方向偏转，且随倾斜角 θ 增加，偏转角度增加。TGE-52 板材基极沿 ED 向 TD 方向偏转 $55° \sim 63°$。

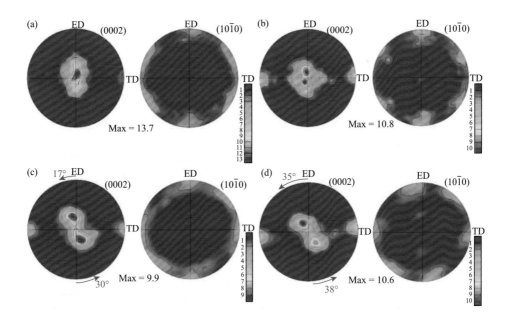

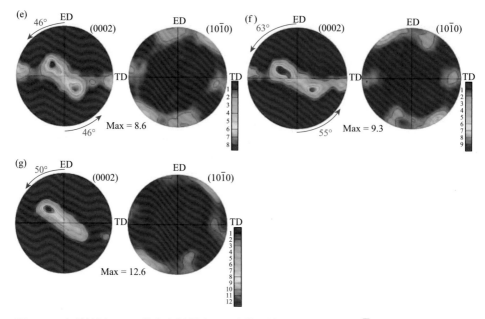

图 4-12　七种挤压 AZ31 镁合金板材在 1/4 边缘区域（0002）和（10$\bar{1}$0）极图：（a）CE；
（b）TGE-15；（c）TGE-30；（d）TGE-37；（e）TGE-45；（f）TGE-52；（g）TGE-60

　　图 4-13 和图 4-14 分别为七种挤压 AZ31 镁合金板材在中心和 1/4 边缘区域的晶粒 c 轴偏离 ND≥25° 的 EBCD 和 IPF 图及其所占比例，以便统计挤压 AZ31 镁合金板材及其在不同区域的非基面织构成分所占比例。由图可知，CE 对称挤压 AZ31 镁合金板材中心和 1/4 边缘区域非基面织构成分所占比例分别约为 33.3% 和 34.1%，心部和边部几乎相同，主要为基面织构成分。横向非对称挤压 AZ31 镁合金板材的非基面织构成分所占比例增加，随挤压模具倾斜角 θ 增加，挤压板材非基面织构成分总体呈现增加的趋势。当挤压模具倾斜角 θ 为 52° 时，挤压 AZ31 镁合金板材中心和 1/4 边缘区域非基面织构成分所占比例分别达到最大值，分别为 98.4% 和 65.8%。TGE-52 AZ31 镁合金板材中心区域基面织构成分几乎完全消失。

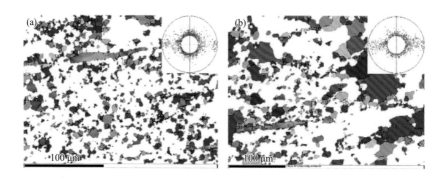

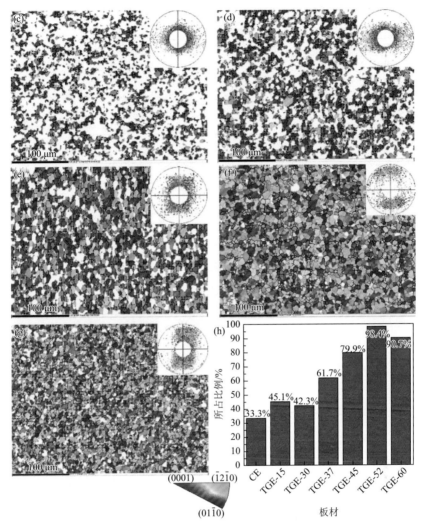

图 4-13　挤压态 CE（a）、TGE-15（b）、TGE-30（c）、TGE-37（d）、TGE-45（e）、TGE-52（f）和 TGE-60（g）板材中心区域晶粒 c 轴偏离 ND≥25°的 EBSD 和 IPF 图及其所占比例（h）

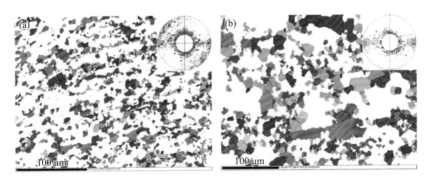

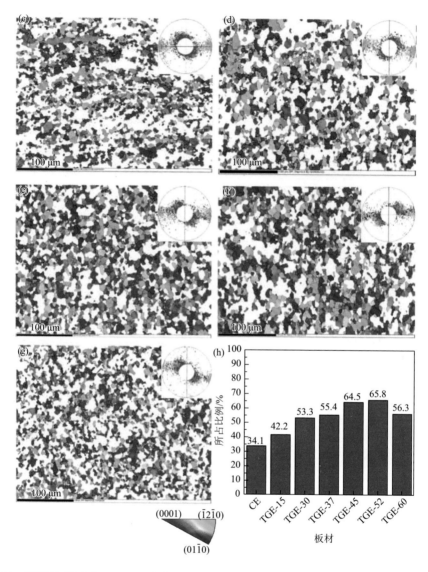

图 4-14　挤压态 CE（a）、TGE-15（b）、TGE-30（c）、TGE-37（d）、TGE-45（e）、TGE-52（f）和 TGE-60（g）板材 1/4 边缘区域晶粒 c 轴偏离 ND≥25°的 EBSD 和 IPF 图及其所占比例（h）

　　通过对横向非对称挤压 AZ31 镁合金板材不同区域微观组织和织构分析可知，当挤压模具倾斜角 θ 较大时，挤压板材沿 TD 方向不同区域呈现不同类型织构特征。例如，TGE-52 挤压板材中心区域基极沿 ND 向 ED 方向偏转约±70°，而 1/4 边缘区域基极沿 ED 向 TD 方向偏转 55°～63°。为了更详细地分析 TGE-52 挤压板材沿 TD 方向微观组织和织构变化，TGE-52 挤压板材在 3/8 和 1/8 边缘区域的微观组织和织构表征结果如图 4-15 所示。各区域微观组织由均匀、细小的再结晶晶粒组成。挤压板材 3/8 边缘区域呈现双峰织构，基极沿 ED 向 TD 方向偏转 40°～60°，且大幅度偏离 ND 方向，其中一个基极偏离 ND 方向 90°，即晶粒 c 轴垂直于 ND。而在挤压板材 1/8 边缘区域基极沿 ED 向 TD 方向偏转约 57°，基极偏离 ND 方向角度减小。

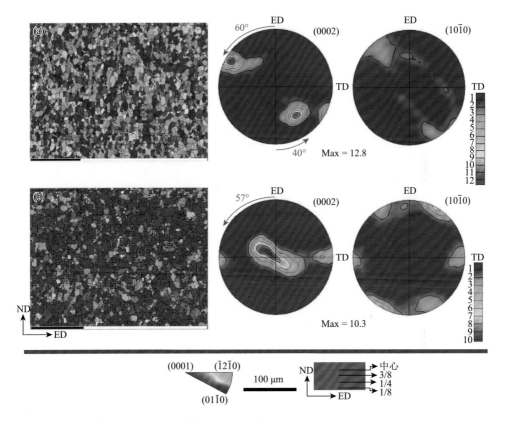

图 4-15　TGE-52 挤压板材 EBSD 的 IPF 图和（0002）和（10$\bar{1}$0）极图：3/8（a）和 1/8（b）边缘区域

为了进一步说明 TGE-52 挤压板材沿 TD 方向不同区域织构变化特征，各区域晶粒<0002>轴偏离 ND 方向角度分析结果如图 4-16 所示。由图可知，TGE-52 挤压板材中心区域晶粒 c 轴偏离 ND 方向幅度最大，而在 1/8 边缘晶粒 c 轴偏离 ND 方向幅度最小。TGE-52 挤压板材中心、3/8 边缘、1/4 边缘和 1/8 边缘区域晶粒 c 轴与 ND 之间的夹角峰值分别约为 65°、55°、35° 和 25°，即 TGE-52 板材沿 TD 方向从中心到边缘晶粒 c 轴偏离 ND 方向幅度逐渐减小。

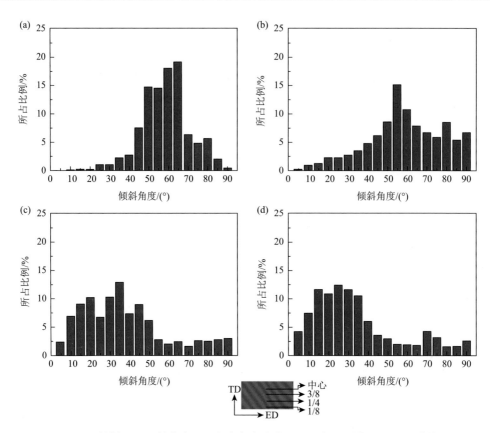

图 **4-16**　TGE-52 板材<0002>轴偏离 ND 方向角度分布：（a）中心区域；（b）3/8 边缘；（c）1/4 边缘；（d）1/8 边缘

综上所述，挤压模具倾斜角的引入使 AZ31 挤压板材常见的强基面织构得以弱化，且有显著的偏转，甚至出现了类似于镁稀土合金的双峰织构。主要原因在于具有倾斜角的挤压模具，在挤压过程中合金坯料承受较大的剪切应变，并显著影响挤压过程中合金的再结晶行为，不仅使 AZ31 挤压板材晶粒更加细小，还使非基面取向晶粒在再结晶过程中优先长大，从而形成典型的非基面织构特征。

4.3.2　挤压过程中的组织演变与再结晶行为

本节以 TGE-52 挤压 AZ31 板材为例分析挤压过程中板材的组织演变，以 CE 对称挤压板材作为对比。图 4-17 为两种挤压板材的中心和 1/4 边缘区域的微观组织和织构演变，以图中 A、B、C、D 四个典型位置为对象。由图可见，在 CE 对称挤压过程中，位置 A 和 B 由粗大变形晶粒和细小再结晶晶粒组成。由于铸态组织晶粒取向随机化，粗大变形晶粒未发生再结晶取向也随机化。在挤压初期，AZ31

镁合金变形较小，粗大变形晶粒中有利于拉伸孪生开启而出现许多拉伸孪晶。随着挤压进行，在位置 C 和 D 处，由于挤压变形程度增加，AZ31 镁合金再结晶比例增大，细小再结晶晶粒所占比例增大。对于 TGE-52 挤压板材中心区域，在位置 A 中微观组织不均匀，在位置 B 区域的微观组织中出现许多细小的再结晶晶粒。此外，TGE-52 挤压板材中心区域不同位置均出现许多细小颜色为绿色的晶粒，其晶粒 c 轴沿板材 TD 方向倾斜。TGE-52 挤压板材 1/4 边缘区域微观组织和织构变化与 TGE-52 中心区域明显不同。在板材成形处相同距离，TGE-52 挤压板材的中心区域再结晶程度更加充分，绿色晶粒所占比例明显较多。

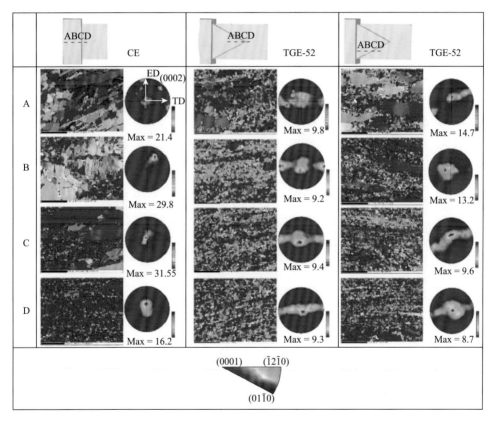

图 4-17 AZ31 镁合金板材在 CE 和 TGE-52 挤压过程中不同位置的微观组织和织构演变

AZ31 镁合金在 CE 对称挤压和 TGE-52 非对称挤压板材的 1/4 边缘区域不同位置再结晶晶粒微观组织和织构演变如图 4-18 所示。在 CE 挤压工艺中，随 AZ31 镁合金与板材成形处距离减小（位置 C 和 D），再结晶晶粒比例增加，而这些细小晶粒主要由红色晶粒组成，即其基极主要平行于 ND 方向，因而导致其最终挤压 AZ31 镁合金板材表现为强基面织构。

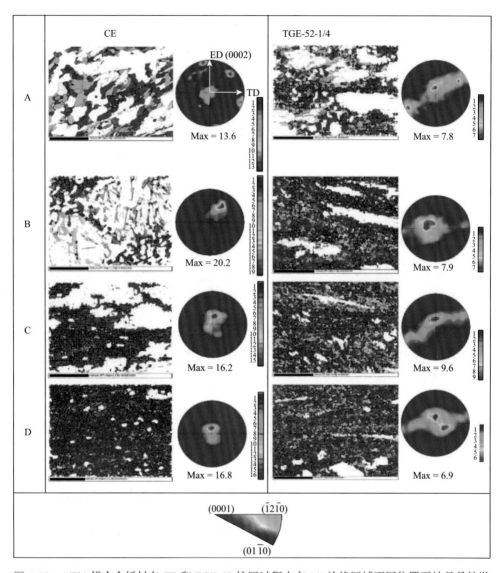

图 4-18 AZ31 镁合金板材在 CE 和 TGE-52 挤压过程中在 1/4 边缘区域不同位置再结晶晶粒微观组织和织构演变

  在 TGE-52 挤压工艺中，在挤压板材 1/4 边缘处，随挤压进行，AZ31 镁合金的基极沿 ED 向 TD 方向发生偏转，最终导致挤压 AZ31 镁合金板材在该区域的晶粒基极沿 ED 向 TD 方向发生偏转。通过 TGE-52 挤压工艺中 AZ31 镁合金在板材中心区域微观组织和织构演变分析可知（图 4-18），微观组织主要由细小再结晶红色和绿色晶粒组成，其织构成分主要由基面织构成分组成，沿 TD 方向拉长，并未出现 TGE-52 板材中基极沿 ED 方向发生大幅度偏转的织构成分，但织构强度大幅度降低，基面织构得到显著弱化。

TGE-52 挤压板材中心区域在挤压模具出口的微观组织和织构演变如图 4-19 所示。由图可知，该区域的组织均由细小再结晶晶粒组成，从检测位置 A（距离板材成形较近距离处）到位置 D（距离板材成形较远距离处），挤压板材的晶粒得到进一步细化，在位置 D 处获得更加均匀细小的微观组织。挤压 AZ31 镁合金板材不同区域的织构特征发生了显著变化，在位置 A 处表现为基面织构特征，最大极密度为 11.6，而在位置 B 处，基极沿 ED 发生偏转，最大极密度下降。在位置 C 处，基面织构组分进一步减少。到位置 D 处，基面织构成分全部消失，基极沿 ED 发生较大幅度偏转，最终形成双峰织构。

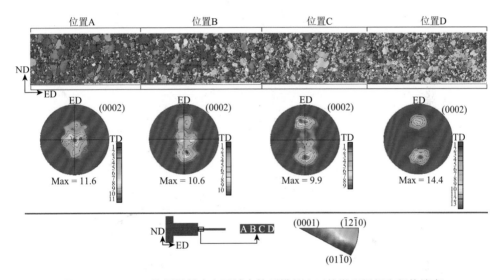

图 4-19　TGE-52 挤压板材中心区域在挤压模具出口的微观组织和织构演变

由图 4-17～图 4-19 可知，TGE 挤压板材中心区域与边缘区域的组织和织构存在一定差异，这与非对称挤压过程中板材中心与边缘的流速差密切相关。流速差的形成（图 4-4），在挤压板材中心区域形成了附加剪切应力，有利于促进镁合金动态再结晶，从而细化镁合金的微观组织。由图 4-17 和图 4-18 可以看出，TGE 非对称挤压过程中的动态再结晶程度大大高于对称挤压成形，而中心又显著高于边缘。这是因为 TGE 挤压板材中心处（图 4-4 中的 P_1 点）沿 ED 方向流速达到最大，更加有利于动态再结晶而细化微观组织。同时，在 TGE 挤压过程中挤压板材中心和边缘的较大速度差，在板材成形后的挤压模具出口处仍然存在，导致成形后的挤压板材在挤压模具出口附近基极发生偏转。基极偏转程度与该位置流速和最低流速的差值有关，流速差越大，越有利于基极发生偏转。因此，TGE-52 挤压板材中心（点 P_1 处）相对于边缘（点 P_5 处）流速差达到最大值，导致该挤压板材中心区域（点 P_1 处）基极偏离 ND 角度达到最大值。挤压板材中心到边缘的流速相对于挤压板材边缘（点 P_5 处）流速差逐渐减小，因而该 AZ31 镁合金板材从中心到边缘基极偏离 ND 方向角度逐渐减小。

4.3.3　AZ31 挤压板材的拉伸力学行为

图 4-20 为六种挤压 AZ31 镁合金板材在不同取样位置和方向的拉伸真应力-真应变曲线（由于 TGE-60 挤压 AZ31 板材的表面质量较差，未测试其力学性能），表 4-1 为对应的具体力学性能数据。由图 4-20 和表 4-1 可知，CE 对称挤压 AZ31 板材中 ED-center 和 ED-edge 样品的屈服强度和延伸率比较相近，力学性能未发生明显变化。横向非对称挤压板材的 ED-center 和 ED-edge 样品随着挤压模具倾斜角 θ 增加呈现明显差异。相对于 CE 对称挤压 AZ31 镁合金板材，横向非对称挤压 AZ31 板材的 ED-center 样品屈服强度随着挤压模具倾斜角 θ 先增加后降低。

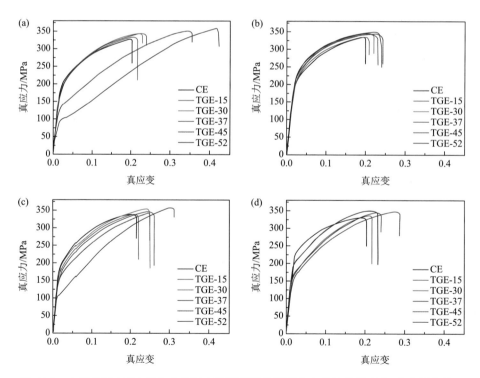

图 4-20　六种挤压 AZ31 镁合金板材在不同取样位置和方向的拉伸真应力-真应变曲线：
（a）ED-center；（b）ED-edge；（c）45°方向；（d）TD

表 4-1　挤压 AZ31 镁合金板材屈服强度、延伸率、抗拉强度、*n* 值、*r* 值和屈强比

试样		YS/MPa	EI/%	UTS/MPa	*n* 值	*r* 值	YS/UTS
CE	ED-center	174.4	18.6	327.1	0.24	1.73	0.53
	ED-edge	176.1	18.4	325.9	0.24	1.72	0.54
	45°方向	181.2	19.2	333.2	0.26	2.15	0.54
	TD	213.2	18.4	330.5	0.20	3.06	0.65
TGE-15	ED-center	174.2	19.7	333.1	0.26	1.69	0.52
	ED-edge	179.12	19.2	335.4	0.24	1.71	0.53
	45°方向	159.7	20.7	338.7	0.29	1.67	0.47
	TD	152.3	20.1	333.9	0.35	1.68	0.46
TGE-30	ED-center	178.2	21.1	340.1	0.27	1.94	0.52
	ED-edge	187.8	20.3	345.5	0.26	2.02	0.54
	45°方向	171.2	23.5	353.2	0.27	1.84	0.48
	TD	186.6	21.6	350.1	0.29	2.62	0.53
TGE-37	ED-center	171.2	22.2	343.2	0.27	1.78	0.50
	ED-edge	196.2	21.1	344.1	0.27	2.43	0.57
	45°方向	152.1	24.5	334.1	0.30	1.54	0.46
	TD	156.3	22.1	345.2	0.34	1.70	0.48
TGE-45	ED-center	125.12	33.9	351.2	0.44	−0.89	0.36
	ED-edge	206.1	22.6	345.1	0.27	2.65	0.60
	45°方向	130.1	23.5	342.1	0.35	1.25	0.38
	TD	138.2	27.3	344.1	0.35	1.43	0.40
TGE-52	ED-center	86.5	41.0	357.8	0.66	−0.72	0.24
	ED-edge	210.3	22.1	350.1	0.26	2.85	0.60
	45°方向	102.1	30.0	356.9	0.53	1.15	0.29
	TD	117.2	26.5	350.7	0.45	1.30	0.33

　　TGE-52 挤压板材的 ED-center 样品屈服强度达到最小值，约为 86.5 MPA，延伸率达到最大值 41.0%。ED-edge 样品屈服强度随挤压模具倾斜角 θ 增加而增加，延伸率先增加后略有下降，在 TGE-45 挤压板材中延伸率达到最大值。对于几种挤压 AZ31 镁合金板材 45°方向样品，TGE-52 挤压板材屈服强度和延伸率分别达到最低值和最高值。挤压 AZ31 镁合金板材 *n* 值和 *r* 值随挤压模具倾斜角 θ 增加分别呈现增加和降低的趋势，TGE-52 板材 *n* 值最高可达 0.66。通过对比分析挤压 AZ31 镁合金板材拉伸力学性能，随挤压模具倾斜角 θ 的增加，除挤压板材 ED-edge 样品外，挤压板材在各个方向的屈服强度和 *r* 值降低，延伸率和 *n* 值提高，TGE-45 和 TGE-52 板材表现出较好的力学性能。

相对于 CE 对称挤压板材的 ED-center 样品,TGE-52 样品延伸率明显提高,由 18.6%提高到 41.0%。图 4-21 为 CE 对称挤压和 TGE-52 非对称挤压板材的 ED-center 样品拉伸断口在低倍和高倍的二次电子 SEM 形貌。由图可见,CE 挤压板材样品出现少量较浅的韧窝,为典型的解理特征。TGE-52 挤压板材样品拉伸断口呈现明显的韧窝特征,解理面几乎完全消失。TGE-52 非对称挤压能有效提高 AZ31 镁合金板材的延伸率,主要是晶粒细化和织构改善的共同作用。在相同变形条件下,微观组织越均匀,晶粒越细小,材料越能承受更大的变形量[5-7]。此外,织构改善对提高 AZ31 镁合金板材的延伸率也起着相当重要的作用。由于 TGE-52 挤压板材样品的基面织构成分很少,基极沿 ND 偏向 ED 约±70°,拉伸变形过程中有利于开启大量基面滑移和拉伸孪生,变形过程中能提供厚度方向应变,孪晶形成在进一步变形中有利于基面滑移软取向,为协调拉伸应变继续做出贡献,表现出良好的拉伸延伸率。

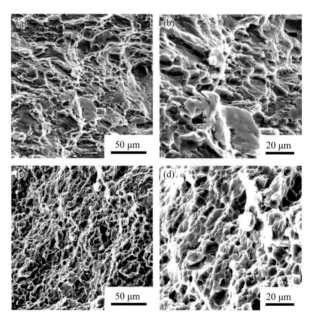

图 4-21 ED-center 样品拉伸断口在低倍(a,c)和高倍(b,d)的二次电子 SEM 形貌:(a,b)CE 对称挤压板材;(c,d)TGE-52 非对称挤压板材

根据传统对称挤压(CE)和横向非对称挤压(TGE)工艺(倾斜角为 15°、30°、37°、45°、52°和 60°)加工制备的 AZ31 镁合金板材微观组织和力学性能,以及对两种挤压工艺在挤压过程中 AZ31 镁合金的微观组织和织构特征,通过横向非对称挤压以及模具成形处的倾斜角改变,可以获得晶粒尺寸细小、组织更加均匀、基面织构弱化、综合力学性能更好的 AZ31 挤压板材。同时,通过调控倾斜角度,可以使不含稀土的 AZ31 镁合金板材呈现典型的双峰织构。

4.3.4　AZ31 挤压板材的拉伸变形机制

由图 4-20 和表 4-1 可见，相对于 CE 对称挤压板材，TGE-52 非对称挤压板材的 ED-center 样品表现出高的延伸率和低的屈服强度。为了深入分析 TGE-52 挤压板材在拉伸变形过程中的塑性变形机制，将 CE 对称挤压和 TGE-52 非对称挤压两种板材的 ED-center 预拉伸 8%，观察和对比分析其显微组织与织构演变。图 4-22 为两种挤压板材预拉伸 8%（此时容易出现拉伸孪生）后板材的 EBSD 分析，由图可知，经预拉伸后两种板材均出现孪晶，孪晶的主要类型为拉伸孪晶[7]。CE 对称挤压和 TGE-52 非对称挤压板材中的拉伸孪晶体积分数分别为 2.0% 和 16.4%，可见非对称挤压板材的拉伸孪晶分数更高。CE 挤压板材的初始织构为基面织构，晶粒 c 轴与拉伸方向偏离角度很大，在进行单向拉伸时，晶粒取向不利于拉伸孪晶的出现。反之，TGE-52 非对称挤压板材的基极沿 ND 向 ED 方向偏转 $\pm 70^\circ$，孪晶 Schmid 因子大幅度提高，有利于拉伸孪生的开启，因而出现大量的拉伸孪晶[8, 9]。拉伸孪晶的出现使 CE 对称挤压和 TGE-52 非对称挤压板材的基面织构强度均有不同幅度的降低。

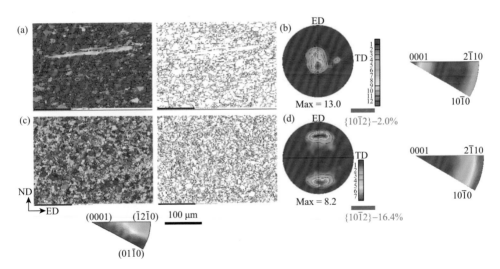

图 4-22　CE 对称挤压（a，b）和 TGE-52 非对称挤压（c，d）板材 EBSD 分析：（a，c）IPF 图、晶界图、（0002）极图；（b，d）孪晶 IGMA 分析

根据 TGE-52 挤压板材的组织演变分析（图 4-17～图 4-19），挤压板材中心区域的基极沿 ED 方向发生大幅度偏转并不是在挤压模具内腔形成，而是在板材成形后发生改变，由基面织构逐渐向 ED 方向发生大幅度偏转，且微观组织得到进一步细化。AZ31 镁合金挤压板材的屈服强度和延伸率变化与其微观组织和织构有

关。在室温下,拉伸孪生和基面<a>滑移因具有较低的临界剪切应力而容易被激活,在镁合金塑性变形过程中扮演着重要作用[10]。CE 对称挤压和 TGE 非对称挤压 AZ31 镁合金板材沿不同载荷方向的 (0002) <$11\bar{2}0$>基面滑移 Schmid 因子变化见表 4-2。在横向非对称挤压中,除了板材最中心区域外,挤压板材基极沿 ED 方向向 TD 方向发生不同幅度的偏转。而横向非对称挤压板材沿板材中心呈对称分布,即其中一部分板材基极沿顺时针方向向 TD 方向偏转,另一部分基极沿逆时针方向向 TD 偏转。而挤压板材 45°拉伸样品在挤压板材中心取样,即该样品中一部分基极沿顺时针方向向 TD 方向偏转,另一部分基极沿逆时针方向向 TD 方向偏转。因此,表 4-2 列出了 CE 和 TGE AZ31 镁合金板材沿 45°和 135°方向的 (0002) <$11\bar{2}0$>基面滑移的 Schmid 因子。由于板材微观组织和织构的综合影响,挤压 AZ31 镁合金板材以及板材不同方向屈服强度和延伸率发生相应的改变。

表 4-2　CE 对称挤压和 TGE 非对称挤压 AZ31 镁合金板材沿不同载荷方向(0002)<$11\bar{2}0$>基面滑移 Schmid 因子

试样		基面滑移			
		ED	45°	135°	TD
CE	中心	0.216	0.205	0.198	0.171
	1/4 边缘	0.203	0.197	0.195	0.160
TGE-15	中心	0.177	0.274	0.251	0.240
	1/4 边缘	0.174	0.249	0.257	0.207
TGE-30	中心	0.218	0.234	0.228	0.215
	1/4 边缘	0.224	0.298	0.213	0.200
TGE-37	中心	0.220	0.253	0.269	0.286
	1/4 边缘	0.203	0.231	0.313	0.224
TGE-45	中心	0.350	0.276	0.311	0.256
	1/4 边缘	0.201	0.341	0.213	0.265
TGE-52	中心	0.420	0.397	0.365	0.241
	1/4 边缘	0.181	0.210	0.344	0.300

对于密排六方金属,形变晶粒中晶内取向差轴(IGMA)能有效判断晶内塑性变形机制种类,镁合金中泰勒轴与滑移系之间的关系如表 4-3 所示[11, 12]。由图 4-22(b)和(d)可知,CE 对称挤压板材的取向差轴分布在<0001>附近,TGE-52 非对称挤压板材的取向差轴分布在靠近<$10\bar{1}0$>和<$2\bar{1}\bar{1}0$>处。由表 4-3 可知,取向差轴为<0001>时,晶粒应发生柱面<a>滑移,而其取向差轴靠近<$10\bar{1}0$>和<$2\bar{1}\bar{1}0$>时,发生基面<a>滑移。由此可知,CE 对称挤压和 TGE-52 非对称挤压板材在预拉伸 8%以后,柱面<a>滑移和基面<a>滑移分别开启[13]。TGE-52 非对称挤压板材在拉伸过程中,由于产生大量的孪晶和提供大量的基面<a>滑移,有利于

协调拉伸过程中的持续变形。而 CE 对称挤压板材在拉伸 8% 后，柱面<*a*>滑移开启，不利于后续的继续变形。

表 4-3　镁合金中泰勒轴与滑移系之间的关系[8, 9]

滑移类型	滑移系	伯氏矢量	泰勒轴	滑移系数量
基面<*a*>	$(0002)<11\bar{2}0>$	$a/3<11\bar{2}0>$	$<1\bar{1}00>$	3
锥面<*a*>	$\{10\bar{1}1\}<1\bar{2}10>$	$a/3<11\bar{2}0>$	$<10\bar{1}2>$	6
柱面<*a*>	$\{10\bar{1}1\}<1\bar{2}10>$	$a/3<11\bar{2}0>$	$<0001>$	3
锥面<*c + a*> I	$\{10\bar{1}1\}<11\bar{2}3>$	$a/3<11\bar{2}3>$	$<\overline{25}\ 41\ \overline{16}\ 9>$	12
锥面<*a*> II	$\{10\bar{2}2\}<11\bar{2}3>$	$a/3<11\bar{2}3>$	$<\bar{1}100>$	6

4.3.5　横向梯度非对称挤压 AZ31 板材的杯突特性

图 4-23 为各挤压态 AZ31 镁合金挤压板材在室温杯突实验中的位移-载荷曲线以及实验后杯突样品（由于 TGE-60 挤压 AZ31 板材的表面质量较差，未测试其杯突性能），表 4-4 为几种 AZ31 镁合金挤压板材的室温杯突成形值。可以看出，横向非对称挤压能有效提高 AZ31 镁合金挤压板材的杯突成形性能，且随着挤压模具倾斜角 θ 增加，AZ31 镁合金挤压板材的杯突成形性能也增加。其中，CE、TGE-45 和 TGE-52 板材室温杯突值分别为 2.59 mm、5.46 mm 和 6.71 mm。TGE 与 CE 板材相比，TGE-45 和 TGE-52 两种挤压板材的室温杯突值分别提高了 110% 和 159%。结果表明，横向非对称挤压能有效提高 AZ31 镁合金板材的室温塑性成形性能。

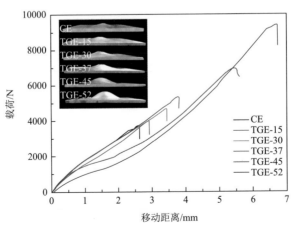

图 4-23　各挤压态 AZ31 镁合金板材在室温杯突实验中的位移-载荷曲线以及实验后杯突样品

表 4-4　几种 **AZ31** 镁合金挤压板材的室温杯突成形值

试样	CE	TGE-15	TGE-30	TGE-37	TGE-45	TGE-52
杯突成形值/mm	2.59	2.92	3.45	3.80	5.46	6.71

由图 4-23 可以看出，TGE-52 非对称挤压板材具有良好的杯突成形性能，为了揭示其内在机制，对 TGE-52 非对称挤压板材在杯突实验位移 2.59 mm 后分析其顶部微观组织变化，并与 CE 对称挤压板材的杯突实验后的样品进行对比分析，结果如图 4-24 所示。CE 对称挤压板材的上部分最大极密度较初始样品增加，由 14.7 增加到 16.5，中间区域略有提高，而下部分最大极密度反而下降。在杯突实验早期，样品下部应力为压应力，上部应力为拉应力。CE 对称挤压板材为强基面

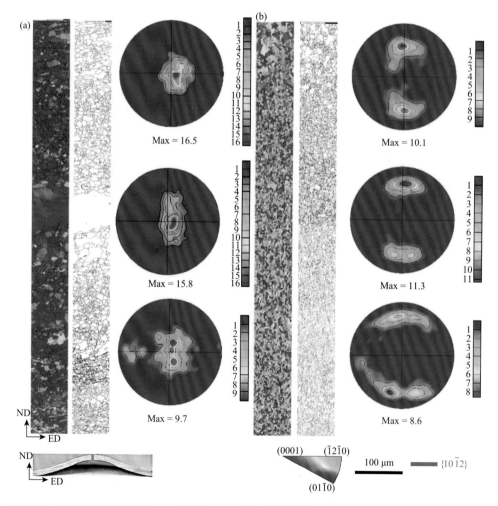

图 4-24　杯突成形位移 2.59 mm 后顶部 EBSD 图、孪晶图和（0002）极图：（a）CE；（b）TGE-52

织构类型板材，在杯突实验过程中，上部发生基面滑移和柱面滑移，最大极密度增加，下部受到压应力产生拉伸孪晶，最大极密度降低。对于 TGE-52 非对称挤压板材，沿板材厚度方向均出现拉伸孪晶，最大极密度下降。挤压板材上部分织构特征发生改变，在杯突实验中受到拉应力，基面滑移被开启，部分晶粒 c 轴逐渐向 ND 方向靠近，仍然呈现双峰织构。

　　杯突成形是拉伸变形下的多向变形，镁合金在成形过程中失效主要是由于厚度方向应变能力差。CE 对称挤压板材具有强基面织构特征，在多向拉伸中发生基面滑移和柱面滑移而无法提供厚度方向的有效应变。同时，CE 对称挤压板材基面织构沿 ED 方向被拉长，导致在沿 TD 方向拉伸时容易开启基面滑移的晶粒数较少，TD 方向表现出高拉伸屈服强度和 r 值。强基面织构引起差的塑性变形能力和高的各向异性，对挤压板材室温成形能力非常不利，因而 CE 对称挤压板材表现出较差的室温杯突性能。孪生往往能提供板材厚度方向的有效应变，并且产生的孪晶可能成为位错滑移的软取向，为进一步的变形做出贡献[14]。TGE-52 非对称挤压板材在杯突实验过程中，大量基面滑移被开启，且沿板材厚度方向产生大量的拉伸孪晶能够更好地协调板材厚向应变。此外，TGE-52 非对称挤压板材从中心区域到边缘基极逐渐沿 ED 向 TD 方向偏转，使得板材无论沿哪个方向都有较多基面滑移软取向的晶粒，大大降低了挤压板材在室温多向成形过程中沿各个方向的应变硬化的不均匀性，多向应变协调性的优化导致挤压板材显示良好的成形能力。

4.4　横向非对称挤压 VK20 板材

4.4.1　横向非对称挤压 VK20 板材的组织与织构

　　将均匀化热处理后的 VK20 合金坯料（$\Phi80\,mm \times 50\,mm$）挤压成形为宽 56 mm、厚 2 mm 的板材，挤压比约为 50∶1。采用图 4-1 所示的横向非对称挤压模具，挤压工艺参数为：锭坯加热温度、挤压模具温度、挤压筒温度均为 430℃。模具倾斜角 $\theta = 15°$、30°、37°、45°和 49°时的挤压板材命名为 TGE-V15、TGE-V30、TGE-V37、TGE-V45 和 TGE-V49 板材，倾斜角为 0°时即为传统对称挤压。对称挤压板材和前四种非对称挤压板材平直光亮，表面质量良好，但 TGE-V49 板材存在严重的褶皱，表面质量较差。

　　图 4-25 为几种 VK20 镁合金挤压板材的中心和 1/4 边缘的 IPF 分析图，图 4-26 为对应的平均晶粒尺寸。由图可知，挤压 VK20 镁合金板材由均匀、细小的再结晶晶粒组成。在横向非对称挤压过程中，VK20 镁合金挤压板材的中心和 1/4 边缘部位的微观组织未发生明显变化。当模具倾斜角 $\theta \geq 30°$时，挤压板材中心和边缘

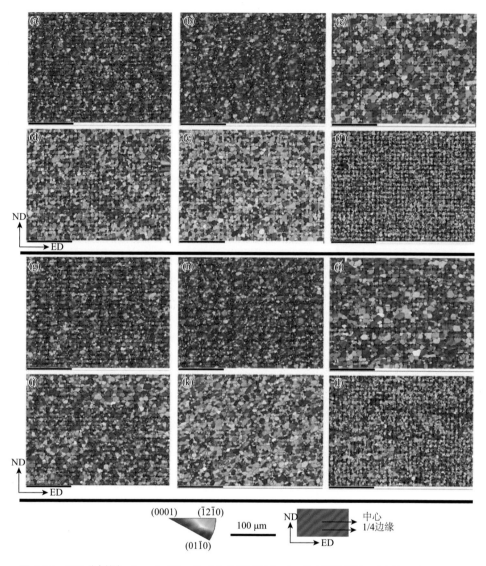

图 4-25　IPF 分析图：（a, g）CE；（b, h）TGE-V15；（c, i）TGE-V30；（d, j）TGE-V37；
（e, k）TGE-V45；（f, l）TGE-V49；（a～f）中心；（g～l）1/4 边缘

部位的平均晶粒尺寸逐渐减小。TGE-V49 非对称挤压板材的平均晶粒尺寸达到
最小值，其中心和 1/4 边缘的平均晶粒尺寸分别约为 3.2 μm 和 3.8 μm。VK20
挤压板材的中心和 1/4 边缘部位的晶粒取向差分布如图 4-27 所示。VK20 合金
在挤压过程中，小角度晶界不断吸收位错，逐步转变为大角度晶界，从而形成
新的细小再结晶晶粒，小角度晶界减少，因此几种 VK20 挤压板材主要由大角
度晶界组成，再结晶晶粒取向造成挤压板材在 30°左右出现取向差峰值。AZ61

镁合金在挤压后微观组织中也得到类似现象，也是由于在挤压过程中连续动态再结晶的发生，挤压态合金在取向差 30°左右出现新的峰值。当模具倾斜角 $\theta \geqslant 30°$ 时，VK20 镁合金挤压板材无论是中心还是 1/4 边缘，晶界取向差高于 40° 所占比例增加，TGE-V49 非对称挤压板材达到最大值，并且在各个角度取向差均匀分布，意味着相邻晶粒取向差较大，该合金板材具有更多的随机取向分布的晶粒。

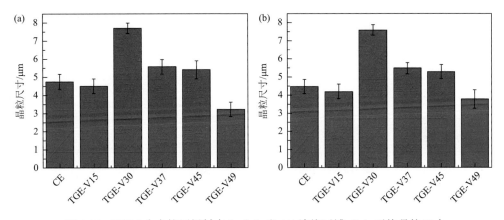

图 4-26　VK20 合金挤压板材中心（a）和 1/4 边缘区域（b）平均晶粒尺寸

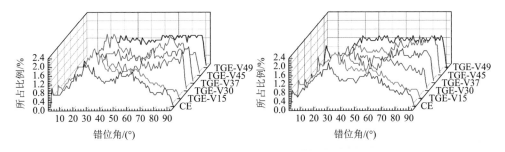

图 4-27　VK20 挤压板材中心（a）和 1/4 边缘部位（b）的取向差分布曲线

图 4-28 为几种 VK20 镁合金挤压板材的中心区域（0002）和（10$\bar{1}$0）极图。可以看出，VK20 镁合金挤压板材的基极均由 ND 向 ED 方向偏转，形成双峰织构。在横向非对称挤压过程中，随着挤压模具倾斜角 θ 增加，挤压板材的基极沿 ND 向 ED 方向偏离幅度增加，TGE-V45 挤压 VK20 镁合金板材的基极向 ED 方向偏转 ±62°。TGE-V49 挤压 VK20 镁合金板材的最大极密度达到最低值。图 4-29 为几种 VK20 镁合金挤压板材的 1/4 边缘区域（0002）和（10$\bar{1}$0）极图。

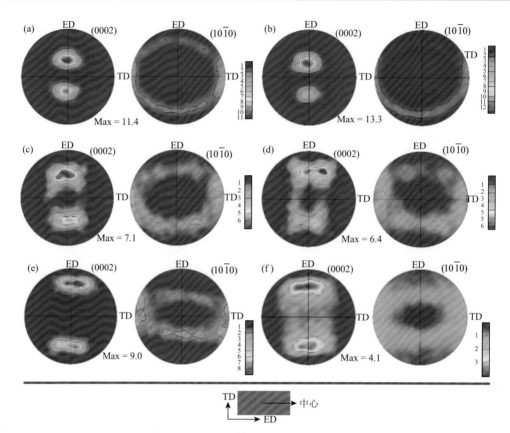

图 4-28 挤压板材中心区域（0002）和（10$\bar{1}$0）极图：（a）CE；（b）TGE-V15；（c）TGE-V30；（d）TGE-V37；（e）TGE-V45；（f）TGE-V49

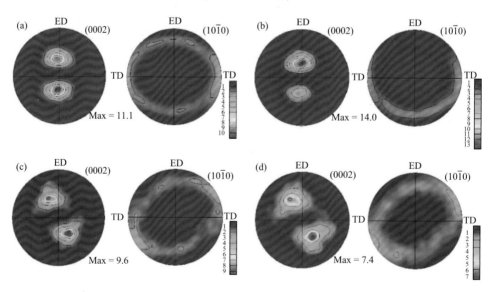

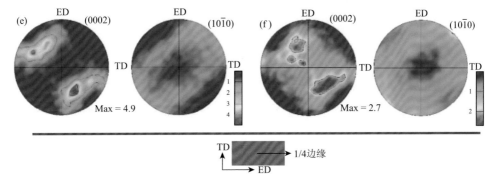

图 4-29　挤压板材 1/4 边缘区域（0002）和（$10\bar{1}0$）极图：（a）CE；（b）TGE-V15；（c）TGE-V30；（d）TGE-V37；（e）TGE-V45；（f）TGE-V49

CE 对称挤压 VK20 镁合金板材 1/4 边缘和中心呈现相同的织构特征，最大极密度非常接近。横向非对称挤压 VK20 镁合金板材虽表现为双峰织构，基极随着模具倾斜角 θ 增加沿 ED 向 TD 方向发生偏转，最大极密度降低，其织构特征和板材中心区域发生改变。当模具倾斜角为 49°时，VK20 镁合金挤压板材 1/4 边缘区域最大极密度达到最低值，仅为 2.7。横向非对称挤压能有效改变 VK20 合金挤压板材织构特征，更加有利于改善挤压板材的各向异性。

4.4.2　横向非对称挤压 VK20 板材的拉伸力学性能与杯突特性

图 4-30 为几种 VK20 镁合金挤压板材在不同取样位置和方向的拉伸真应力-真应变曲线（由于 TGE-V49 挤压 VK20 板材的表面质量较差，未测试其力学性能），表 4-5 为对应的力学性能数据。CE 对称挤压 VK20 镁合金板材，由于板材的基极沿 ED 方向偏转，板材的 ED 方向屈服强度较低，延伸率较高，而 TD 方向屈服强度迅速增加，延伸率大幅度下降，板材表现出很强的力学各向异性。此外，由于该挤压板材中心和 1/4 边缘具有相似的织构特征和微观组织，板材 ED-center 和 ED-edge 样品表现出相似的力学变形行为。

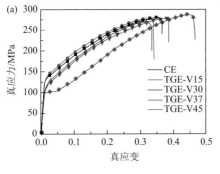

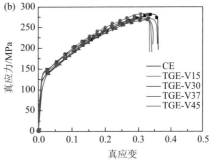

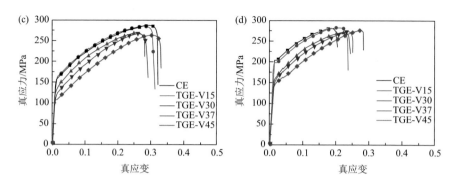

图 4-30　几种 VK20 镁合金挤压板材在不同取样位置和方向的拉伸真应力-真应变曲线：
（a）ED-center；（b）ED-edge；（c）45°方向；（d）TD 方向

表 4-5　各挤压 VK20 镁合金板材屈服强度、延伸率、抗拉强度、*n* 值和屈强比

	试样	YS/MPa	El/%	UTS/MPa	*n* 值	YS/UTS
CE	ED-center	127.6	35.3	279.9	0.34	0.46
	ED-edge	125.4	35.1	282.5	0.35	0.44
	45°方向	153.3	31.1	285.2	0.26	0.54
	TD	206.9	18.9	278.2	0.17	0.74
TGE-V15	ED-center	131.2	32.8	275.9	0.32	0.48
	ED-edge	135.2	32.1	282.2	0.31	0.48
	45°方向	157.2	29.4	284.1	0.24	0.55
	TD	196.5	21.9	282.3	0.20	0.70
TGE-V30	ED-center	118.3	32.2	268.7	0.40	0.44
	ED-edge	122.3	32.8	270.1	0.34	0.45
	45°方向	125.3	27.2	267.2	0.30	0.47
	TD	155.2	23.0	270.1	0.25	0.57
TGE-V37	ED-center	109.3	37.3	277.4	0.39	0.39
	ED-edge	140.6	34.6	271.3	0.37	0.52
	45°方向	118.2	27.7	266.3	0.36	0.44
	TD	151.2	23.7	270.9	0.27	0.56
TGE-V45	ED-center	98.9	45.6	286.9	0.60	0.34
	ED-edge	141.2	33.3	273.4	0.36	0.52
	45°方向	105.1	32.3	262.3	0.40	0.40
	TD	136.4	27.1	272.0	0.34	0.50

在横向非对称挤压中，当挤压模具倾斜角 θ 较大时，挤压板材中心区域的基极向 ED 方向偏转角度增加，ED-center 样品在拉伸过程中有利于基面滑移和孪生

的开启，板材屈服强度降低，延伸率增加。TGE-V45 挤压 VK20 镁合金板材的 ED-center 样品的屈服强度和延伸率分别为 98.9 MPa 和 45.6%，分别达到最小值和最大值，但其 ED-edge 与 ED-center 样品表现出明显不同的力学变形行为，这主要是由于板材在中心和 1/4 边缘区域的织构特征发生了改变。随着挤压模具倾斜角 θ 增加，横向非对称挤压 VK20 镁合金板材 ED-edge 样品的屈服强度先降低后增加，延伸率未发生明显变化。横向非对称挤压 VK20 镁合金板材 45°方向样品的屈服强度随着挤压模具倾斜角 θ 增加而降低，TGE-V45 板材的屈服强度达到最低值。由于横向非对称挤压板材部分区域基极沿 ED 向 TD 方向偏转，沿 TD 方向拉伸时，基面滑移 Schmid 因子增加，板材屈服强度降低，延伸率增加。TGE-V45 板材 TD 方向样品的屈服强度和延伸率分别为 136.4 MPa 和 27.1%，较其他挤压 VK20 镁合金板材得到改善。通过挤压 VK20 镁合金板材拉伸力学性能的对比分析，与 CE 对称挤压 VK20 镁合金板材相比，TGE-V45 挤压板材的屈服强度降低，延伸率和 n 值增加，力学性能得到进一步改善。因此，横向非对称挤压工艺能有效改善 VK20 镁合金板材的力学性能和各向异性。

图 4-31 为几种 VK20 镁合金挤压板材在杯突实验中的位移-载荷曲线图以及实验后杯突样品和 IE 值。相对于 CE 对称挤压 AZ31 镁合金板材，CE 对称挤压 VK20 镁合金板材由于其板材织构沿 ED 有一定幅度的偏转，板材具有更好的成形性能，杯突值达到 3.72 mm。在横向非对称挤压工艺中，当模具倾斜角 $\theta \geqslant 30°$时，挤压 VK20 镁合金板材的杯突性能得到进一步提高。其中，TGE-V45 板材的杯突值达到最大值，约为 5.46 mm，相对于 CE 对称挤压 VK20 镁合金板材，其杯突值

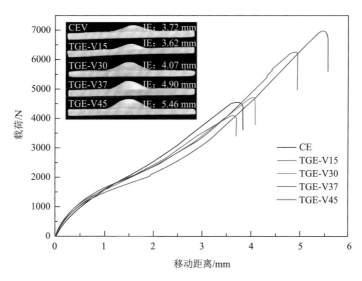

图 4-31 几种 VK20 镁合金挤压板材在杯突实验中的位移-载荷曲线以及实验后杯突样品和 IE 值

提高约 47%。杯突性能的提高主要是通过横向非对称挤压工艺，使挤压板材织构得到有效调整，横向非对称挤压板材的中心区域基极沿 ED 偏转角度增加，更加有利于基面滑移和孪生开启，孪晶的出现有利于协调板材厚度方向的应变；挤压板材边缘区域基极沿 ED 向 TD 方向偏转，TD 方向变形能力增加，力学各向异性改善，在杯突成形过程中，多向应变得到有效协调，板材成形性能提高。总的来说，通过横向非对称挤压模具设计，调整模具倾斜角对挤压板材的微观组织、晶粒取向、织构分布等具有显著影响，通过调控塑性变形机制，使横向非对称挤压 VK20 挤压板材具有更好的力学性能和成形性能。

4.5 三维弧形非对称挤压 AZ31 板材

前面章节的研究表明，板材厚向或横向的非对称挤压均可弱化 AZ31 镁合金挤压板材的基面织构，改善其力学性能和塑性成形能力。本节将厚向与横向的非对称结构设计相结合，设计和制备加工了三维弧形非对称挤压模具（图 4-2），并将其用于 AZ31 镁合金板材的挤压加工制备。采用均匀化热处理后的 AZ31 镁合金铸锭作为合金材料，挤压工艺参数为：锭坯加热温度、挤压模具温度、挤压筒温度均为 430℃，挤压筒内径为 80 mm，挤压板材宽 56 mm、厚 2 mm，挤压比为 50∶1，并与常用对称挤压模具进行对比。挤压所得的板材分别为 CE、3DAE Ⅰ和 3DAE Ⅱ。

4.5.1 三维弧形非对称挤压 AZ31 板材的组织与织构

图 4-32 为 CE 对称挤压、3DAE Ⅰ和 3DAE Ⅱ非对称挤压 AZ31 镁合金板材的 EBSD 分析和 IPF 图，图中不同颜色的晶粒表示晶粒取向不同。CE 对称挤压 AZ31 镁合金板材的显微组织表现出双峰晶粒结构，由粗大的未再结晶晶粒和细小的再结晶晶粒组成，再结晶晶粒的平均尺寸约为 10.3 μm。在三维弧形非对称挤压后，AZ31 镁合金挤压板材的平均晶粒尺寸分别减小到约 6.5 μm 和 7.1 μm，粗大的未动态再结晶晶粒消失，晶粒细化效果显著、微观组织更加均匀。

图 4-32（d）为三种挤压 AZ31 镁合金板材的晶界取向差分布曲线。由图可见，在热挤压过程中 AZ31 镁合金发生动态再结晶，晶界由小角度晶界转变为大角度晶界，挤压 AZ31 镁合金板材晶界取向差主要由大角度晶界构成。此外，三维弧形非对称挤压镁合金板材的晶界取向差大于 50°，所占比例较 CE 对称挤压板材更高，表明前者的镁合金板材具有更多的随机取向分布晶粒。

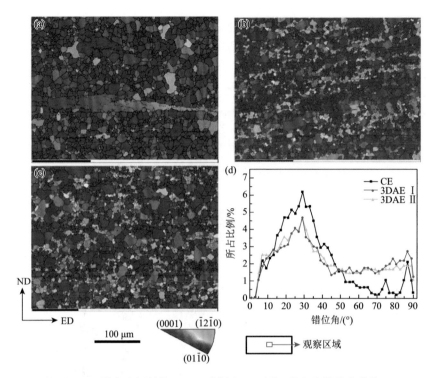

图 4-32　挤压 AZ31 镁合金板材的 EBSD 分析和 IPF 图及其取向差分布曲线：（a）CE；（b）3DAE Ⅰ；（c）3DAE Ⅱ；（d）取向差分布曲线

　　CE 对称挤压、3DAE Ⅰ和 3DAE Ⅱ三种挤压 AZ31 镁合金板材的（0002）极图及其散点图如图 4-33 所示。CE 对称挤压 AZ31 镁合金板材为典型的（0002）基面织构，大部分晶粒 c 轴平行于 ND，该织构类型为典型的挤压态镁合金板材织构。通过 3DAE Ⅰ和 3DAE Ⅱ非对称挤压工艺后，AZ31 镁合金挤压板材的织构发生明显变化，与 CE 对称挤压 AZ31 镁合金板材相比，它们的最大织构强度降低，尤其是 3DAE Ⅱ挤压 AZ31 镁合金板材的最大织构强度达到最低值，约为 9.7。3DAE Ⅰ挤压 AZ31 镁合金板材表现出弱双峰织构，沿 ED 方向被拉长。除了基面织构组分外，在 3DAE Ⅰ和 3DAE Ⅱ挤压 AZ31 镁合金板材中沿 TD 方向产生新的织构成分，尤其是 3DAE Ⅱ挤压 AZ31 镁合金板材。图 4-34 为三种挤压 AZ31 镁合金板材晶粒 c 轴偏离 ND 方向超过 25°的 IPF 图及其所占比例。在 3DAE Ⅰ和 3DAE Ⅱ挤压 AZ31 镁合金板材中，晶粒 c 轴与 ND 方向角度偏离超过 25°的晶粒明显增加，其中 3DAE Ⅱ挤压 AZ31 镁合金板材的比例达到 46%。结果表明，3DAE Ⅰ和 3DAE Ⅱ两种非对称挤压工艺可以有效弱化 AZ31 镁合金挤压板材的基面织构，并且沿板材 TD 方向产生新的织构成分，尤其是 3DAE Ⅱ工艺更为显著。

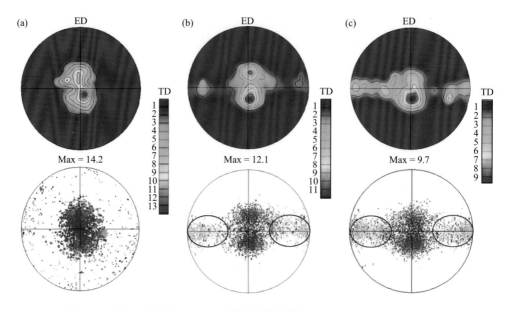

图 4-33　挤压 AZ31 镁合金板材的（0002）极图及其散点图：（a）CE；（b）3DAE Ⅰ；（c）3DAE Ⅱ

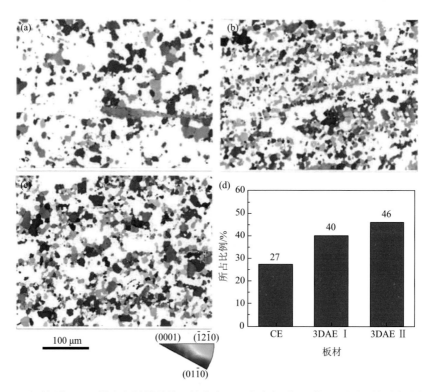

图 4-34　挤压 AZ31 镁合金板材晶粒 c 轴偏离 ND 方向超过 25°的 IPF 图及其所占比例：
（a）CE；（b）3DAE Ⅰ；（c）3DAE Ⅱ；（d）所占比例

与 CE 对称挤压工艺相比，3DAE Ⅰ 和 3DAE Ⅱ 两种非对称挤压工艺在挤压过程中的相同位置处 AZ31 镁合金表现出更有效的晶粒细化和更弱的织构，这是因为在这两种非对称挤压模具中沿 TD 方向引入了额外剪切应变，导致沿 TD 方向产生新的织构成分。因此，三维非对称挤压 AZ31 镁合金板材较 CE 对称挤压板材具有更均匀的微观组织，更小的晶粒尺寸和更弱的织构。

4.5.2　三维弧形非对称挤压过程中的组织与织构演变

如前所述，三维非对称挤压 AZ31 镁合金板材表现出均匀的微观组织和较低的织构强度，并且沿 TD 方向上产生新的织构成分，尤其是 3DAE Ⅱ AZ31 镁合金板材织构强度达到最低值。为探索三种挤压工艺在挤压过程中 AZ31 镁合金的微观组织和织构的变化，对 AZ31 镁合金在板材挤压模具成形区域附近的微观组织和织构演变进行了分析，如图 4-35～图 4-37 所示。此外，对不同区域微观组织中相对应的细小再结晶晶粒织构也进行了分析。

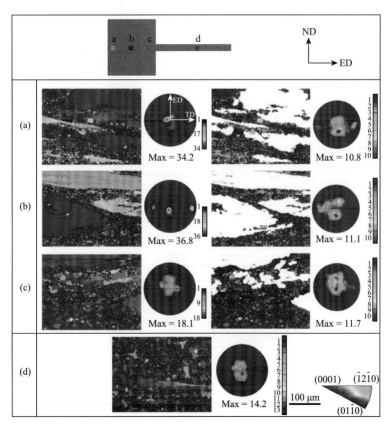

图 4-35　AZ31 镁合金在 CE 对称挤压工艺中的微观组织和织构演变：（a）距离板材成形 14 mm；（b）距离板材成形 8 mm；（c）距离板材成形 2 mm；（d）AZ31 镁合金板材

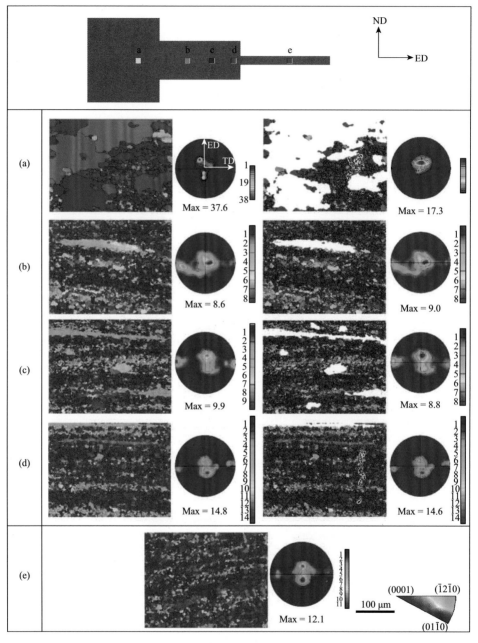

图 4-36　AZ31 镁合金在 3DAE Ⅰ挤压工艺中的微观组织和织构演变：（a）距离板材成形 3 mm；
（b）距离板材成形 14 mm；（c）距离板材成形 8 mm；（d）距离板材成形 2 mm；
（e）AZ31 镁合金板材

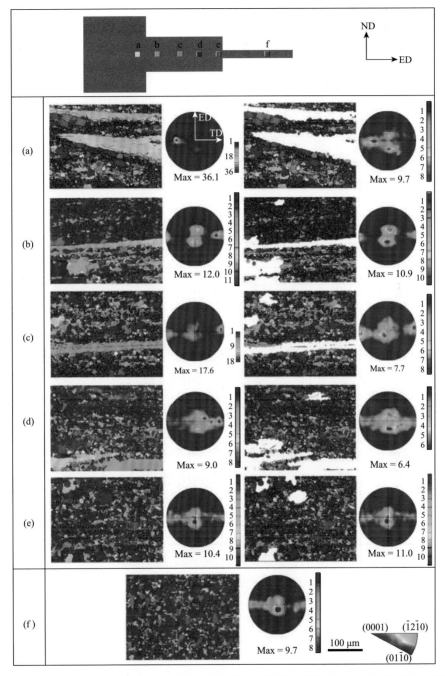

图 4-37　AZ31 镁合金在 3DAE Ⅱ挤压工艺中的微观组织和织构演变：（a）距离板材成形 33 mm；（b）距离板材成形 22 mm；（c）距离板材成形 14 mm；（d）距离板材成形 8 mm；（e）距离板材成形 2 mm；（f）AZ31 镁合金板材

AZ31 镁合金在 CE 对称挤压工艺中不同位置处,均由细小的动态再结晶晶粒和粗大未再结晶晶粒组成[图 4-35(a)~(c)]。随着 AZ31 镁合金坯料距离板材成形处的长度减小,动态再结晶晶粒所占比例增加,基极的最大强度从 36.8 下降至 18.1。AZ31 镁合金坯料的织构强度下降与未动态再结晶晶粒所占比例降低有关,因为未再结晶的晶粒通常表现出强烈的基面织构,而细小的再结晶晶粒则表现出较低的织构强度。通过对 CE 对称挤压坯料中细小再结晶晶粒的织构分析可知,在热挤压过程中,由于基面滑移系激活,细小的再结晶晶粒的最大基极强度随着 AZ31 镁合金板材成形处距离的减小而略有增加。

距离 AZ31 镁合金板材成形 33 mm 处的 3DAE Ⅰ和 3DAE Ⅱ合金坯料样品[图 4-36(a)和图 4-37(a)]主要由粗大的未动态再结晶晶粒组成,其微观组织与 CE 对称挤压合金样品中距离镁合金板材成形处 14 mm 相似[图 4-35(a)]。在 3DAE Ⅰ和 3DAE Ⅱ合金坯料样品中,位置 b[图 4-36(b)和图 4-37(b)],动态再结晶晶粒所占比例显著增加,最大基极强度快速下降。3DAE Ⅰ合金坯料从位置 b 到 c 和 3DAE Ⅱ合金坯料中从位置 b 到 d,最大基极强度随着 AZ31 镁合金到板材成形处的距离减小而减小。3DAE Ⅰ和 3DAE Ⅱ合金坯料样品中距离 AZ31 镁合金成形处 2 mm 主要由细小动态再结晶晶粒组成,从而获得均匀的微观组织,但其最大基极强度增加,尤其对于 3DAE Ⅰ合金坯料样品,最大基极强度增加幅度较大,主要是由于在挤压板材成形处的严重塑性变形导致动态再结晶晶粒发生基面滑移,晶粒 c 轴向 ND 方向偏转,最大基极强度增加。

值得注意的是,3DAE Ⅰ和 3DAE Ⅱ合金坯料样品中出现许多蓝色和绿色的细小动态再结晶晶粒,这些晶粒的 c 轴沿 ND 向 TD 方向偏转,即 3DAE Ⅰ和 3DAE Ⅱ两种非对称挤压工艺在挤压过程中引入沿 TD 方向新的织构成分。与 CE 对称挤压合金坯料样品相比,由于动态再结晶晶粒的比例增加以及沿 TD 方向产生新的织构成分,在距离挤压板材成形处的相同位置,3DAE Ⅰ和 3DAE Ⅱ合金坯料样品显示出更弱的织构强度。因此,与 CE 对称挤压 AZ31 镁合金板材相比,3DAE Ⅰ和 3DAE Ⅱ挤压 AZ31 镁合金板材能获得更细小的微观组织和弱的基面织构。此外,在距离挤压板材成形处的相同位置,3DAE Ⅱ挤压合金坯料[图 4-37(a)、(c)、(d)和(e)]的动态再结晶晶粒的基极强度,始终低于 3DAE Ⅰ合金坯料样品[图 4-36(a)~(d)]。这是因为 3DAE Ⅱ挤压模具在板材厚向和横向均存在明显的坯料流动速度差,进而产生更大的附加剪切应力,促进非基面取向晶粒的动态再结晶过程,宏观上表现为弱的基面织构。

4.5.3 三维弧形非对称挤压 AZ31 板材的拉伸力学性能与杯突特性

图 4-38 为 CE 对称挤压、3DAE Ⅰ和 3DAE Ⅱ三维非对称挤压 AZ31 镁合金

板材的室温拉伸真应力-真应变曲线，表 4-6 为对应的挤压 AZ31 镁合金板材的力学性能数据。可以看出，CE 对称挤压和 3DAE Ⅰ 非对称挤压 AZ31 镁合金板材的 ED 方向的屈服强度低于 TD 方向，尽管在 3DAE Ⅰ 非对称挤压 AZ31 镁合金板材中产生沿 TD 方向新的织构成分，但其 ED 方向织构较 TD 方向更为强烈。对于 3DAE Ⅱ 非对称挤压 AZ31 镁合金板材，其 ED 方向的屈服强度高于 TD 方向，意味着相对于 ED 织构取向，TD 方向的更为强烈。

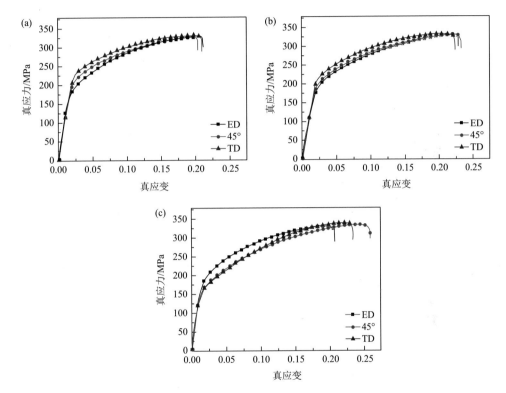

图 4-38　挤压 AZ31 镁合金板材的室温拉伸真应力-真应变曲线：（a）CE；（b）3DAE Ⅰ；（c）3DAE Ⅱ

表 4-6　CE、3DAE Ⅰ 和 3DAE Ⅱ 挤压板材沿 ED、45°和 TD 方向力学性能数据

试样		YS/MPa	EI/%	UTS/MPa	n 值	r 值	YS/UTS	Δr
CE	ED	162.3	19.2	326.9	0.26	1.71	0.50	0.35
	45°	184.6	18.5	325.5	0.21	2.11	0.57	
	TD	216.3	18.9	330.4	0.19	3.21	0.65	
3DAE Ⅰ	ED	169.1	21.1	331.0	0.26	1.64	0.51	0.16
	45°	177.1	21.5	331.4	0.24	2.14	0.53	
	TD	196.2	20.7	332.6	0.22	2.32	0.59	

试样		YS/MPa	EI/%	UTS/MPa	n 值	r 值	YS/UTS	Δr
3DAE Ⅱ	ED	172.1	21.0	329.3	0.26	1.85	0.52	0.06
	45°	148.2	24.5	332.5	0.29	1.67	0.45	
	TD	152.2	22.0	337.1	0.30	1.37	0.45	

与 CE 对称挤压 AZ31 镁合金板材相比，非对称的 3DAE Ⅰ和 3DAE Ⅱ挤压 AZ31 镁合金板材的 ED 方向屈服强度增加，45°和 TD 方向的屈服强度降低。3DAE Ⅱ挤压 AZ31 镁合金板材 45°和 TD 方向的屈服强度分别降低到 148.2 MPa 和 152.2 MPa。与 CE 对称挤压 AZ31 镁合金板材相比，3DAE Ⅱ挤压镁合金板材 TD 方向的屈服强度减少了 68.1 MPa。3DAE Ⅰ非对称挤压 AZ31 镁合金板材沿各个方向延伸率高于 CE 对称挤压 AZ31 镁合金板材。3DAE Ⅱ非对称挤压 AZ31 镁合金板材除 ED 方向外，45°和 TD 方向的延伸率进一步增加。

与 CE 对称挤压 AZ31 镁合金板材相比，3DAE Ⅰ非对称挤压 AZ31 镁合金板材沿各个拉伸方向屈服强度值呈现总体降低的趋势，延伸率增加。3DAE Ⅱ非对称挤压 AZ31 镁合金板材的屈服强度值进一步下降，延伸率明显提高。此外，3DAE Ⅱ非对称挤压板材较 CE 和 3DAE Ⅰ挤压 AZ31 镁合金板材 n 值显著提高。CE 对称挤压 AZ31 镁合金板材沿挤压方向表现出高的 r 值，并随取样方向变化而显著变化，TD 方向 r 值达到最大，为 3.21。因此，CE 对称挤压 AZ31 镁合金板材在室温下表现出强的平面各向异性。

三维非对称挤压 3DAE Ⅰ和 3DAE Ⅱ制备的 AZ31 镁合金板材的 r 值分别以不同程度下降。另外，3DAE Ⅱ挤压 AZ31 镁合金板材沿各个方向的 r 值相似，并且其具有明显低的 Δr 值，为−0.06。由此可见，3DAE Ⅱ非对称挤压 AZ31 镁合金板材在室温下表现出较弱的平面各向异性。

挤压 AZ31 镁合金板材的力学性能与微观组织和织构密切相关。3DAE Ⅰ和 3DAE Ⅱ三维非对称挤压 AZ31 镁合金板材具有更为细小的晶粒，板材 ED 方向的屈服强度较 CE 对称挤压 AZ31 镁合金板材更高。3DAE Ⅰ和 3DAE Ⅱ三维非对称挤压 AZ31 镁合金板材在 45°和 TD 方向上的屈服强度低于 CE 对称挤压 AZ31 板材，这是由于挤压板材织构发生了改变。

镁合金基面<a>滑移在室温下容易激活，因而在 AZ31 镁合金板材的室温塑性变形过程中扮演着重要的角色。图 4-39 为三种挤压 AZ31 镁合金板材沿 45°和 TD 方向拉伸过程中基面<a>滑移的 Schmid 因子分布图及其具体分布。由图可知，3DAE Ⅰ和 3DAE Ⅱ挤压 AZ31 镁合金板材沿 45°和 TD 方向拉伸时，出现更多的红色晶粒，这表明该样品具有更多较高 Schmid 因子的晶粒，特别是 3DAE Ⅱ样品。当沿 45°和 TD 方向拉伸时，CE 对称挤压 AZ31 镁合金板材的基面<a>滑移的平均

Schmid 因子值分别为 0.22 和 0.17，在 3DAE Ⅱ样品中，相应的基面<*a*>滑移的平均 Schmid 因子值则为 0.28 和 0.24。3DAE Ⅰ样品的基面<*a*>滑移的平均 Schmid 因子值在 CE 对称挤压和 3DAE Ⅱ非对称挤压样品之间。结果表明，沿板材 45°和 TD 方向拉伸时，相对于 CE 对称挤压板材，3DAE Ⅰ和 3DAE Ⅱ非对称挤压 AZ31 镁合金板材的基面滑移更易被激活。根据 Schmid 定律，屈服强度（$\sigma_{0.2}$）定义如下[15]：

$$\sigma_{0.2} = \frac{\tau_{\text{CRSS}}}{m_{\text{basal}}}$$

式中，τ_{CRSS} 为基面滑移的临界剪切应力；m_{basal} 为基面<*a*>滑移 Schmid 因子。与 CE 对称挤压 AZ31 板材相比，当沿板材 45°或 TD 方向拉伸时，由于 3DAE Ⅰ和 3DAE Ⅱ非对称挤压板材 m_{basal} 增加，因此其屈服强度降低。

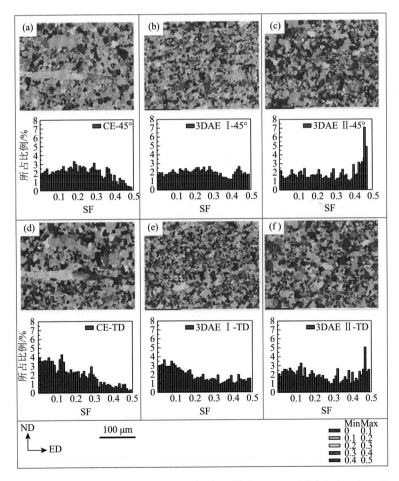

图 4-39　挤压 AZ31 镁合金板材沿 45°和 TD 基面<*a*>滑移 Schmid 因子分布：（a，d）CE-45°和 CE-TD；（b，e）3DAE Ⅰ-45°和 3DAE Ⅰ-TD；（c，f）3DAE Ⅱ-45°和 3DAE Ⅱ-TD

由于 3DAE Ⅱ 非对称挤压 AZ31 镁合金板材具有细小、均匀的微观组织和较弱的织构，表现出比其他 AZ31 镁合金板材更高的延伸率。在变形过程中，均匀细小的微观组织有利于晶界之间协调变形，晶界之间的协调能力增加；合金板材具有低的织构强度，在拉伸变形过程中基面<a>滑移容易被激活，产生大量的位错并相互作用，有利于局部硬化，板材延伸率得到提高[16, 17]。

r 值与镁合金板材织构密切相关。对于具有较强（0002）基面织构且基极没有偏转的 AZ31 镁合金板材，厚度方向应变只能通过锥面<$c+a$>滑移或{10$\bar{1}$2}孪生来协调。然而，孪生只能提供较小的应变，锥面<$c+a$>滑移在室温下具有高临界剪切应力而难以激活。因此，具有弱的倾斜织构的 3DAE Ⅱ 非对称挤压 AZ31 镁合金板材有助于在变形过程中产生基面<a>滑移以协调板材厚度方向应变，显示出低 r 值。n 值同样与 AZ31 镁合金板材的织构相关，3DAE Ⅱ 非对称挤压 AZ31 镁合金板材具有弱的倾斜的织构，表现出较高的 n 值。

CE 对称挤压、3DAE Ⅰ 和 3DAE Ⅱ 非对称挤压 AZ31 镁合金板材的杯突值和杯突样品如图 4-40 所示。CE 对称挤压 AZ31 镁合金板材的杯突值为 2.50 mm。3DAE Ⅱ 非对称挤压 AZ31 镁合金板材的杯突值为 3.46 mm，较对称挤压 AZ31 镁合金板材增加 38%。3DAE Ⅰ 非对称挤压 AZ31 镁合金板材的杯突值为 3.17 mm，介于 CE 对称挤压和 3DAE Ⅱ 非对称挤压 AZ31 镁合金板材之间。因此，3DAE Ⅱ 非对称挤压 AZ31 镁合金板材相比其他板材具有更好的二次加工性能。上述结果表明，使用三维弧形挤压工艺，特别是 3DAE Ⅱ 工艺，可以有效改善 AZ31 镁合金板材的成形性能。AZ31 镁合金板材的成形性与 r 值和 n 值密切相关[11, 12, 18]。高的 n 值可以抑制颈缩和断裂的发生，而小的 r 值意味着 AZ31 板材在双轴拉伸应力状态下易于协调厚度方向的应变。因此，由于 3DAE Ⅱ 非对称挤压 AZ31 镁合金板材具有较大的 n 值和较小的 r 值，板材拉伸成形性能明显提高。总的来说，

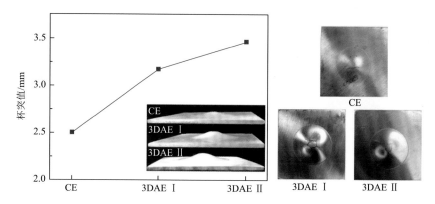

图 4-40　CE 对称挤压、3DAE Ⅰ 和 3DAE Ⅱ 非对称挤压 AZ31 镁合金板材的杯突值（IE 值）和杯突样品

三维弧形挤压工艺，尤其是 3DAE Ⅱ 非对称挤压工艺，可以有效地弱化挤压 AZ31 镁合金板材织构，且沿 TD 方向引入新的织构成分，板材屈服强度和 r 值降低，延伸率和 n 值增加，成形性能得到改善。

综上所述，通过设计新型三维弧形非对称挤压模具，优化模具结构参数，引入了额外的非对称剪切应力，沿 TD 方向产生新的织构成分，使基面织构组分得到弱化，显著提高了 AZ31 镁合金板材力学性能和成形性能。

参 考 文 献

[1]　Hadorn J P，Hantzsche K，Yi S B，et al. Role of solute in the texture modification during hot deformation of Mg-rare earth alloys[J]. Metallurgical & Materials Transactions A，2012，43（4）：1347-1362.

[2]　Guo F，Zhang D F，Wu H Y，et al. The role of Al content on deformation behavior and related texture evolution during hot rolling of Mg-Al-Zn alloys[J]. Journal of Alloys and Compounds，2017，695：396-403.

[3]　Zhu Y Z，Hou D，Li Q Z. Quasi *in-situ* EBSD analysis of twinning-detwinning and slip behaviors in textured AZ31 magnesium alloy subjected to compressive-tensile loading[J]. Journal of Magnesium and Alloys，2022，10（4）：956-964.

[4]　卢立伟. 镁合金挤压变形的组织性能与工艺研究[D]. 重庆：重庆大学，2012.

[5]　Chen L，Zhang J，Tang J X，et al. Microstructure and texture evolution during porthole die extrusion of Mg-Al-Zn alloy[J]. Journal of Materials Processing Technology，2018，259：346-352.

[6]　Li T J，Rao J S，Zheng J，et al. Anisotropic cyclic deformation behavior of an extruded Mg-3Y alloy sheet with rare earth texture[J]. Journal of Magnesium and Alloys，2022，10（6）：1581-1597.

[7]　Minárik P，Král R，Cizek J，et al. Effect of different *c/a* ratio on the microstructure and mechanical properties in magnesium alloys processed by ECAP[J]. Acta Materialia，2016，107：83-95.

[8]　Qiu W，Huang G，Li Y，et al. Microstructure and properties of Mg-Ca-Zn alloy for thermal energy storage[J]. Vacuum，2022，203：111282.

[9]　Guo F L，Feng B，Fu S W，et al. Microstructure and texture in an extruded Mg-Al-Ca-Mn flat-oval tube[J]. Journal of Magnesium and Alloys，2017，5（1）：13-19.

[10]　Wang Y N，Huang J C. The role of twinning and untwinning in yielding behavior in hot-extruded Mg-Al-Zn alloy[J]. Acta Materialia，2007，55（3）：897-905.

[11]　Li F，Zeng X，Cao G J. Investigation of microstructure characteristics of the CVCDEed AZ31 magnesium alloy[J]. Materials Science and Engineering A，2015，639：395-401.

[12]　Li F，Zeng X，Chen Q，et al. Effect of local strains on the texture and mechanical properties of AZ31 magnesium alloy produced by continuous variable cross-section direct extrusion（CVCDE）[J]. Materials & Design，2015，85：389-395.

[13]　Wang Q H，Jiang B，Liu L T，et al. Reduction per pass effect on texture traits and mechanical anisotropy of Mg-Al-Zn-Mn-Ca alloy subjected to unidirectional and cross rolling[J]. Journal of Materials Research and Technology，2020，9（5）：9607-9619.

[14]　Hao J Q，Zhang J S，Wang H X，et al. Microstructure and mechanical properties of Mg-Zn-Y-Mn magnesium alloys with different Zn/Y atomic ratio[J]. Journal of Materials Research and Technology，2022，19：1650-1657.

[15] Huang X S，Suzuki K，Watazu A，et al. Mechanical properties of Mg-Al-Zn alloy with a tilted basal texture obtained by differential speed rolling[J]. Materials Science Engineering A，2008，488（1）：214-220.

[16] Wang Q H，Song J F，Jiang B，et al. An investigation on microstructure，texture and formability of AZ31 sheet processed by asymmetric porthole die extrusion[J]. Materials Science and Engineering A，2018，720：85-97.

[17] Wang J，Zhang D X，Li Y，et al. Effect of initial orientation on the microstructure and mechanical properties of textured AZ31 Mg alloy during torsion and annealing[J]. Materials & Design，2015，86（Dec.5）：526-535.

[18] Chen H，Tang J W，Gong W W，et al. Effects of annealing treatment on the microstructure and corrosion behavior of hot rolled AZ31 Mg alloy[J]. Journal of Materials Research and Technology，2021，15：4800-4812.

第5章

镁合金挤压板材织构弱化的
预变形调控

镁合金具有密排六方结构,晶体对称性差,室温下仅密排面上(0002)<$1\bar{1}20$>基面滑移系有较低的临界剪切应力而容易被激活,但其仅包括两个独立的滑移系。其他滑移系诸如柱面<a>滑移、锥面<a>滑移及锥面<$c+a$>滑移在室温下的临界剪切应力都比较高,镁合金在室温变形时可开动的滑移系少,大大限制了其变形能力。大量研究表明,弱化变形镁合金的基面织构可以有效提升镁合金及其板材的室温塑性变形能力。

除了织构强度的弱化外,基面织构的分布特性也显著影响镁合金板材的室温塑性变形能力,尤其是多向塑性成形能力。织构强度决定了板材在变形时其厚向、变形方向及横向三个方向的变形协调能力,而织构分布则影响着板材力学性能平面各向同性的好坏。如果基面织构的分布沿 ND 轴向严重不对称,多向塑性成形过程中其力学性能各向异性必然引起平面范围多向的应变不协调性,导致板材过早失效,即使塑性变形能力好的受力方向也无法发挥出其应有的塑性变形能力。Wu 等[1]和 He 等[2]对镁合金板材室温杯突实验研究表明,杯突成形失效时出现的宏观裂纹总是与板材变形能力差的方向相互垂直。产生这种现象的根本原因是镁合金板材织构分布的不对称性。因此,除了织构强度的弱化,织构的对称性调控对改善镁合金板材塑性成形能力就显得尤为重要。近些年来,很多研究者高度关注镁合金基面织构弱化的调控,但对织构对称性较少涉及。一些织构调控工艺虽达到了基面织构弱化的目的,引入了其他织构组分,但镁合金板材的最终塑性成形性能提升效果并不明显。

第 2 章～第 4 章主要介绍了新型非对称挤压技术及其制备镁合金板材的组织演变、力学性能与成形行为，通过模具结构设计优化，直接制备出具有组织细小均匀、基面织构弱化、综合力学性能和塑性成形能力更优的镁合金挤压板材。对于传统的对称挤压镁合金板材，其基面织构很强，二次塑性成形能力差，发展改善镁合金对称挤压板材性能的改性技术具有重要意义。为此，本书作者团队针对弱基面织构、基面织构偏转、强基面织构等三种对称挤压 AZ31 板材，发展了预变形与退火处理相结合的新工艺，通过调控基面织构强度及其分布对称性，有效改善和提高了对称挤压 AZ31 板材的综合力学性能。本章选择三种不同初始织构分布类型的 AZ31 镁合金板材作为研究对象：①具有基面滑移弱取向的基面织构型 AZ31 板材；②部分基面织构偏转型 AZ31 板材；③c 轴//ND 强基面织构型 AZ31 板材。采用预拉伸和预轧制等预变形工艺，并结合合适的退火工艺，对镁合金挤压板材进行织构"弱化＋对称性"协同调控，期望织构弱化与织构对称性协同，改善镁合金挤压板材的综合力学性能、平面各向同性及多向成形能力。

5.2　弱基面织构 AZ31 挤压板材的预变形调控

5.2.1　预拉伸变形思路与方案

本节选用挤压＋轧制并经退火的 AZ31 镁合金板材，图 5-1 为该板材的金相显微组织与（0002）极图，可以看出，该板材显微组织为均匀细小的完全再结晶晶粒，平均晶粒尺寸约为 12.0 μm。同时，板材呈现出典型的基面织构，基面织构较弱，最大极密度为 7.7，且基面滑移弱取向成分较为发散和明显。

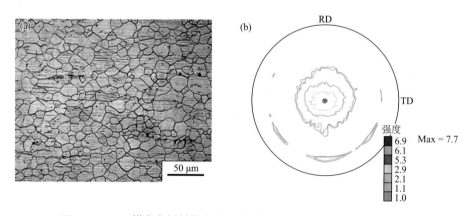

图 5-1　AZ31 镁合金板材的金相显微组织（a）和（0002）极图（b）

图 5-2（a）为实验用 AZ31 镁合金板材在室温下沿 ED、45°以及 TD 方向进行拉伸所得的真应力-真应变曲线。根据真应力-真应变曲线所对应的点数据，绘制了板材在拉伸变形过程中的加工硬化曲线［图 5-2（b）］，曲线的纵坐标 $\theta = (\sigma_2 - \sigma_1)/(\varepsilon_2 - \varepsilon_1)$，其中 σ 为板材在拉伸变形过程中的瞬时真应力；ε 为板材在拉伸变形过程中的瞬时真应变；$(\sigma_2 - \sigma_1)/(\varepsilon_2 - \varepsilon_1)$ 则反映出材料抵抗瞬时某一阶段塑性变形的能力，即材料瞬时的应变硬化能力。由此可见，加工硬化曲线能够真实地反映出 AZ31 板材在整个拉伸过程中的变形行为。可以看出，弱基面织构型 AZ31 板材的加工硬化率先迅速下降而后又趋于稳定，加工硬化率变化过程可分为两个阶段：第 I 阶段，加工硬化率迅速下降，反映出形变过程中材料的加工硬化率线性下降；第 II 阶段，加工硬化率趋于平稳，反映出材料呈现线性硬化特征。在两个阶段交接处呈现出一个拐点，即 AZ31 板材在拉伸变形过程中的应变硬化行为变异临界点。加工硬化行为发生变异往往与塑性变形机制的变异密切相关[3-5]。

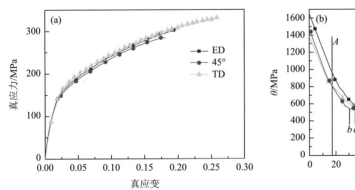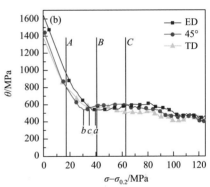

图 5-2　初始 AZ31 板材三个方向上的拉伸变形行为：（a）真应力-真应变曲线；
（b）加工硬化曲线

由图 5-2（a）可知，沿 ED、45°及 TD 方向上进行拉伸变形时，加工硬化曲线发生变异的临界点所对应的真应变分别为 3.82%、3.55% 和 3.69%。三个方向上临界点所对应的真应变差别不大的原因可能是此 AZ31 板材基面织构强度较弱且基面织构较为发散，三个方向上的塑性变形能力相对一致。因此，加工硬化率变化临界点应变可以作为预拉伸变形量设置的依据，为了实验和研究方便，选取三个应变量分别作为预拉伸应变量：①处于临界点之前的 I 阶段中 2%［图 5-2（b）中的直线 A 所示］；②处于临界点处 4%［图 5-2（b）中的直线 B 所示］；③处于临界点之后线性硬化 II 阶段 8%［图 5-2（b）中的直线 C 所示］。

实验用 AZ31 镁合金板材的规格尺寸为：长 120 mm，宽 50 mm，厚 1.2 mm。在室温下沿矩形板长度方向进行单向预拉伸变形，变形过程中拉伸速度设定为 3 mm/min。为了控制预拉伸变形量，在矩形板的两侧进行了划线标测，线内有效预拉伸面积为 60 mm×50 mm（长×宽），如图 5-3 所示，线外部分为拉伸加持部分。

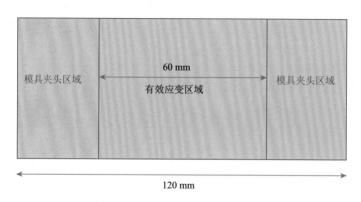

图 5-3　用于预拉伸变形的 AZ31 板材尺寸及样品加持示意图

预拉伸变形量的确定来源于此 AZ31 板材自身力学行为的反馈，通过研究其室温拉伸下的加工硬化曲线，得到了其在拉伸过程中应变硬化行为发生变异的临界点。预拉伸变形完成后，对预变形板材进行了 300℃退火 1 h 处理，以消除拉伸变形过程中的残余应力。接着，沿板材原始轧制方向（RD）、45°方向和横向（TD）三个方向截取拉伸试样，以研究预拉伸变形退火后 AZ31 板材的组织、织构和力学性能。

5.2.2　AZ31 板材预拉伸变形的孪生行为

一般来说，对于基面织构强度较弱的板材，沿 ED 方向做单向拉伸变形时，其宏观晶粒取向不利于$\{10\bar{1}2\}$拉伸孪生，但仍有少部分晶粒由于晶粒取向而易产生拉伸孪生。这种拉伸孪晶直接影响预变形过程中的织构变化，进而影响退火过程中的宏观晶粒取向调控。由图 5-2 可知，应变量 4%就是加工硬化率变化拐点，首先对 4%应变时的变形机制进行研究。图 5-4 为经 4%预拉伸变形（4% PRH）的 AZ31 板材的基面滑移 Schmid 因子分布图和孪晶图谱。由图可见，孪晶图谱以$\{10\bar{1}2\}$拉伸孪晶[图 5-4（b）中红色区域]为主，拉伸孪晶几乎都处于拥有高基面滑移 SF 的弱取向晶粒[图 5-4（a）中红色区域]，仅有少量的$\{10\bar{1}1\}$压缩孪晶[图 5-4（b）中绿色区域]，它们处于低基面滑移 SF 的硬取向晶粒[图 5-4（a）中绿色区域]。

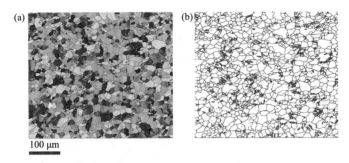

图 5-4　4% PRH 的 AZ31 板材的基面滑移 Schimid 因子分布图（a）与孪晶图谱（b）

为了进一步揭示这些基面织构弱取向晶粒在小变形预拉伸下的孪生行为，以 4% PRH AZ31 板材为对象，利用 EBSD 点分布测试技术，分析了预拉伸变形前的母晶粒与孪生之间的空间位向关系。在 4% PRH 的 AZ31 板材的 IPF 图谱中，选取了 8 个具有孪生行为的代表性晶粒作为研究对象，如图 5-5 所示。图 5-5 中的 6 个晶粒产生 $\{10\bar{1}2\}$ 拉伸孪晶、2 个产生 $\{10\bar{1}1\}$ 压缩孪晶。从 6 组发生拉伸孪晶的晶粒来看，母晶粒的 c 轴均偏离 ND 沿 ED（即拉伸方向）的角度较大，都为基面滑移弱取向。孪生在点分布图中的位置大多处于 TD 轴线附近，即都拥有近似的 c 轴∥TD 的择优取向，这与孪生新晶粒所在位置吻合。由于 $\{10\bar{1}2\}$ 拉伸孪晶与母晶粒共用 $\{10\bar{1}2\}$ 面，其与母晶粒之间呈共格关系，二者有一组（$1\bar{1}20$）面彼此平行，反映在 $\{1\bar{1}20\}$ 投影图上即为投影重合，见图 5-5 中蓝色圈所示。此外，由 T-1～T-6 晶粒 $\{10\bar{1}0\}$ 与 $\{1\bar{1}20\}$ 投影图可以清楚地看到，发生孪生的母晶粒一组（$1\bar{1}20$）投影均在 RD 轴附近，而一组（$10\bar{1}0$）的法线总是接近与 TD 相互平行，即拥有 $<10\bar{1}0>$∥TD 择优取向。这表明，具有基面滑移弱取向的板材中晶粒在前期的 $\{10\bar{1}2\}$ 孪生行为对于母基体具有一定的选择性，选择性条件为：①晶粒本身为拉伸状态下基面滑移弱取向，其 c 轴从 ND 偏离向 ED 角度较大；②母晶粒需具有 $<10\bar{1}0>$∥TD 择优取向。同时，在 4% PRH 的 AZ31 板材中也产生了少量 $\{10\bar{1}1\}$ 压缩孪晶，由 C-1 与 C-2 晶粒来看，母晶粒主要为 c 轴几乎平行于 ND 的基面滑移硬取向晶粒。

结合图 5-5 所示的孪晶点分布图，图 5-6 直观地给出了孪生及其母晶粒的 3D 取向图，并计算了已发生孪生的母晶粒（图 5-5 中的 6 个拉伸孪晶与 2 个压缩孪晶）的基面滑移 SF 因子分布图。由图可以看出，发生 $\{10\bar{1}2\}$ 拉伸孪生的母晶粒，其基面滑移 SF 都非常高，均在 0.45 以上。此外，这些母晶粒总有一对（$10\bar{1}0$）面与纸面相平行，即具有 $<10\bar{1}0>$∥TD 的取向特征。相反，压缩孪生的载体为基面滑移 SF 较小的硬取向晶粒，从 C-1 与 C-2 来看，并未有柱面择优或其他特殊取向要求。

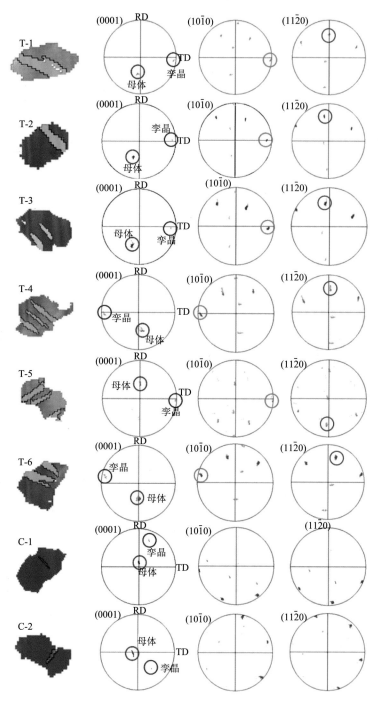

图 5-5 具有基面滑移弱取向的 AZ31 板材在拉伸变形过程中代表性晶粒的孪生行为

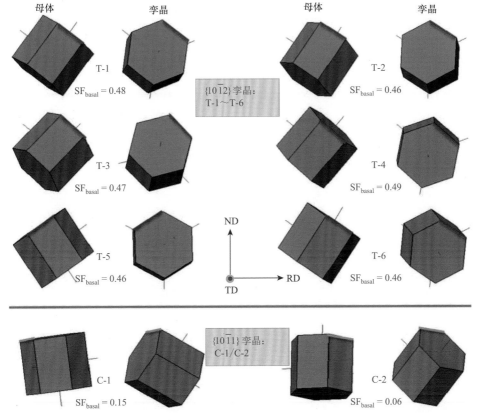

图 5-6　4% PRH 的 AZ31 板材拉伸孪生与压缩孪生的 3D 取向图及孪生母体的基面滑移 Schmid 因子

对于镁合金的塑性变形而言，形变过程中对于塑性变形的选择始终遵循最小切变原则。根据应力判据，由于基面滑移临界剪切应力最小，一般认为弱基面织构板材在前期的变形应以基面滑移 SF 较大的弱取向晶粒来承担，主要变形机制为基面滑移。而在小变形量下的预拉伸过程中，基面滑移弱取向晶粒除了基面滑移外，也发生孪生。尽管孪生分数的比例不是很高，但它是形变前期贡献应变的一种主要手段。

通常，孪生的出现与多晶体变形时在晶粒之间的复杂局部应力应变密切相关，这些局部应力应变状态可能有利于相邻晶粒发生孪生，因此，单从取向与宏观力轴的相对关系来看，孪晶的发生有可能偏离 SF 判据[3, 4]。而此处小应变条件下的拉伸孪生对于母晶粒的选择规律，用微观的局部应力应变状态并不能很系统地去解释。因此，作者团队从宏观尺度上对多晶体镁合金板材在单向拉伸时的应力状态做出假设和优化，如图 5-7 所示。镁合金板材在进行室温单向拉伸时，沿拉伸方向会变长，而根据体积不变原则，板材会沿宽度方向变窄，且沿厚度方向上变薄，这与实验前后板材宏观尺寸上的变化吻合。因此，假设板材在拉伸过程中会衍生出沿板材宽向的压缩应力 P_{TD} 以及沿板材厚向的压缩应力 P_{ND}。显然，对于拥有基面织构的单个晶胞而言，压缩应力 P_{TD} 与拉伸方向弱取向晶粒（即 c 轴由 ND 向 ED 偏离较大的晶粒）的 c 轴几乎垂直，从应力判据上来讲，此压缩应力有利于导致晶粒发生 $\{10\bar{1}2\}$ 拉伸孪生。而压缩应力 P_{ND} 则有沿晶胞 c 轴的压缩应力分量，显然不利于 $\{10\bar{1}2\}$ 拉伸孪生。

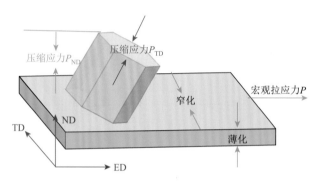

图 5-7　镁合金板材在单向拉伸时的力学模型示意图

根据以上假设，当在单向拉伸时对某些晶胞加载上述两组压缩应力，晶体本身会反映出不同的变形机制选择，如图 5-8 所示。①号晶粒为板材在进行 ED 拉伸时同时具有高基面滑移 SF 以及 $<10\bar{1}0>/\!/TD$ 的弱取向晶粒，由优化的应力状态来看，宽向衍生的压缩应力 P_{TD} 恰好正对着晶胞的一对潜在 $\{10\bar{1}2\}$ 孪生面，而且由于晶胞 c 轴偏离 ND 向 ED 角度较大，沿板材厚向的压缩应力 P_{ND} 分解至晶胞 c 轴上的压缩分量并不大，最终宽向应力会导致 c 轴扩展，从而导致产生 $\{10\bar{1}2\}$ 拉伸孪生，拉伸孪生面应为宽向压缩应力 P_{TD} 正对的孪生面，孪晶的 c 轴几乎与 TD 相互平行。由图可见，这类母晶粒由于 c 轴向 ED 偏转较大，孪生出的晶粒其 $(1\bar{1}20)$ 面近似平行于板面（见①号晶粒孪生图示），因此在 EBSD 图谱上多表现为绿色，这与先前预变形板材的 IPF 图示结果吻合。此外，当母晶粒拥有基面滑移弱取向特征，而其 $<10\bar{1}0>$ 相对 TD 有所偏离时，最极端情况为②号晶粒所示，此时由于潜在孪生面不再正对压缩应力 P_{TD}，应力分解后作用在孪生面上引起 c 轴扩张的应力分量将大大减小，显然这会影响 $\{10\bar{1}2\}$ 孪生的产生，因此孪晶 c 轴偏离 TD 轴 30° 的情况几乎没有。而在 IPF 图中，一些孪晶的 c 轴仍然会偏离 TD 轴，如 T-6 晶粒，但其偏离的角度不会太大，大多数的孪生母晶粒的取向都处于①号晶粒与②号晶粒之间。另外除了晶胞 c 轴沿 ND 偏向 ED 较大角度外，其还明显向 TD 有所偏转，如③号晶粒并不太容易发生孪生，这是因为宽向

压缩应力 P_{TD} 在潜在孪生面上的应力分量会大大减小。显然，随着晶粒 c 轴向 RD 偏转角度减小（④⑤号晶粒），产生拉伸孪生的可能也渐小，这是因为由厚向压缩应力 P_{ND} 提供的应力分量变大，导致晶粒 c 轴受到明显压缩，此时不再利于拉伸孪生的开启。

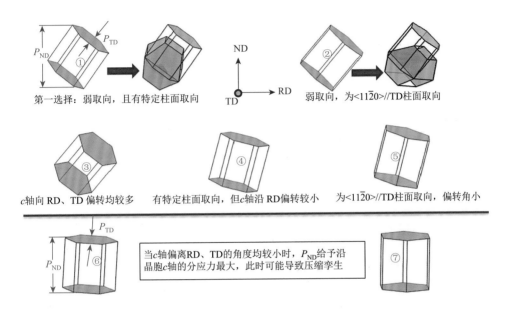

图 5-8　不同取向晶粒在附加两组特定压缩应力后的变形行为

当然，对于 c 轴近乎平行于 ND 的强基面取向晶粒来讲（如⑥⑦号晶粒），压缩应力引起的 c 轴压缩可能占主导作用，此时可能引起压缩孪生，从图 5-5 中的 C-1 与 C-2 晶粒的取向特点来看，也能证实这一点。然而由于压缩孪生所需的临界剪切应力非常大，在前期的变形里，厚向压缩应力还不是很大，因此压缩孪生的体积分数并不显著。

结合以上叙述，由于 {10$\bar{1}$2} 拉伸孪生能够有效提供沿 c 轴方向上的应变，图 5-2（b）中的拉伸变形 I 阶段大量弱取向晶粒的孪生行为使得塑性变形相对容易，加之根据 SF 因子分析结果，部分弱取向晶粒的基面滑移也参与其中，弱取向晶粒的基面滑移也能提供部分厚向应变，多种塑性变形机制的参与使得板材在 I 阶段拉伸变形下的应变协调性好。而由于孪生对于母晶粒的选择要求严格，当应变接近 I 阶段末期，利于发生孪生的母晶粒逐渐被消耗，孪生提供的厚向应变开始大大减少，弱取向晶粒通过基面滑移带来的厚向应变能力有限，此时厚向压缩应力不能得到及时释放而会逐渐增加，导致板材加工硬化率的下降受到阻碍。

5.2.3 预拉伸 AZ31 板材的组织与织构演变

AZ31 板材在经过室温预拉伸变形后，无论触发位错滑移还是孪生变形，势必引起部分晶粒的旋转，造成晶粒取向发生变化，从而引起板材织构的改变。为了研究各阶段预变形量与板材内部组织和取向演变的关系，对不同预变形量的 AZ31 板材进行 EBSD 分析（其中 2%、4%和 8%预变形未退火试样分别命名为 2% PRH、4% PRH 和 8% PRH），如图 5-9 所示，包括 IPF 图谱和孪晶图谱。从 IPF 图谱和孪晶分析图谱可知，具有基面滑移弱取向的 AZ31 板材在前期较小的拉伸量下就开始产生孪生变形，并且主要的孪生模式为拉伸孪生，当预拉伸变形量为处于 I 阶段的 2%时，已有显著的孪晶出现，此时拉伸孪生的体积分数约为 2.92%。随着预拉伸量增加到 4%，拉伸孪生的体积分数显著增加，对比 2% PRH 试样，4% PRH 试样不但更多的母晶粒发生了孪生变形，而且一个晶粒内部也出现了多个孪晶，或者孪晶片变得更厚，此时拉伸孪晶的体积分数达到了 8.23%。

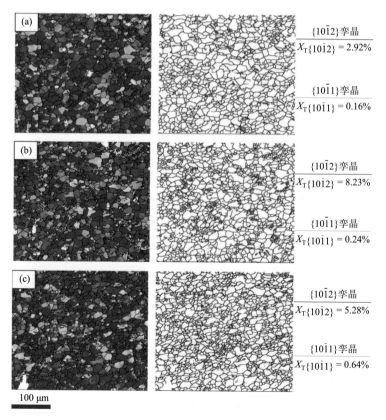

图 5-9 不同预拉伸变形量下 AZ31 板材 EBSD 分析：（a）2% PRH；（b）4% PRH；（c）8% PRH

　　然而，随着预拉伸变形量迈过加工硬化曲线变异临界点所对应的应变，拉伸孪晶的数目并没有继续增加，反而有所下降，至 8% PRH 时，仅有 5.28%，这可能是未释放的厚向压缩应力 P_{TD} 导致原孪生母晶粒的 c 轴受压严重，从而发生了一定程度的退孪生行为。在 2%～8% 的拉伸变形过程中虽然 EBSD 检测到的 $\{10\overline{1}1\}$ 压缩孪晶体积分数一直较少，但其在 4% 变形量后增加显著，由 0.24% 上升到了 0.64%，8% PRH 试样中压缩孪晶体积分数的显著增加也应与厚向压缩应力的增加有关。可见，孪生变形的活跃程度和孪生模式的选择与加工硬化曲线变异临界点有密切的联系。

　　从 AZ31 板材初始织构（图 5-1）来看，对其沿 ED 方向上进行单向拉伸时，晶粒取向并不利于 $\{10\overline{1}2\}$ 拉伸孪生的产生，因为大部分晶粒的 c 轴都偏离拉伸力轴较多。反之，由于板材基面织构强度较弱，且平面拉伸时基面滑移弱取向明显，材料在前期的单轴拉伸应变下应以基面滑移为主，并不利于发生拉伸孪生。然而，少量的拉伸孪生在前期对于塑性变形的贡献较为明显。结合 IPF 图中孪晶的取向与预拉伸变形未退火试样的 EBSD 点取向分布图 5-10 可以发现，在板材沿 ED 方向拉伸后，由基面织构取向的晶粒衍生出的 $\{10\overline{1}2\}$ 拉伸孪晶的取向都散落在 TD 轴附近，形成了明显的 c 轴 // TD 择优取向。图 5-10 也表明孪晶分布的数量密度也是在 4% PRH 试样内部达到最高，与之前的 $\{10\overline{1}2\}$ 孪生体积分数统计规律较为一致。另外，在 2% 的小变形下，基面织构还相对保持散漫［由图 5-10（a）看出各取向之间还存在明显取向空缺］，而随着变形的增加，取向分布更为集中，强基面取向晶粒密度增加，沿 ED 倾转的弱取向逐渐减少，倾转角度也逐渐变小，说明板材在进行 ED 方向单向拉伸时，基面滑移 Schmid 因子较大的弱取向晶粒发生了明显的基面滑移，其在前期的塑性变形中也起到了明显的作用。

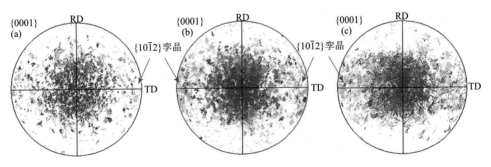

图 5-10　不同预拉伸变形 AZ31 板材晶粒取向分布：（a）2% PRH；（b）4% PRH；（c）8% PRH

　　为了进一步研究孪生变形与基面滑移在各个阶段的贡献，图 5-11 给出了 AZ31 板材在经历三个不同预拉伸变形量后的基面滑移 SF 分布图。由于镁合金塑性变形过程中形变晶粒的选择与形变模式的开启始终遵循最小切变原则，对于此弱基面织构型 AZ31 板材而言，大量的基面滑移弱取向晶粒应为其优先选择的形变晶粒。因此，图 5-11 中三个变形后板材的基面滑移 SF 较小的取向成分并未发生明显的变化，而基面滑移软取向晶粒的成分则发生了一些变化，特别是从 4%变形到 8%变形的过程中，较大基面滑移 SF 的弱取向晶粒被消耗明显。结合表 5-1 中的 SF 因子统计值可以直观地得出相应结果，从 2%到 4%拉伸变形，SF>0.4 的弱取向晶粒体积分数由 22.2%降到 19.6%，降幅仅为 2.6%，结合孪晶体积分数的演变可以看出从 2%到 4%的变形 I 阶段孪生变形更为活跃，伴随一定程度的基面滑移。由于孪生变形与基面滑移各自提供的应变未能算出，因此变形 I 阶段中二者对于形变的贡献还比较难确定。而超过临界点 4%后的形变过程中，由之前 EBSD 的分析可知孪晶体积分数不再增加，孪生机制受限，基面滑移应是此阶段最主要的变形方式。由表 5-1 可知，SF>0.40 的弱取向晶粒体积分数急剧降至 10.8%，也充分证实了此阶段应以基面滑移为主，大量的基面滑移使得板材中的弱取向迅速消耗。

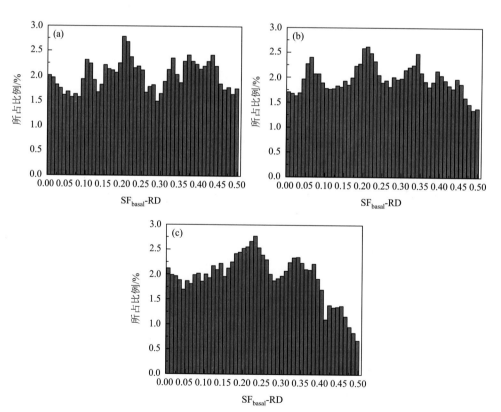

图 5-11   不同预拉伸变形量 AZ31 板材基面滑移 SF 分布：（a）2% PRH；（b）4% PRH；
（c）8% PRH

表 5-1　不同预拉伸变形量下 AZ31 基面滑移 Schmid 因子分布

基面滑移的 SF	2% PRH	4% PRH	8% PRH
SF>0.40	22.2%	19.6%	10.8%
SF<0.25	52.5%	53.4%	57.1%

从上述分析可见，预变形对于镁合金板材的主要作用在于引入特定晶粒取向、位错等，不仅为后续退火处理做准备，更重要的是引入的特定晶粒取向以及位错能够积极影响退火过程中晶粒生长方向，从而达到调控板材织构的目的。图 5-12 为原始 AZ31 板材与三个不同预变形量的 AZ31 板材在 300℃退火 1 h 后的组织演变。将三个变形退火态的 AZ31 板材依次命名为 2% PHA、4% PHA 与 8% PHA。2% PHA 的晶粒尺寸非常大，平均晶粒尺寸达到 58 μm，且晶粒尺寸大小分布极为不均，表现为许多与原始板材晶粒大小相近的晶粒嵌入粗大的再结晶晶粒之中。

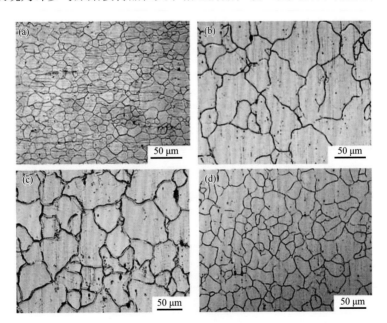

图 5-12　AZ31 板材预拉伸变形后经 300℃退火 1 h 的显微组织：（a）原始板材；（b）2% PHA；（c）4% PHA；（d）8% PHA

由于 2%的冷变形程度很小，此时可能处于材料的临界变形度范围内，在此应变范围进行退火时晶粒长大的速度 G 与形核率 N 之间的比值非常大，因此得到较为粗大的再结晶晶粒。同时由于变形程度小，塑性变形选择的晶粒各自承受的形变尺度相差较大，而 G/N 值在这一变形量范围又非常敏感，因此在后续退火时存储能的差异导致了晶粒尺寸相差较大。随着预拉伸变形量达到 4%，退火后晶粒尺寸相对均匀，平均尺寸下降为 35 μm，可以看出 4%变形量已经迈过材料的临界变形度范围，存储能的增加使得后续再结晶晶粒得到了细化。当预拉伸变形量达到 8%时，晶粒尺寸进一步细化至约 25 μm。可见，不同预拉伸变形量对于显微组织的影响非常大。

图 5-13 为原始 AZ31 板材与三个不同预变形量的 AZ31 板材在 300℃退火 1 h 的 EBSD 图谱（IPF）和（0002）宏观极图分析。从 EBSD 图中能够直观地看出，AZ31 板材经预拉伸变形退火后的组织演变规律与金相显微组织演变规律基本一致。

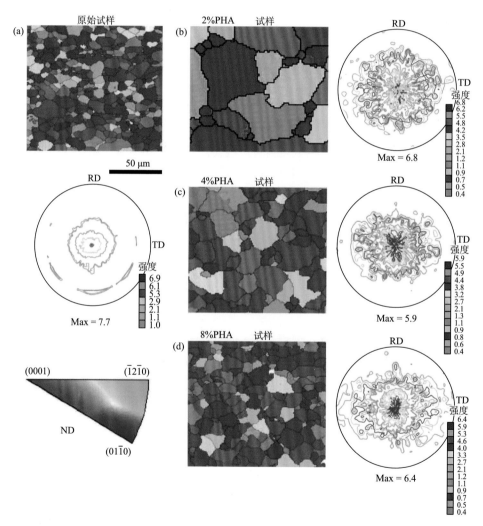

图 5-13　不同预变形退火 AZ31 板材的 EBSD 图谱和（0002）宏观极图分析：（a）原始试样；（b）2% PHA；（c）4% PHA；（d）8% PHA

结合宏观 XRD 织构图可以看到，AZ31 板材在经过预变形退火后的基面织构强度发生了进一步的弱化，并且在 4% PHA 工艺下 AZ31 板材的织构弱化效果最好，织构强度由原始的 7.7 降至 5.9。除织构强度降低外，4% PHA 试样的最大极密度向四周散射，较原始板材织构呈现更加发散的状态，同时基面滑移弱取向晶粒成分依然明显。同样，2% PHA 试样与 8% PHA 试样最大极密度处均有此分布特点，但 4% PHA 试样最大极密度处散漫程度最为明显。基面织构强度的降低与最大极密度的散漫分布势必对于后续板材的力学性能有积极的影响。

综上所述，具有基面滑移弱取向的镁合金板材在前期 I 阶段拉伸变形中产生的孪晶的 c 轴主要偏向 TD 方向，而其母晶粒则为 c 轴偏向 ED 方向的弱取向晶粒，这使得一个晶粒内部就产生了沿 ED 与 TD 两个方向上的取向梯度。由于预拉伸变形时引入的孪晶界、基面滑移产生的位错均可以充当后续退火时的再结晶优先形核位置，且有大量研究发现，由孪晶与位错为核心的新晶粒大多具有取向继承性，因此 PRH 试样在退火时新晶粒的生长方向会受到沿 TD 方向孪生取向的诱导以及沿 ED 方向弱取向晶粒取向的诱导，在多样化的取向梯度的诱导下，新晶粒的生长方向更为随机，基面滑移硬取向型的晶粒数目相对减少，同时这也是预拉伸板材退火后最大极密度位置较为发散的原因。加工硬化曲线变异临界点所对应应变的预拉伸引入了最多的拉伸孪晶，退火时对板材的晶粒取向随机化的积极影响也最为显著。

5.2.4　预拉伸后镁合金板材的拉伸力学性能与杯突特性

表 5-2 为经不同预拉伸变形退火后的 AZ31 板材的力学性能数据，将平面拉伸沿 ED、45°以及 TD 三个方向上的性能数据作为综合分析的依据。可以看出，经预拉伸退火处理的 PHA 的 AZ31 板材的屈服强度都有所下降，这主要是由于 PHA 板材通过预变形退火处理后形成了更低的基面织构强度以及更大的晶粒尺寸。其中，4% PHA 板材除了屈服强度较原始板材有效降低外，屈服强度各向异性也得到了有效的改善。这主要得益于基面织构弱化以及最大极密度的发散，使得平面各个方向基面滑移的 SF 增加并且更为均衡。4% PHA 试样的 ED、45°方向上的延伸率有了明显的提升，这可能得益于 r 值的有效降低。r 值能够反映出镁合金板材在拉伸变形过程中宽度方向与厚度方向应变协调的能力。原始板材沿 ED 方向拉伸时 r 值较大，这导致形变过程中宽向与厚向应变协调性差，致使板材过早断裂，使其呈现出较差的延伸率。对于大部分镁合金而言，r 值的大小与内部晶粒取向息息相关，4% PHA 试样拥有最低的基面织构强度，且最大极密度呈发散特征，基面滑移弱取向晶粒较多，变形过程中基面滑移所能提供的厚向应变较原始板材更为充分，因此应变协调性更好，材料表现出较好的拉伸延伸率。

图 5-14 统计对比了原始板材与预拉伸退火板材在室温下杯突成形能力，可以看出原始热轧退火态板材室温杯突值表现良好，IE 值达到 4.2 mm，这得益于板材

本身较低的基面织构强度。而经过预拉伸退火后的试样，杯突成形值都有所提升，特别是 4% PHA 试样，其杯突值增加至 5.8 mm，相较原始板材提升了约 40%。4% PHA 试样杯突值的提升主要得益于织构与显微组织的双重调控。杯突成形主要是基于拉伸变形下的多向变形，成形过程中失效多由镁合金厚向应变能力差，以及拉伸方向与厚向应变的不协调性造成。4% PHA 试样拥有最低的基面织构强度，且最大极密度处沿 ND 中心最为发散，这使得试样在拉伸变形过程中沿各个方向弱取向体积分数更多，更有利于基面滑移。对于滑移弱取向晶粒而言，其也能贡献沿板厚方向上的应变。4% PHA 试样由于织构弱化以及最大极密度的发散，其沿各个方向上存在更多的弱取向，这对杯突成形是有利的。

表 5-2　不同预拉伸变形量下退火态试样沿 ED、45°以及 TD 方向拉伸的屈服强度、抗拉强度、延伸率以及 r 值

力学性能	夹角	原始板材	2%PHA	4%PHA	8%PHA
	ED	142.7	118.8	127.5	140.2
YS/MPa	45°	161.8	131.8	124.9	131.5
	TD	166.0	126.6	129.0	130.9
	ED	297.6	305.9	328.1	325.5
UTS/MPa	45°	297.8	297.3	295.3	296.4
	TD	334.1	287.1	301.1	289.0
	ED	17.6	25.9	26.9	25.9
E_u/%	45°	16.5	22.0	24.5	23.5
	TD	26.0	21.6	25.0	20.5
	ED	2.13	1.81	1.11	1.58
r 值	45°	1.82	1.71	1.30	1.52
	TD	1.34	1.25	1.19	1.37

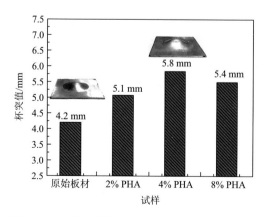

图 5-14　原始 AZ31 板材与预拉伸退火态的 AZ31 板材室温下的杯突值

由预变形退火工艺带来的显微组织的变化同样是影响板材成形性能的另一重要因素。由上述结果可知，4% PHA 试样平均晶粒尺寸约为 35 μm，差不多为原始板材平均晶粒尺寸的 3 倍。限制基面织构型镁合金板材室温成形性能最大的因素就在于基于强基面织构的基面<a>滑移与柱面<a>滑移在多向拉伸中无法提供充足的厚向应变，导致材料成形过早失效。而 $\{10\bar{1}2\}$ 拉伸孪生由于其能使母体晶格发生近 90°的旋转，孪生变形往往可以为板厚方向上提供应变贡献，同时通过孪生倾转的孪晶可能又成为位错滑移的软取向，从而能进一步贡献应变，缓解厚向应变不足带来的应力集中，避免板材过早失效。对于拉伸孪生而言，其临界剪切应力对于晶粒尺寸相比滑移机制更为敏感，其随着晶粒尺寸的增加而减小，因此基于孪生变形，晶粒尺寸的合理增大对板材的成形性是有积极作用的。

图 5-15 为原始 AZ31 板材与 4% PHA 试样分别在拉伸至 10%以及断口附近的金相显微组织，可以看出 4% PHA 试样在两个应变阶段均具有比原始板材更大的孪晶体积分数。由于更多的孪生能够更好地协调厚向应变，因此也促使 4% PHA 试样的 r 值显著减小，这对于基于多向拉伸形变模式下的杯突成形尤其有利。此外，在拉伸至将断裂的后期，应力水平较高且应力状态变得复杂，更粗大的晶粒可能也易于产生 $\{10\bar{1}1\}$ 压缩孪晶[5, 6]。Chino 等[7]认为在多轴形变模式下 $\{10\bar{1}1\}$ 压缩孪晶的产生能够引起晶胞倾转，也可能使得基体倾向于基面<a>滑移软取向，从而有效贡献厚向应变，提升板材室温成形性。因此，通过预拉伸变形及退火的4% PHA 板材显著改善的室温成形性，不仅与织构弱化有关，还与晶粒尺寸的增大有一定关系。当然，晶粒尺寸也不能过分粗化，过于粗大的晶粒尺寸在变形过程中也越容易引起应力集中，反而不利于板材的综合力学性能。

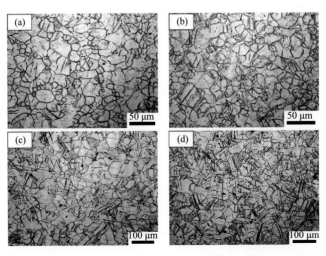

图 5-15　原始 AZ31 板材与 4% PHA 试样分别在拉伸至 10%以及断口附近的金相显微组织：
（a）原始板材拉伸至 10%；（b）原始板材；（c）4% PHA 试样拉伸至 10%；（d）4% PHA 板材

5.3　基面极轴偏转 AZ31 挤压板材的预变形调控

5.3.1　预拉伸变形思路与方案

　　一些变形镁合金板材除了具有典型的强基面织构外，还存在部分基面织构完全偏向某一方向（如挤压方向/轧制方向、板材横向）的织构成分，从而形成部分基面织构全偏型＋典型基面织构的混合型织构。通过对大量板材微观结构的认知统计以及相关文献查阅，此类型织构多见于宽幅挤压 AZ 系镁合金板材（宽幅＞150 mm）[8]，如加入含 Ce 等稀土元素的挤压或轧制镁合金板材[9]和 Li 元素的挤压轧制板材[10]等。研究发现，宽幅 AZ31 镁合金板材由于存在部分基面织构沿板材横向偏转，往往导致其力学性能平面各向异性非常强烈，严重制约了宽幅板材的应用。而在工业应用中，板材的宽度显得尤为重要，近些年来，对镁合金宽板的挤压工艺以及轧制工艺的探索层出不穷，板材的规格也在随之变大，但宽幅板材的力学性能各向异性仍然是需要解决的难题。此外，稀土元素作为改善镁合金组织和织构的重要途径，也时常被添加到镁合金中通过其细化晶粒或者弱化织构的作用来优化镁合金板材的力学性能。稀土元素的添加也可能在镁合金板材中引入一些偏转型的织构成分（可能由于板材热成形中非基面滑移引入的织构成分），导致板材的织构呈现不对称性分布，致使镁合金板材力学性能各向异性明显，综合力学性能及成形性能的改善并不能令人满意。为此，本书作者团队深入研究了部分基面织构偏转型的混合型织构板材在拉伸变形以及轧制变形过程中的组织及力学行为演变特点，提出了针对此类织构板材的织构调控方法，对此类板材下一阶段加工成形有一定的指导性。

　　图 5-16 为基面极轴偏转的 AZ31 板材的金相显微组织与宏观织构。由图可见，AZ31 板材的显微组织由完全再结晶晶粒组成，晶粒尺寸略显不均，平均晶粒尺寸约为 42 μm。该 AZ31 板材具有典型的强基面织构，最大极密度达到 26.1，同时

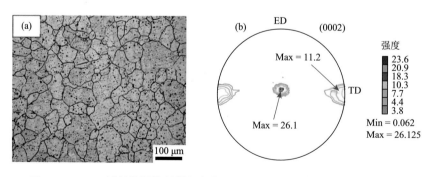

图 5-16　AZ31 板材的原始显微组织与 ED-TD 面上（0002）基面织构极图

还有一个较弱的偏转型织构成分，且最大极密度为 11.2。这表明该 AZ31 板材中除了大部分晶粒取向为 c 轴平行于板面法向外，还有相当部分晶粒的 c 轴近乎平行于板材横向。这种沿（0002）面上分布的混合型织构将对 AZ31 镁合金板材的进一步塑性加工变形产生重要影响。

图 5-17 为此混合型织构 AZ31 板材沿 ED、45°和 TD 三个方向的拉伸真应力-真应变曲线和对应的加工硬化率曲线，表 5-3 为对应的力学性能数据。可以看出，三条力学性能曲线的形状、趋势差异性非常大，说明板材沿不同角度上力学性能各向异性非常明显。结合表 5-3 中的数据可知，板材沿三个方向上的拉伸屈服强度差异非常大，沿 ED 拉伸的屈服强度达到 188.9 MPa，沿 TD 拉伸时仅有 63.0 MPa，二者差异达到 125.9 MPa。根据宏观极图分析可知，沿 ED 拉伸时，无论是强基面织构成分还是 c 轴∥TD 织构成分均不利于基面滑移，塑性变形机制应以柱面$<a>$滑移为主，由于基面滑移 Schmid 因子非常低，而柱面滑移临界剪切应力大得多，导致沿 ED 拉伸屈服强度非常高。同时，柱面$<a>$滑移无法协调沿晶胞 c 轴方向上的应变，板材厚向应变能力非常有限，因此沿 ED 拉伸时 r 值非常大，达到了 2.95，这种强基面织构带来的高 r 值意味着宽向与厚向应变协调性非常差，导致板材在拉伸变形中过早失效，体现出较低的拉伸延伸率，仅为 14.4%。沿 TD 拉伸时，虽然 c 轴∥ND 的强基面织构成分以及 c 轴∥TD 织构成分均不利于基面滑移，但此时 c 轴∥TD 的织构成分其晶粒的 c 轴几乎都平行于拉伸方向，非常利于$\{10\bar{1}2\}$拉伸孪生，并且孪生 SF 非常大。由于$\{10\bar{1}2\}$拉伸孪生的临界剪切应力也比较低，因此 TD 方向上的拉伸屈服强度低。此时$\{10\bar{1}2\}$拉伸孪生可以有效协调厚向应变，因此得到较小的 r 值以及较大的拉伸延伸率，然而仅为 0.33 的 r 值又体现出板材沿 TD 拉伸时宽向应变能力的不足，暴露出 TD-ND 两向应变协调性不好的缺点。总之，45°以及 TD 方向上的低强度难免会影响材料整体的承载能力，此外，还有 ED 方向较差的延伸率，变形时 ED-ND 以及 TD-ND 之间的应变不协调也会严重影响材料的性能，不同方向上力学性能的巨大差异不利于板材的后续塑性加工。

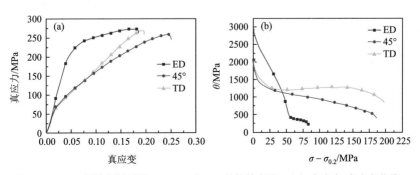

图 5-17　AZ31 原始态板材沿 ED、45°和 TD 的拉伸变形：（a）真应力-真应变曲线；（b）加工硬化曲线

表 5-3　AZ31 原始板材沿 ED、45°和 TD 拉伸时的力学性能

力学性能	ED	45°	TD
YS/MPa	188.9	72.9	63.0
$\Delta YS_{max}/(YS_{max} - YS_{min})$/MPa		125.9	
UTS/MPa	273.6	260.1	268.9
UTS$_{avg}$/MPa		267.5	
EL/%	14.4	22.8	17.7
YS/UTS	0.69	0.28	0.23
n 值	0.13	0.56	0.67
r 值	2.95	1.27	0.33
$\Delta r_{max}(r_{max} - r_{min})$		2.62	

通过真应力-真应变的数值，得出了图 5-17（b）中沿 ED、45°以及 TD 三个方向的加工硬化曲线。可以看出，除了力学性能相关数值差别较大外，板材沿不同方向的加工硬化行为也相差较大。材料加工硬化行为的差异在本质上是由塑性变形机制的差异引起的[11]。当沿 ED 拉伸时，材料在刚刚进入宏观屈服时，加工硬化率较高，随即一直下降至变形中后期放缓，这种类型的加工硬化行为多由单滑移引起，由于沿 ED 拉伸时为柱面滑移主导塑性变形，到了中后期柱面<a>位错发生了交滑移，大量异号位错相互抵消，故而加工硬化放缓。而对于沿 TD 拉伸的试样来说，在整个塑性变形过程中加工硬化率始终保持在较高水平，这主要是发生了大量拉伸孪生所致。随着孪晶体积的增加，孪晶界能够显著阻碍位错的滑移，从而明显放缓加工硬化率曲线下降的趋势，甚至提高加工硬化率[12, 13]。因此，从板材的加工硬化行为来看，其平面各向异性非常显著。板材如果存在明显的加工硬化各向异性，那么会严重影响多向成形时平面变形协调能力，尤其是对于冲压、杯突这种多向成形工艺[14]。由此可见，除了之前提到的力学性能低下等缺点外，板材加工硬化能力的不对称性也是限制板材进一步加工成形的问题。加工硬化率变化曲线的拐点应变在 5.0%～6.0%之间，该应变量作为后续预变形量的参考值。

5.3.2　预拉伸变形退火 AZ31 板材的晶粒取向与织构演变

1. 预拉伸变形过程

沿上述 AZ31 板材 ED、45°以及 TD 方向分别切割成 120 mm×50 mm 的矩形试样作为预拉伸试样，分别对这些矩形板沿其长度方向进行 6%的预拉伸形变，即为沿原始板材 ED、45°以及 TD 方向分别做了 6%的预拉伸应变。将板材沿 ED、45°以及 TD 三个方向分别预拉伸 6%的三种预变形试样命名为 ED-6%PRH、45°-6%PRH 以及 TD-6%PRH，其金相显微组织如图 5-18 所示。由图可以看出，

板材预变形后的孪生体积分数随着拉伸力与 ED 之间夹角的增大而显著增大，在对 TD 试样进行拉伸时引入了最大体积分数的孪晶，而沿 ED 试样拉伸后的显微组织中孪生变形组织并不明显。

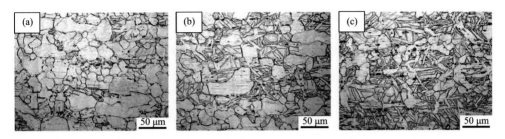

图 5-18　AZ31 板材预拉伸 6%的金相显微组织：（a）ED；（b）45°；（c）TD

同时，为了直观地显示混合型织构 AZ31 板材在变形过程中的取向演变规律，图 5-19 给出了 AZ31 板材沿 ED、45°以及 TD 方向分别预拉伸 6%的 EBSD 分析。由图可见，随着拉伸力轴与板材 ED 方向夹角逐渐增大，孪生数量增多，与金相组织变化规律一致。由原始 AZ31 板材的 IPF 图以及图谱标尺可知，c 轴∥TD 取向的晶粒（多呈蓝色）还具有一定的<$10\bar{1}0$>∥ND 柱面择优取向。沿 ED 拉伸 6%，只产生了少量{$10\bar{1}2$}拉伸孪晶和{$10\bar{1}1$}压缩孪晶，这是由于此时无论是强基面织构成分，还是 c 轴∥TD 织构成分均不利于临界剪切应力较小的基面滑移和拉伸孪生。

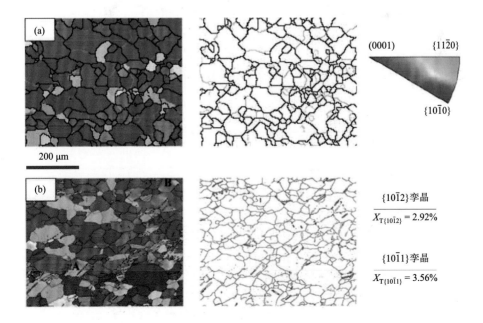

$\{10\bar{1}2\}$孪晶

$\overline{X_{\mathrm{T}\{10\bar{1}2\}}} = 2.92\%$

$\{10\bar{1}1\}$孪晶

$\overline{X_{\mathrm{T}\{10\bar{1}1\}}} = 3.56\%$

图 5-19 AZ31 板材的 EBSD 分析：（a）原始板材；（b）ED-6%PRH；（c）45°-6%PRH；
（d）TD-6%PRH

从图 5-19 的 EBSD 分析可以看到更多的绿色晶粒呈现出来，而原本蓝色的晶粒体积分数显著减小。此外，从图 5-19（b）的 IPF 图中可见，晶粒内部出现取向梯度，如晶粒 A 与晶粒 B，说明了呈绿色的晶粒可能为之前呈蓝色的晶粒逐渐发生转动而来。这种基于晶胞自身<0001>轴转动的塑性变形机制应为柱面<a>滑移，这也证明了混合织构型板材沿 ED 拉伸时应以柱面滑移为主。当沿板材 45°进行拉伸时，出现了一定数量的拉伸孪晶，其体积分数约为 22.4%。从其 IPF 图中可以看出，孪晶大多呈红色，且大多相互平行，说明此时多为一种孪生变体或为来自母晶粒晶胞对位的孪生变体对被激活。由于拉伸力轴与 c 轴∥TD 织构型的晶粒 c 轴之间存在一定的夹角，分解后作用在与板材表面所正对的孪生面上的应力最大，故而激发了此孪生面发生孪生[15]。当拉伸力轴与 c 轴∥TD 晶粒的 c 轴几乎平行时，不仅更有利于$\{10\bar{1}2\}$拉伸孪生，更使得晶胞六个孪生面同时具有较高的孪生 Schmid 因子。因此，从图 5-19（d）中可以看出，孪晶片的厚度显著增大，数量增多且体积分数显著增大。另外，除了有呈红色的孪晶片外，一个母晶粒内部还出现了其他不同颜色的孪晶片，说明此时有多种孪生变体被激活，不同的孪生变体之间相互交叉，c 轴∥TD 织构成分的基体也几乎被$\{10\bar{1}2\}$拉伸孪生消耗殆尽。

从 TD-6%PRH 试样的 IPF 图上可见，呈 c 轴∥ND 的基面织构型孪晶体积分数似乎变小了，并且晶粒尺寸还有所细化，这可能是由于孪生动态再结晶。一次孪晶界相互交叉将母晶粒分割开来，而由于呈红色的（c 轴∥ND 型）孪晶所对应的孪生面因承受较大的应力状态而更容易长大，因此被 c 轴∥ND 的硬取向型孪晶分割开来的部分母基体极有可能被完全孪生化，从而形成单一完整的晶粒，使得 TD-6%PRH 试样显微组织中出现较多的呈红色的细小晶粒。这也从侧面反映出板材在沿 TD 拉伸 6%的整个过程中，拉伸孪生产物的实际数量应比通过 EBSD 结果检测的孪晶体积分数更多。

图 5-20 为部分基面织构偏转型 AZ31 原始板材及其沿不同方向预拉伸 6%后的晶粒取向演变图。由图 5-20（a）得出的原始 AZ31 挤压板材的织构强度略低于宏观 XRD 所测得的强度（这可能与二者的统计量有关）。从织构分布特点上来看，由 EBSD 测得的微观织构也能准确反映部分基面织构偏转型 AZ31 板材的晶粒取向特点。

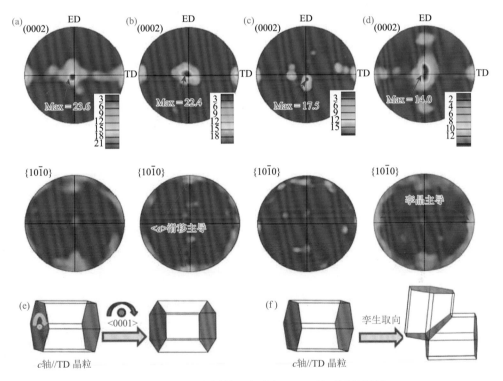

图 5-20　不同预拉伸变形状态 AZ31 板材的取向演变：（a）挤压原始板材；（b）ED-6%PRH；（c）45°-6%PRH；（d）TD-6%PRH。对应的 ED-6%PRH（e）与 TD-6%PRH（f）的取向演变示意图

如图 5-20（e）所示，当 AZ31 板材沿 ED 拉伸 6%后，其（0002）基面投影图上并未出现明显的织构组分变化，仅有$\{10\bar{1}0\}$柱面投影图上出现了比原始板材略强的择优取向，为$<10\bar{1}0>$//ED 择优，说明板材沿 ED 拉伸时，部分晶粒沿其<0001>轴发生了转动，这与先前 ED-6%PRH 试样 IPF 图中出现呈$<11\bar{2}0>$//ND（晶粒呈绿色）的晶粒取向演变相吻合，进一步证实了柱面<a>滑移应为此方向拉伸

时的主要塑性变形机制。当沿 45°拉伸 6%后，c 轴∥TD 织构成分强度有所减小，根据 EBSD 分析结果，这是拉伸孪生消耗非基面织构晶粒基体所致。当沿 TD 拉伸 6%后，c 轴∥TD 织构成分强度大大减小，最大极密度也有效降低，并且（0002）投影图上沿 ED 方向呈现出两个取向峰，应为拉伸时引入多种孪生变体所致。如图 5-20（f）所示，$\{10\bar{1}0\}$ 投影图上也出现了一定的<$10\bar{1}0$>∥TD 择优取向，应为引入大量 c 轴∥ND 型孪生产物所致。对于 TD-6%PRH 的 AZ31 板材，通过孪生变体引入的沿 ED 偏离 ND 的两个取向峰构建出了沿 ED 的取向梯度，多元的织构组分呈现正交分布的特点。

2. 退火后的显微组织及晶粒取向演变

对沿 ED、45°及 TD 预拉伸 6%的 AZ31 板材进行退火处理，退火工艺为 320℃保温 1 h，三种退火处理的 AZ31 板材试样分别为 ED-6%PHA、45°-6%PHA 和 TD-6%PHA。预拉伸 6%应变量的 AZ31 板材经退火处理后，得到完全再结晶组织，如图 5-21 所示。经统计，ED-6%PHA、45°-6%PHA 和 TD-6%PHA 三种 AZ31 板材的平均晶粒尺寸分别约为 48.3 μm、39.2 μm 和 36.8 μm，ED-6%PHA 试样的晶粒尺寸呈现出一定粗化，TD-6%PHA 试样晶粒尺寸却呈现一定程度的细化，并且 TD-6%PHA 试样的晶粒尺寸更加均匀。这主要是由于大量的拉伸孪晶较柱面<a>位错更有利于成为再结晶晶粒的形核点，尤其是同一母晶粒内部多种孪生变体的引入，孪生交叉处能够优先成为再结晶形核核心，并有效提供形核位置，从而细化再结晶晶粒。

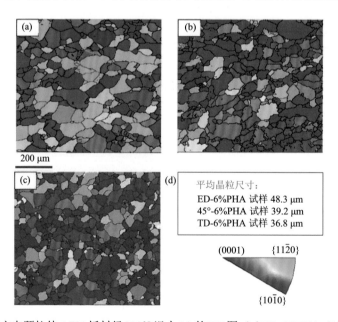

图5-21　不同方向预拉伸 AZ31 板材经 320℃退火 1 h 的 IPF 图：（a）ED-6%PHA；（b）45°-6%PHA；（c）TD-6%PHA；（d）三种板材退火后的平均晶粒尺寸

图 5-22 为 ED-6%PRH、45°-6%PRH 以及 TD-6%PRH 的 AZ31 板材试样经再结晶退火后的取向演变。ED-6%PRH 试样在退火前后的基面织构组分的分布并无明显变化，仅表现为最大基面织构强度的稍许弱化，c 轴∥TD 的织构组分仍然存在，与板材原始态取向相比，$\{10\bar{1}0\}$ 投影图上出现了一定的 $<10\bar{1}0>$∥ED 的柱面择优，这主要是因为在沿 ED 进行拉伸时，c 轴∥TD 织构型晶粒参与了柱面 $<a>$ 滑移，形成了一定的 $<10\bar{1}0>$∥ED 的柱面择优取向[图 5-22（b）]，而在后续的再结晶退火中，再结晶新晶粒对经由柱面 $<a>$ 滑移后的晶粒取向进行了继承，总体来讲，再结晶织构仍表现为围绕 ND 严重不对称的分布。对于 45°-6%PRH 试样，拉伸时仅引入了 c 轴∥ND 的基面织构型孪生变体，此种变体与母晶粒基体之间仅存在沿 TD 轴向的取向梯度，再结晶退火后，新晶粒取向仅沿 TD 方向散漫分布，而沿 ED 方向生长的弱取向较少，基面织构虽有弱化且织构对称性也有所改善，但总的来说，织构组分沿 TD 方向被拉长，再结晶织构仍表现为一定的不对称性。对于 TD-6%PRH 试样，多种孪生变体的引入使得试样（0002）投影图上出现多个正交取向峰[图 5-22（d）]，因此其再结晶织构不仅呈现出弱化的效果，最大极密度降低至 9.5，且其织构组分围绕 ND 的对称性也进一步改善，织构的弱化与对称性的同步改善对板材的室温成形性能的优化具有积极影响。

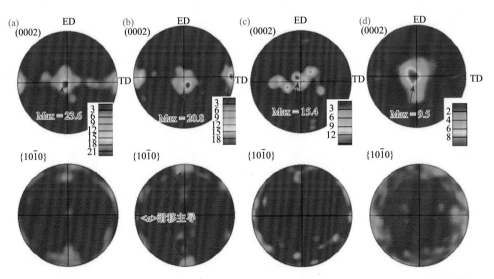

图 5-22　AZ31 板材沿不同方向预拉伸变形后经 320℃退火 1 h 的取向演变：（a）原始板材；（b）ED-6%PHA；（c）45°-6%PHA；（d）TD-6%PHA

预拉伸变形过程中，沿 ND 轴呈不对称分布的 c 轴∥TD 织构成分被消耗掉，后续退火处理使基面织构进一步弱化。下面以 TD-6% 试样为例进一步分析，图 5-23 为 AZ31 板材沿 TD 预拉伸 6%并进行退火处理后的取向演变。当沿 TD 拉伸 6%

后，引入了多种拉伸孪生变体，根据板材原有取向可知，最可能发生的孪生变体孪晶 V1 应呈现强基面织构取向，在 IPF 图中表现为红色，如图 5-23（e）所示。由于此变体引起的织构成分与原有的 c 轴∥ND 强基面织构成分相近，在极图中二者相互重合，因此不能被很好地分辨出来。此外，通过 TD-6%PRH 试样的 IPF 图可知，也有其他孪生变体（同一母晶粒内部孪晶颜色不同）被激活，反映在极图上应为孪晶 V2 与孪晶 V3 所对应的取向位置。孪晶 V2 与孪晶 V3 组成的取向峰与 ND 轴向均呈约 60°，这与邻位拉伸孪生面所对应孪生变体的取向差十分接近，也证实了多种孪生变体在沿 TD 方向预拉伸时被激活。由此，沿 ED 方向倾转的孪生变体，遗留的 c 轴∥TD 的基体与强基面织构组分之间分别产生了沿 ED、TD 方向上的取向梯度。在再结晶退火时，新晶粒的生长受到晶内或者晶粒之间多向取向梯度的影响，从而使其生长方向更加随机，最终在退火后引入了一个较弱的对称型基面织构，如图 5-23（c）和（f）所示。

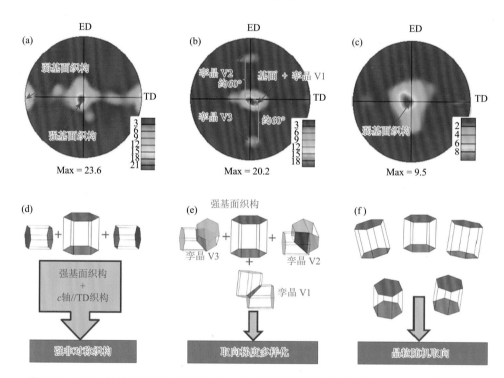

图 5-23 AZ31 板材预变形退火后的（0002）极图和晶粒取向示意图：（a，d）原始板材；（b，e）TD-6%PRH；（c，f）TD-6%PHA

图 5-24 给出了 AZ31 原始板材、TD-6%PRH 和 TD-6%PHA 试样各自的取向差分布图。从图 5-24（a）中可以看出，原始板材取向差呈现明显的两极化分布，

这主要是由板材的不对称织构引起。由于 c 轴 // ND 强基面织构成分会导致大量的小角度晶界存在，小取向差的体积分数较高，$f_{\theta<30°}$ 的体积分数达到了 48.1%。显然，由强基面织构引起的大体积分数的小角度晶界对板材的塑性成形是非常不利的。此外，取向差 90° 附近出现较明显的峰，这是 c 轴 // ND 的强基面织构成分与 c 轴 // TD 织构成分共存的结果，然而，此类型的大角度晶界对于板材的塑性成形并无益处。当沿 TD 拉伸 6% 之后，90° 附近出现较强峰值，这主要是由于引入了大量的 $\{10\bar{1}2\}$ 拉伸孪晶。

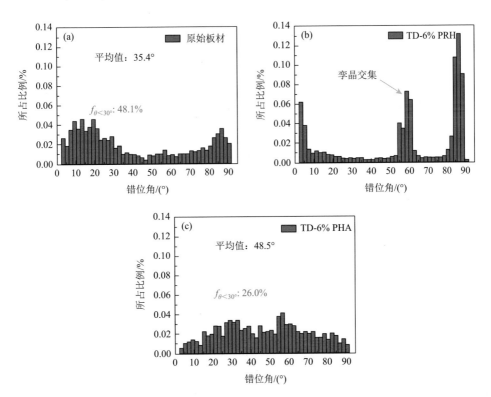

图 5-24　AZ31 板材经预拉伸退火后的取向差分布图：（a）原始板材；（b）TD-6%PRH；（c）TD-6%PHA

而 60° 附近出现的峰则由多种孪生变体相互交叉所致，根据以往报道，非对位的拉伸孪生变体之间的取向差角均约为 60°，这与实验的统计也较为吻合[16]。研究表明，孪晶界尤其是孪晶交叉处在退火过程中容易成为新晶粒形核的核心，它们能够有效地提升形核率，这可能也是 TD-6%PHA 试样的晶粒尺寸较原始板材有所细化的原因。与此同时，由于退火后对称型弱基面织构的引入，TD-6%PHA 试样的平均取向差增至 48.5°，而 $f_{\theta<30°}$ 的体积分数降至 26.0%。上述取向差的优化

对于板材室温塑性成形的提升应有较为积极的影响。

基于 EBSD 结果，图 5-25 给出了 AZ31 原始板材与 TD-6%PHA 试样沿 0°、45°和 90°三个角度拉伸时基面滑移 SF 因子的对比。由于原始板材中的 c 轴∥ND 强基面织构成分与 c 轴∥TD 织构成分均使晶胞的基面与 0°方向近乎平行，因此沿 0°方向拉伸时的平均基面滑移 SF 非常低，仅有 0.12。然而，c 轴∥TD 织构成分在板材沿 45°拉伸时，大部分基面与拉伸力轴呈 45°，因此，此织构成分拥有较大的基面滑移 SF，故而沿 45°拉伸时平均 SF 较高，达到了 0.30。由此，由不对称织构引起的基于不同形变方向上的基面滑移 SF 存在较大的差异，SF 平面各向异性明显，这使得板材在进行多向成形时不同方向塑性变形能力不均，将会导致显著的应变不协调，从而导致材料在塑性成形中过早的失效。对于织构改性后的 TD-6%PHA 试样，其沿 0°、45°和 90°三个角度拉伸时的平均基面滑移 SF 都比较大，分别为 0.29、0.34 和 0.30，三者大小差异显著减小。0°与 90°单个方向上 SF 值的提高是使其单一方向变形能力得以提升的保证，而 SF 平面各向异性的减弱则能大大降低板材在多向成形中的平面应变不协调性，对板材多向成形能力的提升有很大的积极影响，尤其是应对基于多向拉伸变形下的杯突成形、冲压成形等工艺，具有明显的成形能力优化效果。

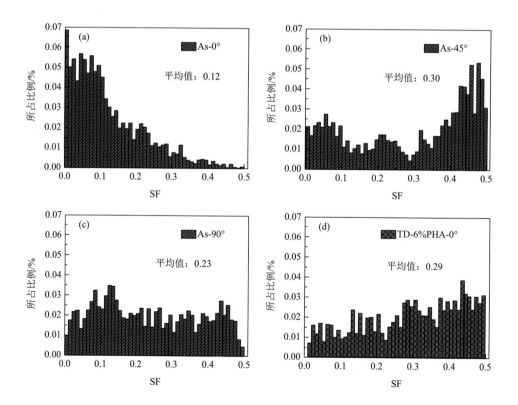

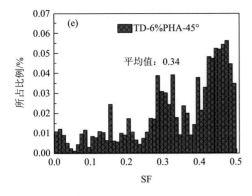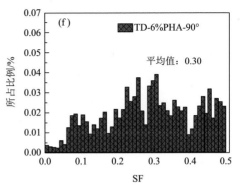

图 5-25　沿不同方向拉伸时 AZ31 板材基面滑移 SF 分布：（a）As-0°；（b）As-45°；（c）As-90°；
（d）TD-6%PHA-0°；（e）TD-6%PHA-45°；（f）TD-6%PHA-90°

5.3.3　预轧制变形退火 AZ31 板材的晶粒取向与织构演变

1. 预轧制变形过程

轧制成形是镁合金板材的重要成形工艺，不仅可以对板材进行减薄，也可通过控制轧制压下量对镁合金板材的组织与织构进行适当调控。本节重点讨论和分析室温小变形量轧制对部分基面织构偏转的 AZ31 板材的晶粒取向和织构的影响。

将板材切割成 50 mm×60 mm（ED×TD）的矩形样品，分别沿板材 ED 和 TD 方向进行单道次冷轧，道次压下量分别为 5% 和 10%，依次命名为 ED-5%R、ED-10%R、TD-5%R 和 TD-10%R。

图 5-26 为挤压 AZ31 板材沿 ED 和 TD 方向分别进行 5%、10%单道次轧制后的金相显微组织。可以看出，板材经单道次轧制后均出现了一定数量的孪晶，沿 TD 进行轧制后引入的孪晶体积分数明显高于沿 ED 方向轧制时的体积分数，这与预拉伸变形的规律相似。此外，板材沿 ED 方向轧制时，随着单道次压下量从 5%增加至 10%，孪晶体积分数有所增加，而板材沿 TD 方向进行轧制时，随着单道次压下量从 5%增加至 10%，孪生体积分数却有所减少。显微组织的演变差异说明部分基面织构偏转的 AZ31 板材对轧制应变路径以及道次压下量的变化非常敏感。

进一步利用 EBSD 分析对 ED-5%R、ED-10%R、TD-5%R 和 TD-10%R 试样进行晶体取向表征。图 5-27 为 ED-5%R 和 ED-10%R 两种 AZ31 板材的微观极图，由图可见，具有 c 轴∥TD 织构成分的 AZ31 板材在沿 ED 方向轧制后，虽然一部分非基面织构成分可被{10$\bar{1}$2}拉伸孪晶消耗，但总有一定数目的非基面织构成分没有发生孪生而是发生滑移变形，初步推测为 c 轴∥TD 织构组分晶粒发生了柱面<a>滑移，轧制后最大极密度虽有所减弱，但织构沿 ND 轴向的分布依然不够对称。

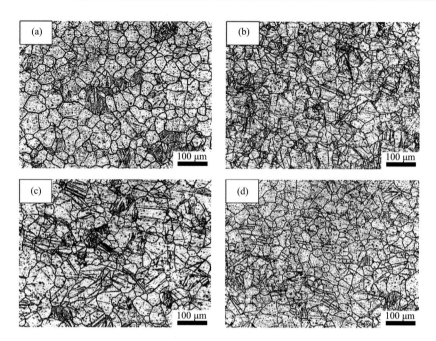

图 5-26　AZ31 挤压板材沿 ED 和 TD 分别单道次轧制 5% 和 10% 的金相显微组织：
（a）ED-5%R；（b）ED-10%R；（c）TD-5%R；（d）TD-10%R

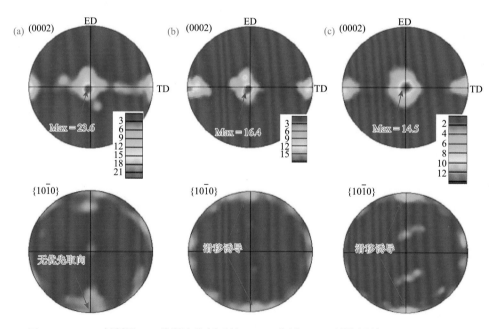

图 5-27　AZ31 板材沿 ED 单道次轧制后的 EBSD 分析：（a）原始板材；（b）ED-5%R；
（c）ED-10%R

图 5-28 为上述 ED-5%R 和 ED-10%R 两种 AZ31 板材沿 ED 方向单道次轧制后的织构演变。由图可见，在板材沿 ED 单道次压下 5%的显微组织中，拉伸孪晶发生在 c 轴∥TD 的蓝色母晶粒中，因为此类取向的晶粒拥有<$10\bar{1}0$>∥ND 或近似∥ND 的位向特征，其正对轧制压缩应力的孪生面拥有非常高的孪生 SF，高达 0.499。因此，这类晶粒最易发生{$10\bar{1}2$}拉伸孪生，而产生的孪生变体会呈现近似 c 轴∥ND 择优取向。由 EBSD 测得 ED-5%R 试样中{$10\bar{1}2$}孪生体积分数约为 5.62%。除了孪生变形外，可以看到一部分 c 轴∥TD 的晶粒内部出现明显的晶内取向梯度，如晶粒（A、B、C），这可能是发生了明显的滑移变形所致。

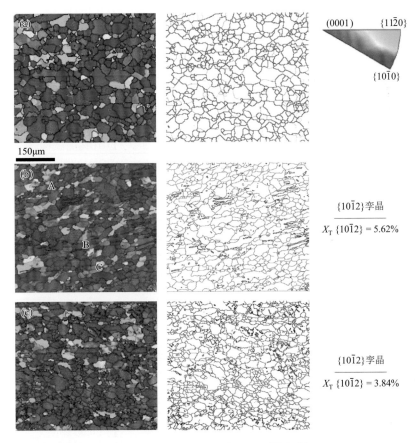

图 5-28　AZ31 板材沿 ED 单道次轧制后的织构演变：（a）原始板材；（b）ED-5%R；（c）ED-10%R

如图 5-28（c）所示，随着单道次轧制应变量增加至 10%，依然存在一定具有明显晶内取向梯度的晶粒，但这部分晶粒的体积分数有所减少，此时{$10\bar{1}2$}孪晶体积分数约为 3.84%，较 ED-5%R 试样减少。由于之前的板材在 ED-5%R 过程

中发生 $\{10\bar{1}2\}$ 拉伸孪生的母晶粒拥有极高的孪生 SF，这些晶粒可能在随后的较大变形下已经将母晶粒完全孪生化，这些孪生产物无法被 EBSD 所识别，因此若按照总体孪生产物来统计，ED-10%R 试样中应该更多。EBSD 分析结果与金相观察存在一定差异，可能是因为统计微区的区域组织差异性。

图 5-29 为 AZ31 挤压板材沿 TD 进行 5% 和 10% 单道次轧制后的 EBSD 分析。可以看出，在 5% 压下量下，拉伸孪生体积分数已经较高，达到 13.2%，而类似于沿 ED 轧制后具有明显晶内取向梯度的晶粒分数比较低，说明板材在此轧制应变路径下 c 轴//TD 成分的晶粒主要发生孪生变形。孪生变形机制的大量激活使得许多 c 轴//TD 取向的母晶粒已被孪晶完全或接近吞噬，如晶粒 A、B、C 等所示，因此可以推测由 EBSD 测得的孪晶体积分数并不完全是孪生产物的总量，板材沿 TD 轧制压下量 5% 得到的总拉伸孪晶体积分数应该显著大于统计值。除了拉伸孪晶外，在 c 轴//ND 的硬取向晶粒中还出现了少量的压缩孪晶和二次孪晶。随着道次压下量提升到 10%，c 轴//TD 织构组分几乎消失，因其都成为拉伸孪生产物，呈现出 c 轴//TD 强基面织构特征，由于完全孪生化，孪晶迅速吞噬整个晶粒成为单个晶粒（新晶粒的取向为近似 c 轴//ND 取向），故表现出孪晶界数目并不多，统计的孪生数量偏少，这与图 5-26（c）和（d）金相显微组织图中 TD-10%R 试样孪晶数目较 TD-5%R 试样更少的现象是一致的。总的来看，拉伸孪生仍在持续主导板材沿 TD 轧制中的塑性变形，孪生产物的数量随着单道次压下量的增加而增加。

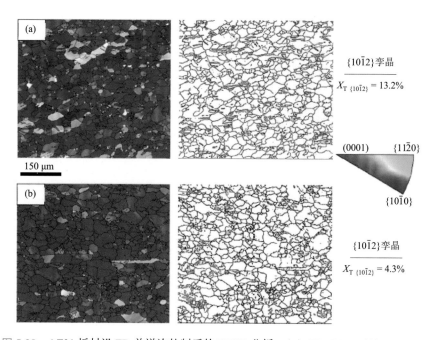

图 5-29　AZ31 板材沿 TD 单道次轧制后的 EBSD 分析：（a）TD-5%R；（b）TD-10%R

图 5-30 为 AZ31 挤压板材沿 TD 进行 5%和 10%单道次轧制后的微观织构图。可以看出，沿 TD 进行单道次 5%轧制后，c 轴∥TD 的织构组分大部分已经被孪晶消耗完了，形变织构主要呈现 c 轴∥ND 强基面织构，此外{10$\bar{1}$0}投影图上也无明显滑移诱导的择优取向，形变织构在最大极密度弱化的同时其沿 ND 轴向分布的对称性大大提升。当单道次压下量达到 10%时，c 轴∥ND 基体组织已被完全孪生化，并呈现出由 ND 向 TD 小角度偏转的双峰织构，根据相关文献报道，镁合金板材冷轧态双峰织构可能由二次孪生或者非基面滑移所引起，同时基面投影的最大极密度有所增强，这是镁合金板材冷轧后的典型织构特征[17, 18]。

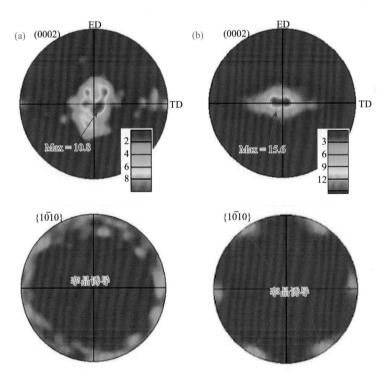

图 5-30　AZ31 板材沿 TD 单道次轧制后的织构演变：（a）TD-5%R；（b）TD-10%R

2. 轧制过程中的塑性变形机制

如上文所述，部分基面织构偏转 AZ31 镁合金板材沿不同方向轧制时会呈现不同的显微组织演变和织构演变，这主要是因为偏转型 c 轴∥TD 织构组分基于轧制路径改变对于塑性变形机制的选择差异。ED-R 试样中{10$\bar{1}$2}孪晶数量较 TD-R 试样显著减少，说明有大量的滑移变形模式参与到塑性变形之中，通过观察未

发生孪生的 c 轴∥TD 基体的总体取向演变（图 5-28），<$10\bar{1}0$>∥ED 择优取向较原始态 AZ31 板材增强，可能是发生了柱面<a>滑移。为了更加具体详细地分析 c 轴∥TD 晶粒在轧制变形中的塑性变形机制选择，在图 5-28（b）的 AZ31 板材 ED-5%R 试样 IPF 图中随机选择 6 个具有明显晶内取向梯度的晶粒，对其晶内取向差轴（IGMA）分布规律进行了分析。根据研究报道，形变晶粒中取向差轴的分布可以有效反映出晶内发生塑性变形机制的种类，取向差轴分布与滑移系之间的关系如表 5-4 所示。

表 5-4　镁合金中泰勒轴与滑移系之间的对应关系

滑移系	滑移类型	伯氏矢量	滑移系数量	泰勒轴
(0002)<$11\bar{2}0$>	基面<a>	$a/3$<$11\bar{2}0$>	3	<$1\bar{1}00$>
$\{10\bar{1}0\}$<$1\bar{2}10$>	柱面<a>	$a/3$<$11\bar{2}0$>	3	<0001>
$\{10\bar{1}1\}$<$1\bar{2}10$>	锥面<a>	$a/3$<$11\bar{2}0$>	6	<$10\bar{1}2$>
$\{10\bar{1}1\}$<$11\bar{2}3$>	锥面<$c+a$>Ⅰ	$a/3$<$11\bar{2}3$>	12	<$\bar{2}5$ 41 $\bar{1}6$ 9>*
$\{10\bar{2}1\}$<$11\bar{2}3$>	锥面<a>Ⅱ	$a/3$<$11\bar{2}3$>	6	<$\bar{1}100$>

图 5-31 为 AZ31 板材 ED-5%R 试样中未孪生化且具有 c 轴∥TD 织构特征的基体进行的 IGMA 分析。可以看出，随机挑选的 6 个晶粒中，有 5 个晶粒的晶内取向差轴均分布在<0001>附近，由表 5-4 可知，取向差轴为<0001>时，晶粒应发生明显的柱面<a>滑移，与之前由微观极图演变得到的结论一致。除了 IGMA 分析外，由这 5 个晶粒导出的晶内 3D 取向可以清楚地看到，其取向变化均为沿其晶胞 c 轴发生了自转，反映在最后一列的反极图上则是晶粒的轴取向沿<$10\bar{1}0$>向<$2\bar{1}10$>拉长，ψ 角的跨度增大，而沿<$10\bar{1}0$>/<$2\bar{1}10$>向<0001>则并没有明显拉长，θ 角的跨度并不大。反之，晶粒 d 表现为 θ 角的跨度较大，而 ψ 角的跨度不明显，其取向差轴则靠近于<$10\bar{1}0$>，推测是发生了明显的基面<a>滑移所致。

同时，从晶粒 b 的显微组织演变与取向演变可以看出，晶粒 b 既发生了明显的柱面<a>滑移，又萌生了 $\{10\bar{1}2\}$ 拉伸孪晶，可以得知，由于 c 轴∥TD 的全偏型织构在沿 ED 轧制时，柱面<a>滑移和 $\{10\bar{1}2\}$ 拉伸孪晶的 SF 均很大，因此二者呈相互竞争而又相互协作的方式共同协调轧制变形。

对于 TD 试样，从先前的组织与取向分析中可以看出轧制变形主要由 $\{10\bar{1}2\}$ 拉伸孪生主导，对比图 5-29（a）中 TD-5%R 试样与图 5-28（b）中的晶粒特征，

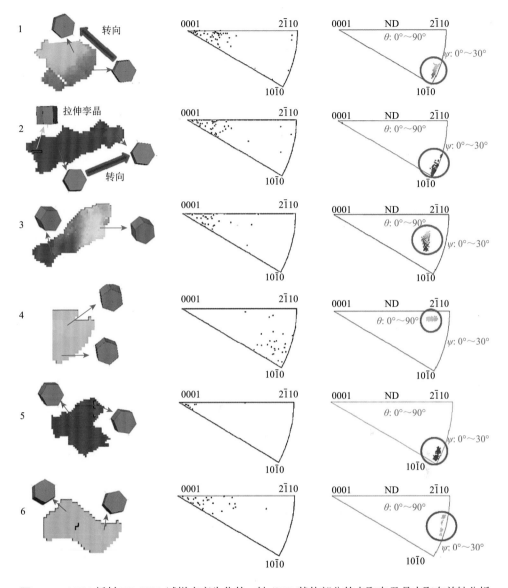

图 5-31　AZ31 板材 ED-5%R 试样未孪生化的 c 轴∥TD 基体部分的点取向及晶内取向差轴分析

可以发现，TD-5%R 试样中 c 轴∥TD 织构组分的晶粒体积分数明显少于 ED-5%R 试样，TD-5%R 试样中未孪生化的 c 轴∥TD 基体具有明显晶内取向梯度的晶粒并不多。图 5-32 为 TD-5%R 试样中选取的 6 个具有晶内取向梯度的晶粒 IGMA 分析。可以看出，遗留的具有晶内梯度的 c 轴∥TD 基体其取向差轴在<0001>几乎没有分布，而是靠近于<$10\bar{1}0$>/<$2\bar{1}\bar{1}0$>一侧，说明这类偏转型织构的晶粒在沿

TD 进行轧制时并未发生柱面<*a*>滑移，而是发生了一定程度的基面滑移。再结合微观组织与微观织构演变可知基面滑移也并不是沿 TD 轧制过程中的主要塑性变形机制，形变主导机制应为{10$\bar{1}$2}拉伸孪生。

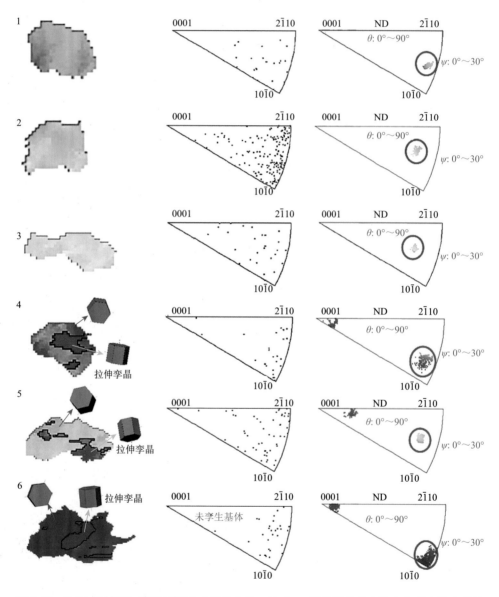

图 5-32　AZ31 板材 TD-5%R 试样中未孪生化的 *c* 轴∥TD 基体部分的点取向与晶内取向差轴分析

由以上分析可知，部分基面织构偏转 AZ31 板材在沿 ED、TD 方向进行轧制时对于塑性变形机制的选择性差异较大，而这种选择性的差异主要来源于轧制形变基于 c 轴∥TD 型织构成分晶粒的演变。为了更清楚直观地分析这种选择性差异，对此种织构成分在不同轧制应变及应变量下的演变规律做了统计，如图 5-33 所示。沿 ED 轧制压下 5%后，c 轴∥TD 织构组分的体积分数由板材原始态的 38.9%下降至 34.9%，体积分数仅下降 4%，这与 ED-5%R 试样 IPF 图中孪生较少相呼应，形变的主要贡献为柱面<a>滑移，只引起 c 轴∥TD 型组分晶粒的晶胞沿其 c 轴发生自转，因此发生柱面<a>滑移的晶粒仍具有 c 轴∥TD 取向，失去的体积分数仅为孪生化部分。当沿 ED 轧制压下量达到 10%，c 轴∥TD 晶粒组分体积分数降至 21.1%，在 5%～10%压下量的过程中体积分数下降值达到 13.8%，远大于前述 5%压下量的下降值，说明在沿 ED 单道次大压下量的轧制过程中，随着压下量的增大，c 轴∥TD 型织构晶粒会愈加倾向于孪生，孪生对轧制应变的贡献比例有所增强。板材在不同单道次压下量下塑性变形机制的贡献配比变化，可以从滑移变形机制以及孪生变形机制对于应变速率的敏感性差异进行解释。滑移变形往往比孪生具有更强的应变速率敏感性，由于轧制线速度一定，随着应变速率的增加，板材厚度方向形变速率加大，柱面<a>滑移与{10$\bar{1}$2}孪生体现出竞争性，孪生的贡献比上升，因此 c 轴∥TD 织构组分被消耗得更加迅速。反观 TD-R 试样，由于仅有孪生主导塑性变形（除了孪生外还有一些晶粒发生了基面滑移，见图 5-32 中 IGMA 分析，但由于基面滑移 SF 较低，其激活并不显著），c 轴∥TD 织构晶粒体积分数在仅为 5%的压下量后就降至 20.2%，在 10%的压下量后几乎已被消耗殆尽，也进一步证实了孪生应是板材沿 TD 轧制前期应变中唯一的主导机制。

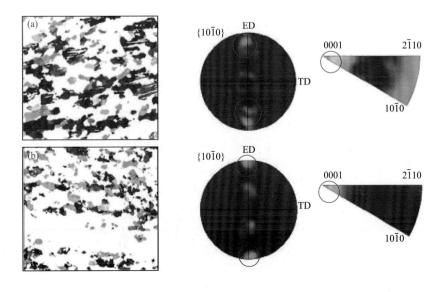

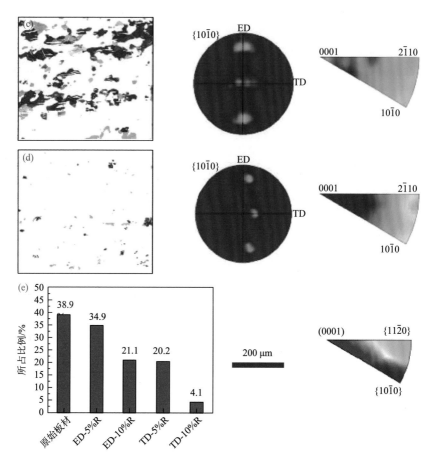

图 5-33 AZ31 板材沿不同方向、不同压下量轧制后未发生孪生的 c 轴∥TD 织构组分及其塑性变形机制分析：（a）ED-5%R；（b）ED-10%R；（c）TD-5%R；（d）TD-10%R；（e）未发生孪生的 c 轴∥TD 织构组分晶粒的体积分数统计

由此，可简单给出部分基面织构偏转型板材基于不同轧制应变路径，不同道次压下量的冷制工艺晶粒取向演变示意图，如图 5-34 所示。当轧制应变路径垂直于次强织构组分的偏转方向时，这些 c 轴偏转型织构组分的晶粒除了能发生{$10\bar{1}2$}拉伸孪生外，其晶胞在轧制剪切力力偶的作用下，也易于发生沿其晶胞 c 轴的自旋转，即发生柱面<a>滑移。而随着单道次压下量的增加，应变速率增加，柱面<a>滑移具有较强的应变速率敏感性，而由于孪生本身对应变速率并不敏感，滑移机制协调的应变贡献比例减少，因此相应的孪生对应变的协调贡献比例增加，柱面<a>滑移与孪生之间相互竞争，又相互协作。而当轧制应变路径垂直于次强织构组分的偏转方向时，轧制力力偶无法引起晶胞绕其 c 轴的自旋转，如图 5-34（b）所示，剪切力力偶只能引起晶胞绕其<$10\bar{1}0$>/<$11\bar{2}0$>发生倾转，然而

由于基面<*a*>滑移 SF 过低，非基面<*c* + *a*>滑移临界剪切应力过高均不能发生，因此沿此方向轧制时 *c* 轴∥TD 取向晶粒仅能发生{10$\bar{1}$2}拉伸孪生，随着拉伸孪生的长大，其迅速消耗基体，*c* 轴偏转型晶粒很快被再取向成为 *c* 轴∥ND 的强基面取向。

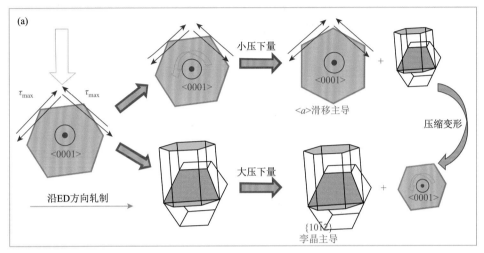

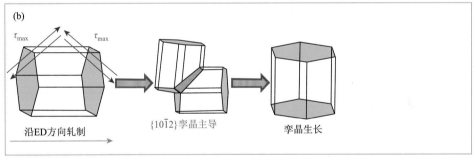

图 5-34　AZ31 板材在沿 ED 和 TD 轧制时晶粒的倾转方式示意图：（a）沿 ED 轧制；（b）沿 TD 轧制

　　由于塑性变形机制的选择差异，部分基面织构偏转 AZ31 板材在不同轧制应变路径下也表现出不同的轧制压下能力。在完成沿 ED 和 TD 方向 5%和 10%的单道次轧制后，还进行了板材沿 ED 和 TD 轧制时的最大单道次轧制压下量试验。如图 5-35 所示，可见在进行单道次 15%轧制后，TD 试样严重失效，整个试样呈 45°剪切面被撕碎，而 ED-15%R 试样则完好并未失效，且无边裂发生。后续试验发现板材沿 ED 继续进行单道次 20%的轧制时失效，但也只是表现出轻微的边裂。

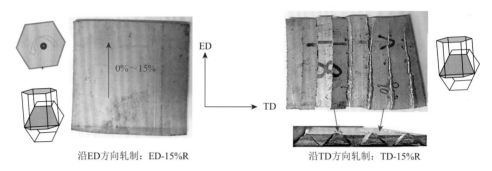

沿ED方向轧制: ED-15%R   沿TD方向轧制: TD-15%R

图 5-35   AZ 板材沿 ED 和 TD 方向分别轧制时的单道次轧制压下能力对比

由此可以看出，板材沿 ED 进行轧制时的轧制压下能力明显优于沿 TD 轧制时的压下能力，这主要得益于沿 ED 轧制时，除了拉伸孪生能够协调厚向应变外，c 轴//TD 组分晶粒还有显著柱面<a>滑移的发生。由于 c 轴//TD 晶粒的基面几乎与板厚方向相互垂直，基面上的<$11\bar{2}0$>滑移方向不与板厚平行，柱面<a>滑移可有效提供沿板厚方向的应变；同时由于柱面滑移的参与，c 轴//TD 型晶粒的孪生化发生滞后，形成轧制硬取向的所需应变值会显著大于沿 TD 轧制时仅有拉伸孪生所主导塑性变形机制时的应变值。因此，部分基面织构偏转 AZ31 板材沿 ED 进行轧制时的压下能力显著优于沿 TD 轧制时的压下能力，更快的完全孪生化导致过早的硬取向也是 TD 试样过早失效的原因。

3. 预轧制退火 AZ31 板材的组织与织构

冷轧之后的再结晶退火可以有效去除轧制形变内应力，稳定板材力学性能。在预轧制完成后，将轧制变形样品进行 320℃退火 1 h 处理，用于对后续组织、织构及力学性能的影响研究。图 5-36 为 AZ31 板材 ED-5%R、ED-10%R、TD-5%R 和 TD-10%R 试样经再结晶退火后的显微组织演变和宏观织构演变，表 5-5 为对应板材的平均晶粒尺寸统计，通过退火处理的板材试样命名为 ED-5%RA、ED-10%RA、TD-5%RA 和 TD-10%RA。可以看出，经不同应变路径下轧制试样退火后都得到完全再结晶组织。ED-5%RA 试样平均晶粒尺寸约为 41.3 μm，与原始板材的晶粒尺寸相当，仍然保持着与板材原始态相近的织构分布（c 轴//ND + c 轴//TD 组分），织构强度有所减弱。此外，{$10\bar{1}0$}投影图上具有<$10\bar{1}0$>//ED 的择优取向，可知在沿 ED 进行 5%轧制压下过程中，柱面<a>滑移导致的择优取向在再结晶退火中会被再结晶晶粒继承。随着板材沿 ED 轧制压下量增大至 10%，孪生在轧制形变中的贡献越来越大，发生柱面<a>滑移的晶粒体积分数减小，在退火后基面织构得到弱化的同时，c 轴//TD 的取向继承也得到了弱化，但是这种织构组分仍然存在于 ED-10%RA 试样中。对于沿 TD 轧制的试样而言，变形机制主要为{$10\bar{1}2$}孪生，变形后孪生体积分数多，c 轴//TD 的织构组分被有效消耗，最终都得到了取向沿 ND 轴向较为对称的基面织构。可以看出，仅在 5%压下量的轧制退火试样中，c 轴∥TD 织构组分已不复存在，再结晶织构表现为较为发散对称的单峰基面织构，最大极密度仅为 6.7。当压下量进一步增大，再结晶织构强度也进一步增加，表现为更强的基面织构，这主要是由于沿 TD 轧制较大压下量的后期，完全孪生化的晶粒组分于原始板材中仅能发生基面滑移，使得大量晶粒 c 轴向 ND 轴向聚拢，最终形成强基面织构，如图 5-29（b）所示，而这种硬取向在退火过程中被保留了下来，这与大量报道的镁合金轧制板材强基面织构的来源机理一致。TD-5%RA 试样与 TD-10%RA 试样的平均晶粒尺寸分别为 31.2 μm 及 23.1 μm，是显著小于同一轧制压下量下沿 ED 进行轧制并退火的试样，说明{10$\bar{1}$2}拉伸孪生相较柱面<a>位错更能促进 AZ31 镁合金中再结晶晶粒的形核。

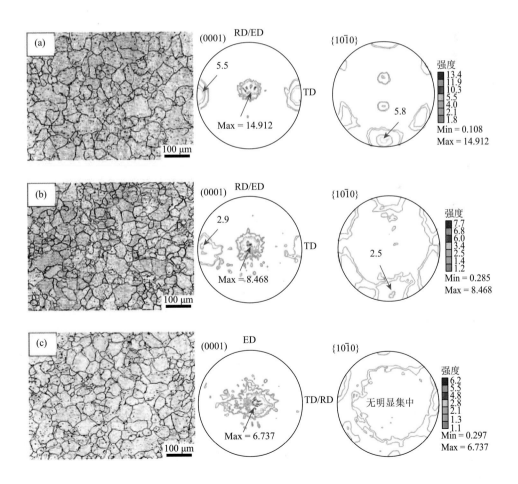

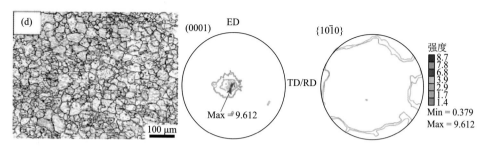

图 5-36　AZ31 板材沿 ED 与 TD 不同压下量轧制后经 320℃退火 1 h 的显微组织及织构：
（a）ED-5%RA；（b）ED-10%RA；（c）TD-5%RA；（d）TD-10%RA

表 5-5　AZ31 板材沿 ED 和 TD 轧制 5%和 10%试样经 320℃退火 1 h 后的平均晶粒尺寸统计

试样	ED-5%RA	ED-10%RA	TD-5%RA	TD-10%RA
平均晶粒尺寸/μm	41.3	28.6	31.2	23.1

　　总的来说，AZ31 板材沿 ED 方向进行轧制时，由于柱面<a>滑移的参与，退火时总有一部分 c 轴∥TD 的晶粒会在柱面<a>位错处形核，由于柱面<a>滑移仅引起晶粒发生沿其 c 轴的旋转，因此这部分因<a>滑移诱导的再结晶晶粒仍然保留了 c 轴∥TD 取向，再结晶织构仍表现在沿 ND 轴向的不对称性。而沿 TD 轧制时，无明显柱面<a>滑移的参与，由 c 轴∥ND 型{$10\bar{1}2$}孪生产物的诱导，再结晶织构表现为较为对称的基面织构。

5.3.4　预变形 AZ31 挤压板材的力学行为

1. 预拉伸变形＋退火处理后挤压板材的力学性能

　　图 5-37 为 AZ31 挤压板材沿 ED、45°和 TD 方向预拉伸 6%并在退火过后的真应力-真应变曲线，可以看到，随着拉伸力轴与 ED 夹角的增大，退火后试样沿不同方向拉伸时的力学性能逐渐趋于一致。结合表 5-6 中统计的力学性能数据可知，ED-6%PHA 试样的力学性能各向同性并没有得到明显改善，三个方向的拉伸屈服强度之差仍有近 100 MPa，同时延伸率、n 值、r 值各向异性依然明显，这主要是由于沿 ED 拉伸并不能有效消耗 c 轴∥TD 织构成分，退火后不对称的织构类型被保留下来，沿三个角度拉伸时塑性变形机制仍然存在严重不对称性。对比之下，TD-6%PHA 试样不仅拥有更好的综合力学性能，其平面各向同性也得到了有效的改善，如三个方向拉伸屈服强度之差小于 10 MPa，延伸率、n 值、r 值在不同方向已较为均衡，并且反映出的板材室温成形能力显著提升，这主要得益于退火后得到的较为对称、发散的基面织构。

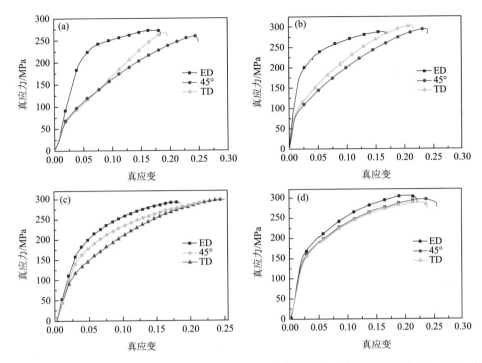

图 5-37　预拉伸退火 AZ31 板材沿 ED、45°和 TD 方向拉伸时的真应力-真应变曲线：（a）原始板材；（b）ED-6%PHA；（c）45°-6%PHA；（d）TD-6%PHA

表 5-6　预拉伸退火板材沿不同角度拉伸时的力学性能

力学性能	ED-6%PHA			45°-6%PHA			TD-6%PHA		
	ED	45°	TD	ED	45°	TD	ED	45°	TD
YS/MPa	175.0	83.9	79.3	165.3	134.2	102.4	151.2	145.9	142.8
ΔYS_{max}/MPa		95.7			62.9			8.4	
UTS/MPa	290.2	294.3	301.9	279.9	284.5	304.9	305.3	296.2	290.2
UTS_{avg}/MPa		295.4			290.0			297.2	
EL/%	14.9	22.5	20.4	15.6	20.7	23.4	20.1	23.5	21.6
YS/UTS	0.60	0.29	0.26	0.59	0.47	0.34	0.50	0.49	0.49
n 值	0.16	0.48	0.59	0.35	0.38	0.53	0.32	0.34	0.34
r 值	2.82	1.36	0.56	2.26	1.38	0.99	1.40	1.08	1.31
$\Delta r_{max}(r_{max}-r_{min})$		2.26			1.27			0.32	

　　对称的弱基面织构能保证优良的单轴力学性能，同时也使得板材拥有沿各个方向变形时较为接近的滑移或孪生的 Schmid 因子，从而有效改善了板材的力学性能平面各向同性。沿 45°拉伸后，虽然出现了一定量的$\{10\bar{1}2\}$拉伸孪晶，并且消耗掉了一部分 c 轴 // TD 织构成分的晶粒，退火后基面织构沿 ED 方向上偏离的弱

取向成分不足，而沿 TD 方向仍存在织构组分的偏转，力学性能各向同性虽有所改善，但板材仍存在沿不同方向力学性能不均衡的现象。

除了具体的力学性能数值有所优化外，由图 5-38 可以看出，TD-6%PHA 试样沿不同方向的加工硬化行为几乎趋向一致，相比原始板材，加工硬化行为各向同性改善明显。根据以往研究，镁合金板材室温多向成形（如冲压、杯突等）能力不仅与常规力学性能参数紧密相关，还与板材平面多向应变硬化行为有关。Zhou 等[19]在 Mg-Zn-Y 系合金的杯突成形规律研究中发现 Y 的添加虽能带来织构弱化，提升板材的单轴拉伸性能，但同时 Y 的加入也给板材带来织构不对称的现象，杯突成形失效时裂纹的萌生总是平行于拥有更多软取向晶粒偏转的方向，这说明板材变形能力较差的方向会在多向成形中优先断裂失效，往往会阻碍其他形变能力较好的方向发生进一步的变形，从而拉低整个板材的室温成形能力。如前所述，TD-6%PHA 试样沿 ED 方向屈服强度显著降低，延伸率有效增加，且 r 值更接近于 1，说明板材在沿 ED 方向塑性变形时宽向与厚向应变协调性较原始板材显著增强。此外更重要的是，板材三个方向上 r 值、n 值的差异显著减小，这使得板材在经受多向成形时沿不同方向的应变协调性更好，这对镁合金板材的多向成形能力的提升是非常有利的。

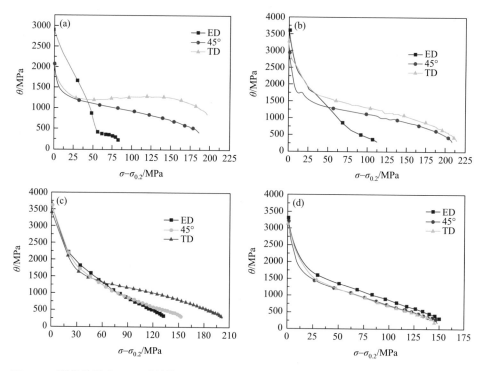

图 5-38　预拉伸退火 AZ31 板材沿 ED、45°和 TD 方向拉伸加工硬化曲线：（a）原始板材；
（b）ED-6%PHA；（c）45°-6%PHA；（d）TD-6%PHA

2. 预轧制变形 + 退火处理后的挤压板材的力学性能

图 5-39 为 AZ31 板材沿 ED 和 TD 分别单道次轧制压下 5% 和 10% 时再结晶退火后的力学性能演变，可以看出，无论是 ED-RA 试样还是 TD-RA 试样，其力学行为各向异性都发生了弱化，这从不同状态试样三个角度的真应力-真应变曲线的重合程度可以看出。结合表 5-7 和表 5-8 可知，ED-5%RA 试样其屈服强度各向异性（ΔYS_{max}，即 $YS_{max}-YS_{min}$）由原始状态的 125.9 MPa 降低至 78.1 MPa，但各向异性仍然较为突出。此外，ED-5%RA 试样沿 ED 方向的延伸率还有所下降，这是由于在沿 ED 进行单道次 5% 轧制后，c 轴∥TD 组分的晶粒一部分被消耗转化成为 c 轴∥ND 基面织构，另一部分发生明显的柱面<a>滑移具有<$10\bar{1}0$>∥ED 取向择优，导致 c 轴∥TD 晶粒在沿 ED 拉伸时的柱面<a>滑移 SF 下降，这对板材总体延伸率有所影响。对于 ED-10%RA 试样，由于轧制过程中孪生的贡献越来越大，退火后试样 c 轴∥TD 织构成分显著减少，且基面织构强度再度弱化，综合力学性能有所回升，屈服强度各向异性进一步下降至 35.2 MPa。

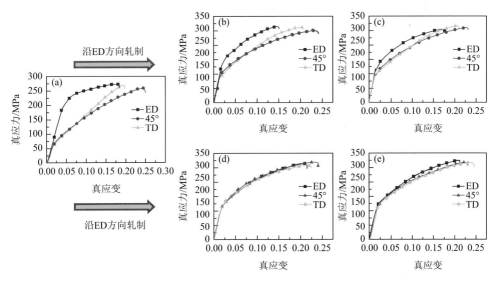

图 5-39　板材经不同轧制应变路径及压下量下再结晶退火后的力学性能演变：（a）原始板材；（b）ED-5%RA；（c）ED-10%RA；（d）TD-5%RA；（e）TD-10%RA

表 5-7　板材沿 ED 分别进行轧制压下量 5%、10% 并退火后的力学性能

力学性能	ED-5%RA			ED-10%RA		
	ED	45°	TD	ED	45°	TD
YS/MPa	164.1	113.3	86.0	145.7	119.6	110.5
$\Delta YS_{max}(YS_{max}-YS_{min})$/MPa		78.1			35.2	
UTS/MPa	308.7	291.3	305.1	297.0	304.2	311.7

续表

力学性能	ED-5%RA			ED-10%RA		
	ED	45°	TD	ED	45°	TD
UTS$_{avg}$/MPa		301.7			304.3	
EL/%	13.1	22.4	19.7	16.1	21.7	19.9
YS/UTS	0.54	0.39	0.28	0.49	0.39	0.35
n 值	0.19	0.51	0.60	0.28	0.38	0.43
r 值	3.58	1.19	0.45	1.86	1.11	1.06
$\Delta r_{max}(r_{max}-r_{min})$		3.13			0.80	

表 5-8 沿板材 TD 方向分别进行轧制压下量 5%、10%并退火后的力学性能

力学性能	TD-5%RA			TD-10%RA		
	ED	45°	TD	ED	45°	TD
YS/MPa	130.4	125.6	125.0	144.5	138.5	137.0
ΔYS_{max}/MPa(YS$_{max}$ - YS$_{min}$)		5.4			7.5	
UTS/MPa	302.0	309.3	314.9	319.5	310.1	310.4
UTS$_{avg}$/MPa		308.7			313.4	
EL/%	20.6	20.8	22.3	19.4	22.1	20.8
YS/UTS	0.43	0.41	0.40	0.45	0.45	0.44
n 值	0.34	0.35	0.35	0.32	0.33	0.35
r 值	1.39	1.28	1.18	1.55	1.35	1.29
$\Delta r_{max}(r_{max}-r_{min})$		0.21			0.26	

　　对于 TD-RA 试样，板材的各向异性得到了有效减弱，结合图 5-39（d）和表 5-8 可以看出，仅沿 TD 轧制压下 5%的退火样已表现出非常好的各向同性，屈服强度各向异性已降至 10 MPa 以内，且试样的延伸率也得到了有效提升，尤其是沿板材原始 ED 方向，由 14.4%提升至 20.6%，三个方向的延伸率也相差无几，这主要归因于在 TD-5%RA 轧制工艺下能够引入较为对称的弱基面织构。对称性弱基面织构在板材沿不同方向拉伸时能够表现较对称、较大的基面滑移 SF，有利于提升板材力学性能各向同性和综合力学性能。对于 TD-10%RA 试样，由于再结晶基面织构的增强以及晶粒尺寸的减小，屈服强度有所提升，从屈强比和延伸率来看，板材的拉伸成形性略有降低，但其仍然保持着良好的各向同性，这也归功于其分布对称的弱基面织构（相较原始板材与 ED-RA 试样）。

5.4　强基面织构 AZ31 挤压板材的预变形调控

5.4.1　预变形思路与工艺方案

常规 AZ31 镁合金挤压或轧制板材通常呈现较强的 c 轴//ND 型强基面织构，其基面织构强度可能远高于 5.2 节中实验板材的织构强度，并且也可能没有 5.3 节中 AZ31 板材中部分基面织构偏转成分存在，因而没有有效的形变弱取向可供预拉伸工艺选择。因此，单一的预拉伸工艺可能并不能显著改变此类板材的织构强度或分布，从而无法达到改善室温成形性能的目的。本书作者团队在长期研究基础上，提出了以下预变形思路：首先，对 c 轴//ND 织构 AZ31 板材实施轧制预压缩工艺处理，将 c 轴//ND 织构取向改性为织构全偏型或部分偏转型取向，利用再结晶退火继承这些织构全偏型孪生软取向，再进一步采用预拉伸工艺对前述处理后的板材进行预拉伸，以此引入 $\{10\bar{1}2\}$ 拉伸孪晶构造基面织构在 ED-TD 投影面上的正交取向差，从而可在进一步再结晶退火时能够引入弱的对称型织构，最终达到调控 c 轴//ND 型强基面织构 AZ31 镁合金板材的室温成形性能的目的。板材的预变形思路示意图如图 5-40 所示。

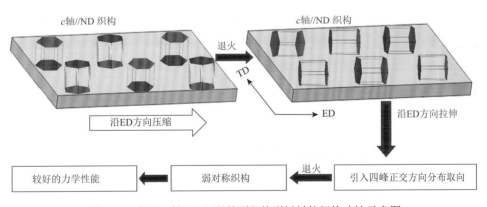

图 5-40　基于 c 轴//ND 强基面织构型板材的织构改性示意图

将 2 mm 厚的 AZ31 挤压板材沿挤压方向（ED）切割成 120 mm×50 mm 的矩形试样。先对板材进行沿 ED 的预压缩，以在板材中引入 c 轴//ED 的全偏型织构成分。预压缩变形量为 6% 和 8.5%，处理后的板材命名为 ED-6%PRC 和 ED-8.5%PRC。预压缩处理后，对预压缩变形的矩形样品进行 320℃退火 1 h 处理，以得到完全再结晶组织，同时能够在试样中成功引入 c 轴//ED 全偏型织构组分，作为下一步沿 ED 拉伸时的拉伸孪生软取向。

图 5-41 为原始 AZ31 挤压板材的显微组织及织构。由图可见，AZ31 挤压板材的组织由均匀再结晶晶粒构成，平均晶粒尺寸约为 10.0 μm。挤压板材呈现典型的强基面织构特征，基面织构沿 ED 方向被拉长，这种沿挤压方向被拉长的织构类型在镁合金挤压薄板中较为常见。由{10$\bar{1}$0}投影图可以看出柱面并无明显择优取向，呈随机分布。

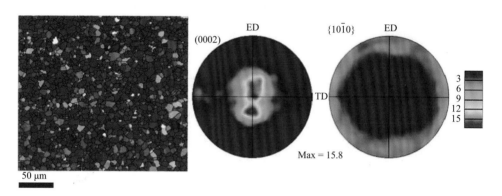

图 5-41 原始 AZ31 挤压板材的显微组织及织构

图 5-42 为 AZ31 挤压板材沿 ED 预压缩 6%和 8.5%的 EBSD 结果分析。由图可见，预压缩 6%后，AZ31 挤压板材中引入了大量{10$\bar{1}$2}拉伸孪晶，但板材并未被完全孪生化，这与板材初始基面织构沿 ED 被拉长有关，同时柱面投影图上出现了一定的<10$\bar{1}$0>//ND 择优取向，这主要是由于在沿 ED 压缩时，拉伸孪晶基面虽分布在沿 ED 轴向±30°位置，但均会以呈<10$\bar{1}$0>//ND 柱面取向为主。当压缩变形量增至 8.5%，孪晶界数目大大减少，这是由于 c 轴//ND 型母晶粒（或接近于此取向的晶粒）几乎被完全孪生化，且由孪生产物引起的 c 轴//ED 择优取向进一步加强，最大极密度达到了 17.9，但仍然可以发现一部分偏粉红色的晶粒嵌入在呈 c 轴//ED 的蓝色或绿色晶粒之间。结合 ED-8.5%PRC 试样（0002）投影图可知，这些母晶粒由于其 c 轴偏离 ND 角度较大，在预压缩过程中孪生 SF 较小，因此在前期较小应变的预压缩过程中并没有发生孪生变形而被保留了下来。由此，无论是 ED-6%PRC 试样还是 ED-8.5%PRC 试样，均呈现沿 ED 轴分布的四峰织构特征。

再结晶退火时，引入的拉伸孪晶可诱导再结晶晶粒生长方向，使再结晶晶粒沿袭孪晶取向，因此，对预压缩试样进行 320℃退火 1 h 的处理，以此构建拉伸孪生软取向。图 5-43 为 ED-6%PRC 试样和 ED-8.5%PRC 试样经再结晶退火后的显微组织及织构演变，退火后的试样命名为 ED-6%PRA 和 ED-8.5%PRA。由图可见，

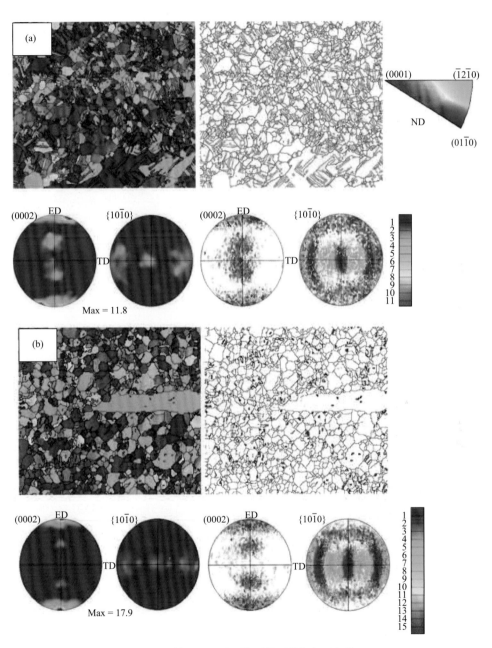

图 5-42 原始 AZ31 挤压板材沿 ED 预压缩后的显微组织及织构：（a）ED-6%PRC；
（b）ED-8.5%PRC

两个 PCA 试样的织构强度均低于 AZ31 原始板材和预轧制板材，均成功构建出了 c 轴//ED 取向，只是织构强度略有差别，同时偏离 ND 轴向 ED 轴 45°附近仍然有一定择优取向被继承下来，这是由于孪生 SF 较低导致未发生孪生化的基体在压缩时其基面滑移 SF 较高，发生了基面滑移，再结晶时新晶粒在<a>位错处形核保留了母体取向。预压缩引入的<$10\overline{1}0$>//ND 择优取向在退火后有向<$10\overline{1}0$>//ND 择优取向转变的趋势，这是由不同取向的晶粒在退火过程中的长大优先顺序不一样造成的。总体来讲，柱面择优取向的保留并不是很强。

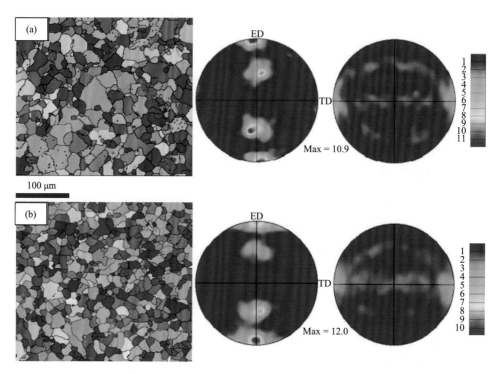

图 5-43　预压缩 AZ31 板材在 320℃退火 1 h 的显微组织及织构：（a）ED-6%PCA；（b）ED-8.5%PCA

5.4.2　预变形过程中的晶粒取向与织构演变

前面通过预压缩退火处理而构建的 c 轴//ED 织构特征，当 AZ31 挤压板材在沿 ED 进行拉伸时，此织构成分则为拉伸孪生软取向，可作为构建正交取向的主要基体。由前节所知，只要沿 PCA 处理板材的 ED 方向做一定程度的预拉伸，就很容易引入拉伸孪晶，从而构建板材的晶粒取向梯度。预拉伸量的选取需要以 PCA 板材的加工硬化率变化规律为依据。图 5-44 为 PCA 处理的 AZ31 板材沿 ED 拉伸变形的加工硬化率变化曲线。可以发现，两个 PCA 试样在拉伸过程中，经弹塑性变形后的加工硬化率有显著上升的趋势，对于镁合金而言这是典型的孪生主导塑性变形的特征，随后加工硬化率上升至某一水平后转而下降。同时可以看到，ED-8.5%PCA 试样的 K_{tw} 值显著大于 ED-6%PCA 的 K_{tw} 值，这说明同一应力状态下 ED-8.5%PCA 试样所产生的孪晶数目更多。而从产生孪晶开始至加工硬化率定点的距离来看，8.5%PCA 试样更宽，也说明 8.5%PCA 试样能够提供更多的孪生软取向基体。此时，加工硬化率的最高点所对应的拉伸应变值可对应孪生产物数量较高（或最高）时的应变值，当拉伸孪生产物数量较大或种类较多时，其在退火过程中对织构弱化的贡献往往较大。因此，本节选取这一临界点所对应的应变值作为各个 PCA 板材的预拉伸应变值，对于 6% PCA 试样及 8.5% PCA 试样而言，其临界点所对应的应变值分别约为 9%和 12%。预拉伸处理后的试样命名为 ED-6%PCA-9%PRH 和 ED-6%PCA-12%PRH，或者 ED-8.5%PCA-9%PRH 和 ED-8.5%PCA-12%PRH。

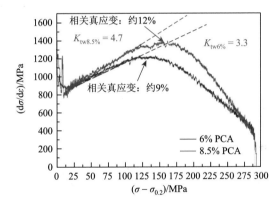

图 5-44　ED-6%PCA 试样和 ED-8.5%PCA 试样沿 ED 拉伸时的加工硬化率

图 5-45 为 ED-6%PCA 试样沿 ED 方向预拉伸 9%后的显微组织演变及织构演变分析，由于 ED-6%PCA 试样已经构建出了大量的 c 轴∥ED 取向的晶粒，因此在进行沿 ED 方向的预拉伸时，这些晶粒很容易发生 $\{10\bar{1}2\}$ 拉伸孪生，然而在进行 $<11\bar{2}0>86°\pm5°$ 拉伸孪晶界的判断时发现，拉伸孪晶界的体积分数并不是很大，这是因为经过 9%的预拉伸后，c 轴∥ED 织构成分几乎已被众多孪生产物消耗殆尽，所以与基体保持的相对 86°晶界数目遗留并不多。一个母晶粒产生的邻位或间位孪生变体之间的取向差可定义为 $<10\bar{1}0>60°$，当设定 $<10\bar{1}0>60°$特殊晶界时，许多类似于孪晶界的晶界被重新标定出来，说明这些特殊晶界是不同孪生变体之间取向差异。因此，ED-6%PCA 试样沿 ED 进行 9%的预拉伸过程使得 c 轴∥ED 基体几乎被完全分解为不同的孪生变体产物。

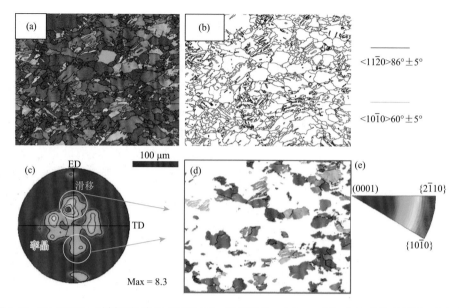

图 5-45　ED-6%PCA 试样预拉伸 9% 后的 EBSD 表征结果：（a）IPF 图；（b）特殊晶界图；（c）基面投影图；（d）预拉伸形变后遗留下来的 c 轴偏向 ED 晶粒；（e）遗留晶粒的 IGMA 分析

由图 5-43（a）中 ED-6%PCA 试样的柱面取向分布可知，图 5-45（c）中红色圆圈圈出的双峰为预拉伸过程中产生的孪生产物的基面投影位置。与此同时，ED-6%PCA 试样遗留下来的基面滑移软取向峰依然存在，其在预拉伸变形后有向 ND 轴靠拢的趋势，将这些取向的晶粒剥离出来。通过 IGMA 分析可以看出，这些晶粒的泰勒轴多分布在 $\{10\overline{1}0\}/\{2\overline{1}10\}$ 一侧，可见这些晶粒由于高的基面滑移 SF，从而在预拉伸过程中发生了显著的基面滑移。综上所述，由于对 ED-6%PCA 试样预拉伸时能够同时引入大量拉伸孪晶以及基面滑移，孪生取向峰与滑移取向峰呈现出正交四峰织构特征。

图 5-46 为 ED-8.5%PCA 试样沿 ED 方向预拉伸 12% 后的显微组织演变及织构演变分析。由图可见，该试样也得到了与上述 ED-6%PCA 试样经预拉伸后相似的显微组织及织构特征。区别在于，由于 ED-8.5%PCA 试样构建得到的 c 轴 // ED 织构组分更强，孪生变形贡献的塑性变形程度更大，因此需要更大的预拉伸应变才能将孪生软取向组分消耗完。

同时，12% 的预拉伸应变也得到更多的孪生产物，可以看到 ED-8.5%PCA-12%PRH 试样（0002）基面织构最大极密度位置已由 ED-6%PCA-9%PRH 试样的基面滑移软取向峰位置转变至孪生产物所对应的取向峰位置，但最大基面织构强度并不高，仅有 7.0。通过 IGMA 分析可知，未发生孪生的基面滑移软取向晶粒同样发生了显著的基面滑移。

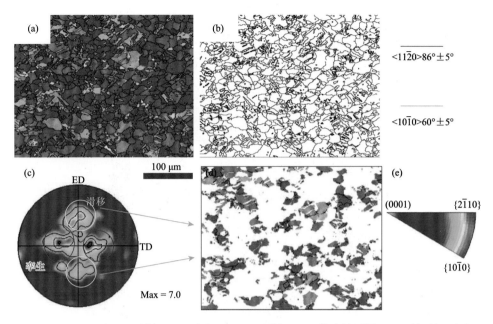

图 5-46 ED-8.5%PCA 试样 EBSD 表征：（a）IPF 图；（b）特殊晶界图；（c）基面投影图；
（d）预拉伸形变后遗留下来的 c 轴偏向 ED 的晶粒；（e）遗留晶粒的 IGMA 分析

　　图 5-47 为 ED-6%PCA-9%PRH 处理的 AZ31 板材试样与 ED-8.5%PCA-12%PRH 试样经 320℃退火 1 h 后的显微组织及织构演变（退火后的试样称为 PCA-PHA 试样）。经退火后，二者均得到了完全再结晶组织，由于前期预变形量的不同，二者在退火后的平均晶粒尺寸有所差异，统计分别约为 20.6 μm 和 14.5 μm。再结晶退火后的组织保留了由上一步预变形过程中基面滑移引起的取向及拉伸孪生引起的取向，形成了 ED-TD 面上的正交四峰织构。同时，四峰织构的最大极密度较再结晶退火之前有一定的弱化，但相较挤压板材原始态的织构，织构成分的分布特征具有明显的变化，且最大基面织构强度显著弱化。

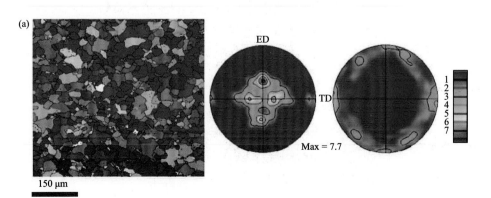

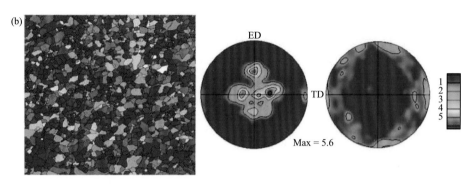

图 5-47　再结晶退火后的显微组织及织构演变：（a）ED-6%PCA-9%PHA；
（b）ED-8.5%PCA-12%PHA

5.4.3　预变形挤压板材的拉伸力学性能与杯突特性

图 5-48 为原始 AZ31 挤压板材与 ED-6%PCA-9%PHA 试样及 ED-8.5%PCA-12%PHA 试样的室温拉伸力学真应力-真应变曲线，表 5-9 为对应的力学性能数据。可以看出，由于原始 AZ31 挤压板材呈现强基面织构，其总体的拉伸屈服强度较高，延伸率较低，同时由于较大的 YS/UTS 屈强比，AZ31 原始板材的塑性加工区较小，这对于室温成形是不利的。此外，挤压板材由于其基面织构沿挤压方向被拉长，晶粒取向的分布沿 ND 轴向不对称，导致沿 ED 拉伸时屈服强度较低，延伸率较高，沿 TD 拉伸时，屈服强度较高而延伸率较低，呈现明显的力学性能平面各向异性。对于经过两次预变形并退火的 PCA-PHA 试样，其三个方向的力学性能曲线重合度明显提升，ED-6%PCA-9%PHA 试样及 ED-8.5%PCA-12%PHA 试样不同方向拉伸时的屈服强度之差由原始的 56.4 MPa 分别下降至 12.6 MPa 和 12.5 MPa，说明弱正交四峰织构的引入能够有效提升板材的各向同性。此外，在基面织构显著弱化的同时，由于 PCA-PHA 试样的基面织构同时向 ED、TD 均有大幅度偏转，板材在沿 0°、45° 及 90°拉伸时均存在大量高 SF 的基面滑移弱取向，这使得板材屈服强度显著下降，延伸率提升明显。同时，PCA-PHA 试样的 YS/UTS 屈强比有所下降，而三个方向的 n 值都有所上升且不同方向的数值更为均衡，这说明板材在室温拉伸成形过程中拥有更好的塑性变形能力及应变协调性。从 ED-6%PCA-9%PHA 试样及 ED-8.5%PCA-12%PHA 试样的力学性能数据来看后者略好，这是由于 ED-8.5%PRC 能够引入更多的孪生变体产物，从而在再结晶退火中贡献更多的取向梯度，增加了后续再结晶织构的弱化效果。同时更大的预变形也使 ED-8.5%PCA-12%PHA 试样获得更小的晶粒尺寸，因此，其室温拉伸力学性能要略优于 ED-6%PCA-9%PHA 试样。

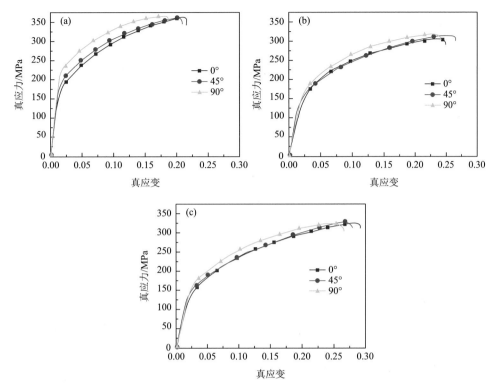

图 5-48　AZ31 板材室温拉伸真应力-真应变曲线：（a）原始板材；（b）ED-6%PCA-9%PHA；
（c）ED-8.5%PCA-12%PHA

表 5-9　原始 AZ31 挤压板材和 ED-6%PCA-9%PHA 及 ED-8.5%PCA-12%PHA 试样的力学性能

力学性能	原始板材			ED-6%PCA-9%PHA			ED-8.5%PCA-12%PHA		
	0°	45°	90°	0°	45°	90°	0°	45°	90°
YS/MPa	168.0	189.5	224.4	158.4	150.5	163.1	142.1	146.9	154.6
ΔYS_{max}/MPa		56.4			12.6			12.5	
UTS/MPa	361.3	359.4	361.2	307.1	315.3	319.1	324.2	328.4	323.8
EL/%	20.3	19.2	17.1	22.6	24.2	21.9	26.7	24.9	24.1
YS/UTS	0.47	0.54	0.62	0.51	0.48	0.51	0.44	0.45	0.47
n 值	0.27	0.24	0.20	0.28	0.30	0.28	0.33	0.32	0.32

　　图 5-49 为原始 AZ31 挤压板材、ED-6%PCA-9%PHA 试样及 ED-8.5%PCA-12%PHA 试样的室温杯突成形性能。可以看出，原始 AZ31 板材由于其具有 c 轴//ND 型强基面织构，且基面织构沿 ED 拉长导致较强的力学性能平面各向异性，致使其室温多向成形能力差，杯突值仅有 2.6 mm。而经预变形及退火工艺进行织构

改性后的 ED-6%PCA-9%PHA 试样及 ED-8.5%PCA-12%PHA 试样其室温杯突值分别达到了 5.2 mm 和 5.6 mm，是挤压原始态板材室温杯突值的 2 倍以上。这说明正交织构的引入不仅能有效提升板材的单轴拉伸性能，其对镁合金板材多向成形能力的提升同样非常显著。

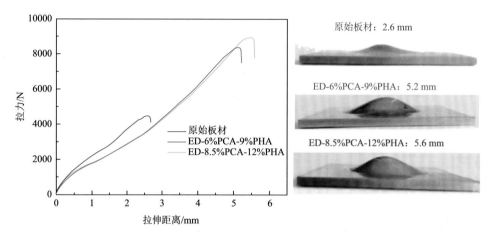

图 5-49　原始 AZ31 挤压板材、ED-6%PCA-9%PHA 试样及 ED-8.5%PCA-12%PHA 试样的室温杯突成形性能

5.4.4　预变形挤压板材的塑性变形机制

为了更为直观地阐述正交织构法改性对于板材室温成形性能的积极影响，研究对比了原始 AZ31 挤压板材与 ED-8.5%PCA-12%PHA 试样沿不同方向拉伸变形时的 SF 分布图，如图 5-50 所示。由于原始挤压板材基面织构强度高，其沿三个方向拉伸时的 SF 均不大，这也是拉伸屈服强度较高、塑性较差的主要原因。同时由于基面织构被拉长，分布沿 ND 轴向不对称，致使沿 TD 拉伸时具有基面滑移 SF 较大的软取向晶粒成分较少，引起 TD 方向高的屈服强度和差的延伸率。由强基面织构引起的塑性变形能力的不足与织构分布不对称，导致差的平面多向应变硬化协调性，这对板材的室温多向成形能力非常不利。因此，原始AZ31 挤压板材的室温杯突值非常低，仅有 2.6 mm。而经过预变形退火后，ED-8.5%PCA-12%PHA 试样在（0002）引入了正交织构，其沿 ED、TD 方向均有明显偏转且偏转角度差别并不大，同时基面织构强度得到了有效的弱化，这使得板材无论沿哪个方向拉伸都拥有较多高 SF 的基面滑移软取向晶粒，使得板材的拉伸屈服强度显著下降并且延伸率显著提升。同时，由于引入的弱正交织构能够有效减小板材的力学性能的各向异性，大大降低了板材在室温多向成形时沿不同

方向的应变硬化的不均匀性。单向拉伸塑性变形能力的提升和多向应变协调性的显著优化使得板材的多向成形能力显著优化，室温杯突值达到了 5.6 mm，相较原始挤压态板材提升超过 100%。

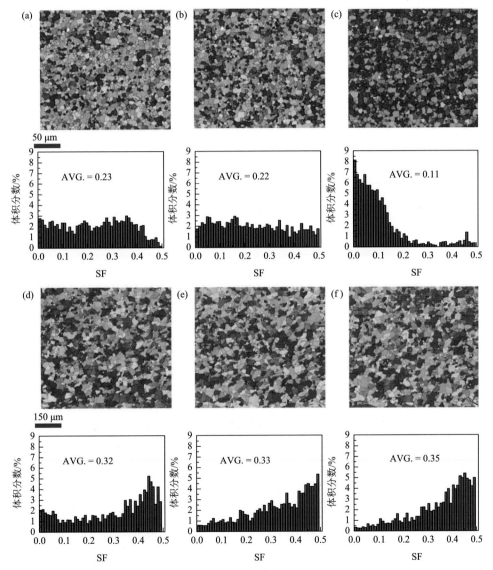

图 5-50　原始 AZ31 挤压板材及 ED-8.5%PCA-12%PHA 试样沿不同方向拉伸时的 SF 分布：（a）原始板材-0°；（b）原始板材-45°；（c）原始板材-90°；（d）ED-8.5%PCA-12%PHA 试样-0°；（e）ED-8.5%PCA-12%PHA 试样-45°；（f）ED-8.5%PCA-12%PHA 试样-90°

AVG.表示平均值

图 5-51 为原始 AZ31 挤压板材与 ED-8.5%PCA-12%PHA 试样的取向差角分析。可见对于原始挤压板材，其小角度晶界体积分数较多，平均取向差角度仅为 35.3°，$f_{\theta<30°}$ 的体积分数达到了 46.0%，整体取向差角度偏小，这主要是由强基面织构所造成的。对于经过织构改性后的 ED-8.5%PCA-12%PHA 试样，引入的弱四峰正交织构使材料的整体取向差角度显著增加，平均取向差角度增至 50.1°，较小取向差角度 $f_{\theta<30°}$ 的体积分数降至 18.4%。再结晶组织取向差角度的增加往往能够提升在塑性变形过程中晶粒与晶粒之间的应变协调能力，从而促使板材成形性能的增加。

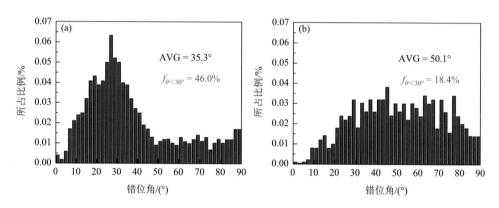

图 5-51　取向差角分布：（a）原始 AZ31 挤压板材；（b）ED-8.5%PCA-12%PHA 试样

针对具有 c 轴//ND 型强基面织构的板材进行正交织构构建时，两次预变形量的选取无疑是重中之重，其直接影响后续正交四峰织构的分布，从而影响后续的力学性能改善程度。对于预压缩阶段，首先预压缩量不应超过板材完全孪生化所对应的应变量，应留有一部分未发生孪生的弱取向基体，当然这类基体的取向一般偏离 ND 轴向角度较大。

然而这类取向成分也不应保留太多，以防止后续预拉伸工艺过程中孪生软取向基体成分过少，从而引起通过后续预拉伸退火构建的孪生取向峰强度过低，导致四峰峰强差别较大。从本次研究选取的预压缩量来看，8.5%的预压缩量稍好于 6%，因为 8.5% PCA 试样在预拉伸时孪生软取向基体更多，使得后续孪生变体产物更多，再结晶退火后得到的四峰织构强度更弱，且峰强更均衡。事实上，在对 6% PCA 试样及 8.5% PCA 试样进行预拉伸时，研究不仅选取了各自加工硬化率曲线最高点对应的真应变作为预拉伸应变，还对二者分别做了 7%的预拉伸实验以作对比，结果发现 ED-8.5%PCA-7%PHA 试样依然能引入较理想的四峰正交织构，而 ED-6%PCA-7%PHA 试样虽能构建出四峰织构，但四峰峰强不均衡，主要体现在滑移峰的峰强高于孪生产物峰的峰强，（0002）最大极密度的下降程度也不是很理想，致使 ED-6%PCA-7%PHA 试样依然存在一定的各向异性。可见在第一阶段通过预压缩退火引入孪生软取向基体的成分多少也直接关系到后续预拉伸应变的大小和其松弛程度。综上所述，通过分析，预压缩阶段采用的应变量应使退火后的最大极密度位置处于预压缩轴向位置，此取向峰的预置量应略大于保留的滑移软取向峰峰强。当然，无论是预压缩或是预拉伸和退火，组织中各个峰强的强弱搭配也受到再结晶退火对于孪生诱导形核与滑移诱导形核的选择所影响，其机制较为复杂，导致对各个峰强的定量控制方面有一定难度。

另外可以看出的是，此种织构改性法尤其适用于强基面织构型镁合金板材，板材基面织构越强，需要的预压缩及预拉伸量则反而更小，正交四峰织构改性对板材成形性能的改善程度也会越大。

参 考 文 献

[1]　Wu Z X，Ahmad R，Yin B L，et al. Mechanistic origin and prediction of enhanced ductility in magnesium alloys[J]. Science，2018，359：447-452.

[2]　He J J，Jiang B，Yu X W，et al. Strain path dependence of texture and property evolutions on rolled Mg-Li-Al-Zn alloy possessed of an asymmetric texture[J]. Journal of Alloys and Compounds，2017，698：771-785.

[3]　Liu G D，Xin R L，Shu X G，et al. The mechanism of twinning activation and variant selection in magnesium alloys dominated by slip deformation[J]. Journal of Alloys and Compounds，2016，687：352-359.

[4]　Guan D K，Wynne B，Gao J H，et al. Basal slip mediated tension twin variant selection in magnesium WE43 alloy[J]. Acta Materialia，2019，170：1-14.

[5]　Woo S K，Pei R S，Samman T A，et al. Plastic instability and texture modification in extruded Mg-Mn-Nd alloy[J]. Journal of Magnesium and Alloys，2022，10（1）：146-159.

[6]　Fu Y T，Sun J P，Yang Z Q，et al. Aging behavior of a fine-grained Mg-10.6Gd-2Ag alloy processed by ECAP[J]. Materials Characterization，2020，165：110398.

[7]　Chino Y，Kimura K，Mabuchi M A. Deformation characteristics at room temperature under biaxial tensile stress in textured AZ31 Mg alloy sheets[J]. Acta Materialia，2009，57（5）：1476-1485.

[8]　Li R H，Pan F S，Jiang B，et al. Effects of combined additions of Li and Al-5Ti-1B on the mechanical anisotropy of AZ31 magnesium alloy[J]. Materials & Design，2013，46：922-927.

[9]　Yang Q S，Jiang B，Dai J H，et al. Mechanical properties and anisotropy of AZ31 alloy sheet processed by flat extrusion container[J]. Journal of Materials Research，2013，28（9）：1148-1154.

[10]　Zhang L H，Cao W Q，Zhang Y，et al. Microstructure evolution and enhanced mechanical properties of additive manufacturing Al-Zn-Mg-Li alloy via forging and aging treatment[J]. Journal of Materials Research and Technology，2022，18：4965-4979.

[11]　Chen X M，Li L T，Chen W Z，et al. Fine-grained structure and recrystallization at ambient temperature for pure magnesium subjected to large cold plastic deformation[J]. Materials Science and Engineering A，2017，708：351-359.

[12]　Wang B S，Xin R L，Huang G J，et al. Effect of crystal orientation on the mechanical properties and strain

hardening behavior of magnesium alloy AZ31 during uniaxial compression[J]. Materials Science and Engineering A, 2012, 534: 588-593.

[13] Knezevic M, Levinson A, Harris R, et al. Deformation twinning in AZ31: Influence on strain hardening and texture evolution[J]. Acta Materialia, 2010, 58 (19): 6230-6242.

[14] He J J, Jiang B, Xu J, et al. Effect of texture symmetry on mechanical performance and corrosion resistance of magnesium alloy sheet[J]. Journal of Alloys Compounds, 2017, 723: 213-224.

[15] Liu B, He J J, Jiang B, et al. Improved the anisotropy of extruded Mg-3Li-3Al-Zn alloy sheet by presetting grain re-orientation and subsequent annealing[J]. Journal of Alloys and Compounds, 2016, 676: 64-73.

[16] 何杰军, 吴鲁淑. 预孪生纯镁及 AZ80 镁合金退火过程力学性能演变及其机制[J]. 金属热处理, 2022, 47(5): 65-70.

[17] 范沁红, 马立峰, 赵镇波, 等. 镁合金轧制热流体式控温轧辊温度变化规律研究[J]. 机械工程学报, 2022, 58 (8): 143-152.

[18] 孟强, 蔡庆伍, 江海涛, 等. AZ31 镁合金单轴拉伸过程中的{0002}双峰织构观察[J]. 稀有金属, 2011, 35 (2): 159-163.

[19] Zhou X, Ha C W, Yi Z, et al. Texture and lattice strain evolution during tensile loading of Mg-Zn alloys measured by synchrotron diffraction[J]. Metals, 2020, 10 (1): 124-138.

第6章

镁合金挤压板材室温弯曲成形性能

弯曲成形作为金属成形工艺中最基本的塑性成形手段之一，在各类零部件制造加工过程中被广泛采用。弯曲成形也可以作为衡量镁合金板材塑性成形能力的一种重要指标。对于镁合金而言，其室温下可开动的滑移系少，且经一次塑性成形后用于弯曲成形的材料又多呈现强基面织构，导致镁合金板材室温弯曲成形能力差，无法像铝及铝合金一样进行较大程度的弯曲[1, 2]。因此，工业生产中的镁制品的弯曲往往伴随着多道次的逐步弯曲和中间退火以避免提早失效，低的良品率与高能耗强烈限制了镁合金在弯曲成形件中的应用。由于现有的弯曲理论多是建立在面心立方金属和体心立方金属之上，密排六方金属因为其晶胞天然的不对称性，所以其在弯曲塑性变形中往往呈现出与前两者差异较大的变形行为，因此表现出迥异的弯曲特性与弯曲成形能力。近些年来，学者们也开始建立基于密排六方金属的弯曲成形性理论，如指出弯曲成形过程中中性层的偏移规律、内外侧显微组织及塑性变形机制的演变等，但回归至镁板室温弯曲成形能力提升这一难题上，依然没有太好的解决办法。基面织构弱化自然是一种比较有效的手段，然而对于变形镁合金板材而言，织构的有效弱化本就是难题之一，且根据文献报道及实验探索发现，只要 c 轴//ND 型基面织构存在，镁板室温弯曲成形能力的改善收益就不会有那么明显。基于上述多方面因素，针对镁合金材料的室温弯曲成形的深层次探究显得尤为重要。

对于具有普通 c 轴//ND 型基面织构板材的弯曲成形行为而言，弯曲内外侧一压一拉将致使板材内外侧晶粒发生不一样的塑性变形机制[3, 4]。由于板材内侧压应力垂直于晶胞 c 轴，内侧晶粒极易发生 $\{10\bar{1}2\}$ 拉伸孪晶，可以有效协调应变；而板材外侧拉应力垂直于晶胞 c 轴，外侧晶粒仅能发生基面滑移及柱面滑移，由于此时处于基面的 $<11\bar{2}0>$ 滑移方向几乎无板厚方向的分量，故由拉应力引起的厚向应变无法得到有效协调，从而导致裂纹往往优先出现在弯曲板材外侧。可见，若能合理改性织构，使得弯曲板材内外侧均能够有效协调应变，同时构建板材弯曲成形内外侧塑性变形机制的对称化调控以大幅度减小内外侧的变形能力之差，那么必能显著改善镁板的弯曲成形性能。

6.1 镁合金挤压板材预变形改性和弯曲成形方案

6.1.1 AZ31 挤压板材的弯曲前改性

图 6-1 为原始 AZ31 挤压板材的显微组织及取向分析。由图可见，该 AZ31 挤压板材由均匀的再结晶晶粒构成，平均晶粒尺寸约为 11.6 μm。板材呈现典型的 c 轴∥ND 型强基面织构，最大极密度达到 13.6，且基面织构沿挤压方向被拉长。此外，从 $\{10\bar{1}0\}$ 投影图中可以看出，a 轴的分布较为随机，无明显择优取向。

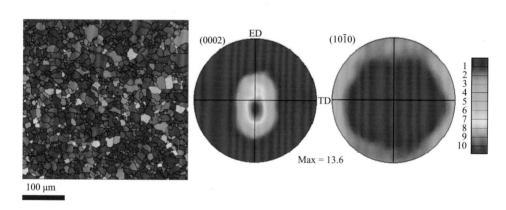

图 6-1 原始 AZ31 挤压板材的显微组织及取向分析

基于板材弯曲过程中内外侧塑性变形机制的对称化调控理念，首先将该 AZ31 挤压板材的强基面织构调控为基面织构全偏的织构类型。考虑到挤压板材的基面织构沿挤压方向被拉长而由 ND 到 TD 取向偏离角度更小，若沿着 TD 方向进行预压缩，相较沿 ED 预压缩需要更小的预压缩应变即可实现完全孪生化，因此选择沿 TD 进行预压缩以构建全偏型织构。根据前面章节的结果，此处选取 4% 和 6% 的应变值作为预压缩应变。图 6-2 和图 6-3 为 AZ31 挤压板材预压缩的显微组织及织构演变。可见，4% PRC 试样几乎每一个晶粒内部都存在孪晶，但 c 轴∥ND 基体并未发生完全孪生化，从（0002）投影图上也可明显看出仍有一定强度的未发生孪生的基体取向遗留下来。而当预压缩量增加至 6%，孪晶界数目显著减少，c 轴∥ND 基体几乎消失不见，几乎已形成单一的 c 轴∥TD 织构，这是原始挤压态几乎发生完全孪生化所致。因此，6% PRC 试样的 c 轴 // TD 织构强度显著高于 4% PRC 试样。

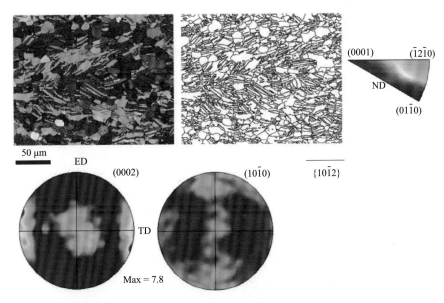

图 6-2　AZ31 板材沿 ED 进行 4%预压缩后的显微组织及织构演变

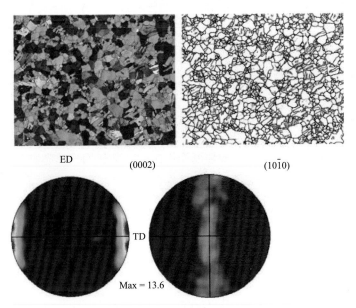

图 6-3　AZ31 板材沿 ED 进行 6%预压缩后的显微组织及织构演变

借助镁合金再结晶晶粒在退火中会继承拉伸孪生产物的取向这一规律,对 4% PRC 试样和 6% PRC 试样进行 320℃退火 1 h 处理,以引入 c 轴∥TD 基面织构全偏型的织构,同时二者(后称退火态试样为 PCA 试样)也都得到了完全再结晶组织,如图 6-4 所示。经统计,4% PCA 试样与 6% PCA 试样的平均晶粒尺寸分别约为 33.2 μm 和 25.7 μm,晶粒尺寸有一定细化,但 6% PCA 试样的晶粒尺寸明显更加均匀。与此同时,4% PCA 试样与 6% PCA 试样均引入了强的 c 轴∥TD 类型织构,且几乎没有出现其他的织构组分,由于 6% PRC 试样孪生化程度更高,退火得到的 c 轴∥TD 织构强度也越大,最大极密度达到了 25.5。从 $\{10\bar{1}0\}$ 投影图可知,再结晶退火后的 PCA 试样柱面拥有一定强度的 $<10\bar{1}0>$∥ND 择优取向,且随预压缩量的增加,c 轴∥TD 再结晶织构强度增加,柱面择优取向也更为明显。

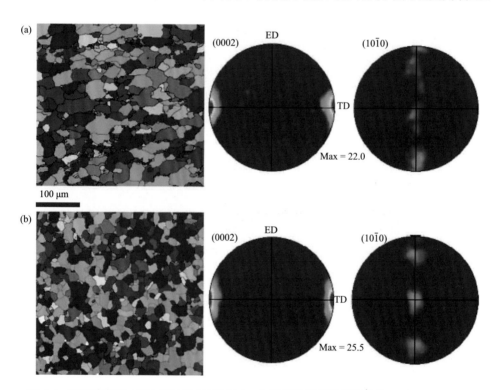

图 6-4 预压缩变形 AZ31 板材经 320℃退火 1 h 的显微组织及织构演变:(a)4% PCA;
(b)6% PCA

6.1.2 AZ31 板材的弯曲方案

弯曲用板材为 50 mm×50 mm 正方形 AZ31 板材,厚度为 3 mm。沿 TD 方向预压缩 4%和 6%，预压缩后进行 320℃退火 1 h 处理，构建如图 6-5 所示的 5 种织构类型（包括原始 AZ31 挤压板材的 ED 和 TD 两个样品，6% PCA 的 ED、45°和 TD 三个样品）。沿板材 ED、45°、TD 取样，切割成 50 mm×10 mm 的矩形样品，放置于弯曲模具，冲头下降的速度设置为 3 mm/min。分别用 90°凹模与 60°凹模，其中前者配套的 90°凸模上冲头半径为 6 mm，后者配套了半径分别为 6 mm 与 4 mm 的上冲头凸模，如图 6-6 所示。通过改变凹模与凸模冲头半径来逐渐增加弯曲成形条件的苛刻程度，分别为：①弯曲模角度 90°，凹模跨距 32 mm，上模冲头半径 $r = 6$ mm；②弯曲模角度 60°，凹模跨距 22 mm，上模冲头半径 $r = 6$ mm；③弯曲模角度 60°，凹模跨距 22 mm，上模冲头半径 $r = 4$ mm。三种参数的模具在弯曲实验中带来的弯曲条件依次逐渐变得苛刻。

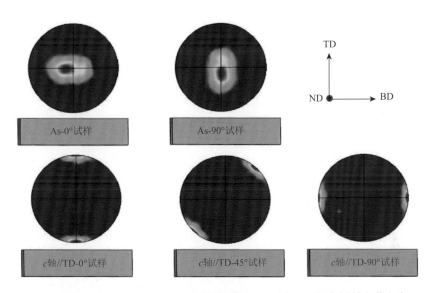

图 6-5　用于弯曲试验的不同初始织构类型样品（图中 BD 代表板材弯曲方向；As 表示原始板材）

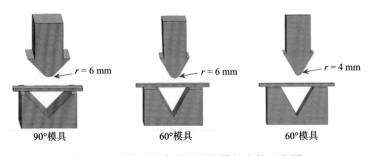

图 6-6　弯曲试验中所用到的模具参数示意图

6.2　AZ31 挤压板材的弯曲成形行为

图 6-7 为 c 轴 // ND 型原始 AZ31 挤压板材沿 0° 和 90° 取样，c 轴 // TD 型 4% PCA 试样，以及 6% PCA 板材沿 0°、45° 和 90° 取样，弯曲过程中的弯曲载荷-位移曲线。由图 6-7（a）可知，原始 AZ31 挤压板材无论是 0° 试样还是 90° 试样，在弯曲模角度 90°、上模冲头半径 $r = 6$ mm 的宽松弯曲条件下均不能完成最终成形，值得注意的是，挤压板材 0° 试样总是保持着比 90° 试样更好的弯曲成形性能，同一冲压位移下的弯曲载荷也更低。

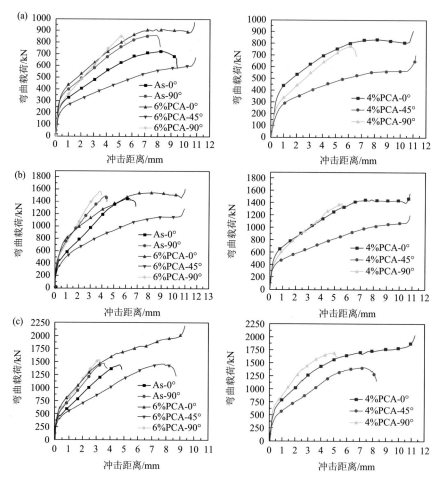

图 6-7　原始 AZ31 挤压板材、6% PCA 板材以及 4% PCA 板材沿不同方向进行弯曲时的弯曲载荷-位移曲线：（a）凹模角度 $\theta = 90°$，冲头半径 $r = 6$ mm；（b）凹模角度 $\theta = 60°$，冲头半径 $r = 6$ mm；（c）凹模角度 $\theta = 60°$，冲头半径 $r = 4$ mm

　　对于 6% PCA 试样，其 0°试样和 45°试样均能在此条件下完成弯曲成形。当采用弯曲模角度 60°、上模冲头半径 $r = 6$ mm 时，由于凹模跨距的减小，弯曲成形难度显著增加。原始 AZ31 挤压板材所能达到的冲压位移显著减小，而 6% PCA 板材的 0°试样和 45°试样依然能完成成形。当继续加大弯曲成形难度，上模冲头 r 减小至 4 mm 时，原始挤压态板材试样所能达到的弯曲位移进一步减小，遗憾的是 6% PCA 板材的 45°试样在弯曲位移达到 9.5 mm（即将完成终成形）左右时失效，而 6% PCA 板材的 0°试样依然完成了终成形。除此以外，虽然 6% PCA 板材的 0°试样和 45°试样相较原始挤压板材试样其弯曲成形能力提升明显，但 90°试样却表现出非常差的成形能力，甚至比原始板材 90°试样更差。可见，不同初始织构类型对于镁板弯曲成形能力的影响非常大。

　　4% PCA 板材的 0°、45°和 90°试样在不同条件下弯曲时的变形规律与 6% PCA 试样是一致的，从二者 45°试样于弯曲模角度 $\theta = 60°$，冲头半径 $r = 4$ mm 条件下的表现来看，6% PCA 试样略好一些，这可能得益于 6% PCA 试样更加均匀的显微组织，使得其在弯曲成形过程中应力集中小，成形能力稍强。因此，在后续分析不同初始织构对于弯曲成形性的影响中，采用了 6% PCA 试样三个角度的弯曲样与原始挤压板材两个角度的弯曲样进行对比，同时在绘制图 6-7 时，避免曲线过多带来对比上的不清晰，故将 4% PCA 试样的弯曲载荷-位移曲线进行了单独绘制。

　　为了更加清晰直观地对比不同试样的弯曲成形能力，图 6-8 展示了原始 AZ31 挤压板材 0°试样、90°试样，6% PCA 板材 0°试样、45°试样和 90°试样经不同弯曲条件下弯曲成形后的试样。可以看出，原始 AZ31 板材试样均未能完成相应条件

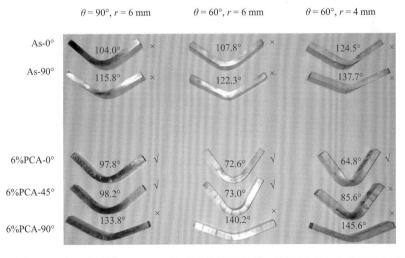

图 6-8　原始 AZ31 挤压板材与 6% PCA 处理后沿不同角度、经不同弯曲条件下进行弯曲后的成形性能对比

下的弯曲成形，且随着弯曲条件变得更为苛刻，冲头上模所能下降的位移变小，最终得到的弯曲成形角也越大。同时，同一弯曲条件下的 0°试样所能得到的弯曲成形角总是小于 90°试样，进一步说明原始 AZ31 挤压板材沿其挤压方向进行弯曲比沿板材横向进行弯曲表现出更好的弯曲成形性能。同时，随着凹模角度的减小与弯曲上模冲头半径的减小，弯曲回弹程度也逐渐减小。总的来看，不同初始织构对于镁板弯曲成形能力的影响是非常大的。

同时，c 轴∥TD 板材 45°试样在进行弯曲成形时，基于内-外侧的压-拉宏观应力状态下，具有 texture 4 的 AZ31 板材的内外侧均应表现出良好的协调应变能力，且形变能够引起内外侧较为对称的塑性变形机制选择，从而有效改善板材的弯曲成形性。因此，如图 6-8 所示，6% PCA 板材的 45°试样较原始 AZ31 挤压板材的弯曲成形性能有大幅度提升。但是，6% PCA 板材 0°试样却表现出更好的弯曲成形性能。

表 6-1 为不同初始织构的试样原始厚度与经不同弯曲条件弯曲后弯曲部位厚度的测量结果，对于弯曲试样，测量其弯曲部位的顶弧位置。此处，只对该弯曲条件下完成终成形的弯曲样品做了测量。为了便于比较，同时测量了原始 AZ31 挤压板材的 0°与 90°弯曲样于弯曲条件为凹模角 90°、上冲头半径 r 为 6 mm 时的厚度变化。可以看出，具有 c 轴∥ND 型织构的原始 AZ31 挤压板材弯曲后厚度均明显增大，根据以往报道，这是由于 c 轴∥ND 基面织构型板材在弯曲过程中，外侧主要为滑移机制协调拉应变而内侧为拉伸孪生机制协调压应变，此时，压缩层压应力几乎与镁板晶胞 c 轴相互垂直，极易发生 $\{10\bar{1}2\}$ 拉伸孪晶。由于孪生临界剪切应力很低，此种应力状态下孪生 SF 很大而外层基于拉应力的基面滑移 SF 很小，导致内层应变相较外层更为容易。因此，应变中性层会向外层迁移，导致板材弯曲后由于内层压缩带来的增厚大于拉伸层拉应力引起的减薄，故板材在弯曲后厚度增加。

表 6-1　原始 AZ31 挤压板材试样及 6% PCA 板材试样在弯曲成形前后的厚度变化

弯曲条件	As-0°	As-90°	6% PCA-0°	6% PCA-45°	6% PCA-90°
完全之前	2.95	2.95	3.12	3.12	3.12
$\theta = 90°$，$r = 6$ mm	3.02	3.07	3.10	3.06	—
$\theta = 60°$，$r = 6$ mm	—	—	3.08	3.03	—
$\theta = 60°$，$r = 4$ mm	—	—	3.07	—	—

另外，弯曲成形性表现更好的原始 AZ31 挤压板材 0°试样其板厚的增厚量比 90°试样更小。值得注意的是，c 轴∥TD 型板材的 0°试样与 45°试样在弯曲

以后出现了变薄的现象，而且随着弯曲条件更为苛刻，弯曲程度增加，板材在弯曲成形后的薄化量增加，此种现象一般出现在滑移系较多的立方结构金属的弯曲成形实验中，目前基于镁板弯曲成形的研究中这一规律还较为少见。这表明基面织构全偏型的织构改性对于镁板弯曲成形行为影响非常大。需要指出的是，由于 c 轴∥TD 型板材是基于原始 AZ31 挤压板材沿 ED 预压缩变形而来的，原始板材在预压缩以后厚度会有所增加，因此二者在弯曲之前的初始厚度有所差异。

最小弯曲半径 r/t（r 为板材弯曲后顶弧位置的内半径，t 为板材的初始厚度），以及弯曲终成形角的测定，能够用来更为定量地分析和比较不同板材的弯曲成形能力，图 6-9 统计了试样经 $\theta = 60°$、$r = 4$ mm 弯曲条件下弯曲之后所测得的最小弯曲半径及弯曲终成形角。对于弯曲成形而言，最小弯曲半径与弯曲终成形角与板材弯曲成形能力成反比。由图可知，具有 c 轴∥ND 型强基面织构的原始挤压板材试样其最小弯曲半径在 4 mm 左右，而经过基面织构改性后的 6% PCA 板材的 0° 和 45°试样所能达到的最小弯曲半径显著减小，说明此种试样的初始织构非常有利于提升镁板的室温弯曲成形性能，尤其是 6% PCA-0°试样，其达到的最小弯曲半径减小至 1.21 mm，这在 AZ31 镁合金板材室温弯曲条件下很少见，仅在 AZ31 板材通过多道次弯曲并伴有中间退火的研究中达到过[5]。

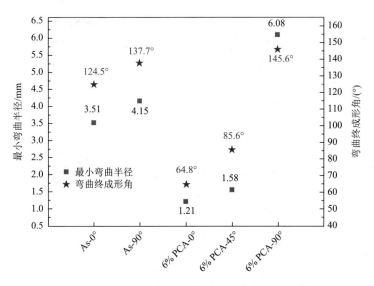

图 6-9　不同初始织构的试样所能达到的最小弯曲半径及弯曲终成形角测定

6.3 挤压态 AZ31 板材弯曲过程中的组织与织构

以板材的几何中心层为界，定义由几何中心层向外的距离为正，向内的距离为负，此时 3 mm 板材的整个厚度可标记为-1500～1500 μm。

6.3.1 原始 AZ31 板材沿 ED 方向弯曲过程中的内外侧组织与织构

图 6-10 为原始 AZ31 挤压板材沿 ED 方向（As-0°）试样弯曲后外侧拉伸区1500～900 μm 范围的显微组织及织构。从显微组织上看，此区域并没有观察到孪晶，与弯曲前板材的显微组织相差不大，能观察到一些晶粒沿拉伸方向被拉长。相较弯曲前的织构，弯曲后此区域的基面织构沿 ED 的拉长程度大幅度减小，基面织构强度也显著增加。此外，$\{10\bar{1}0\}$柱面投影图上也出现较强的择优取向，类似于 c 轴∥ND 取向型单晶柱面的投影，说明该板材最外侧拉伸区在宏观拉应力下承受的应变非常大，发生了显著的滑移变形，从而形成了较强的（0002）<11$\bar{2}$0>形变织构（<11$\bar{2}$0>∥BD，BD 为弯曲方向即宏观拉应力方向）。从 IPF 图中随机挑选了三个晶粒，对其进行 IGMA 分析，可见晶粒 1 与晶粒 2 的晶内泰勒轴多分布于<0001>附近，说明这些晶粒主要发生了柱面<a>滑移。晶粒 3 的晶内取向差轴主要分布在<10$\bar{1}$0>/<2$\bar{1}$10>一侧，说明该晶粒主要发生了基面<a>滑移。再对

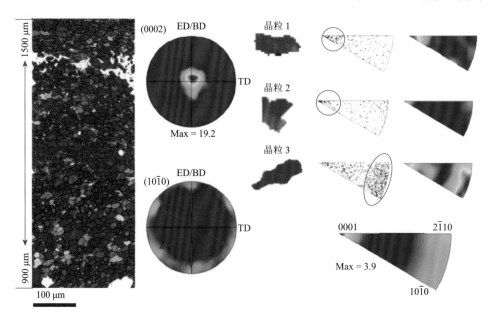

图 6-10 原始 AZ31 挤压板材 0°试样弯曲后外侧拉伸区 1500～900 μm 范围的显微组织及织构

整个 1500～900 μm 区域晶粒的取向差轴分布做统计，<0001>附近强度较高，<10$\bar{1}$0>/<2$\bar{1}$10>附近也有一定水平，说明板材于此区域主要的变形机制为柱面<*a*>滑移，同时会一定程度发生基面<*a*>滑移。

图 6-11 为 As-0°试样弯曲后外侧拉伸区 900～300 μm 的显微组织及织构。可以看到，此区域的晶粒依然为等轴晶，未观察到孪晶，与板材弯曲前组织状态大致相同。基面织构沿 ED 被拉长程度较弯曲前减小，但比 1500～900 μm 区域的拉长程度略大，同时基面织构强度处于二者之间。对 IPF 图中所有晶粒做 IGMA 分析，其泰勒轴多分布于<10$\bar{1}$0>/<2$\bar{1}$10>一侧，并且<0001>附近也具有明显的分布水平，说明该区域晶粒在拉伸状态下主要的变形机制为基面<*a*>滑移，伴随一定活跃程度的柱面<*a*>滑移。

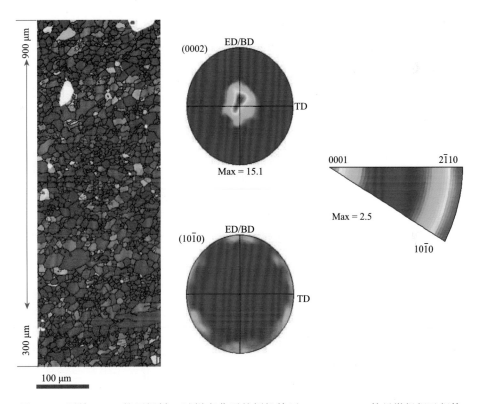

图 6-11　原始 AZ31 挤压板材 0°试样弯曲后外侧拉伸区 900～300 μm 的显微组织及织构

图 6-12 为 As-0°试样弯曲后几何中心层上下各 300 μm 区域的显微组织及织构。由于板材初始呈现 *c* 轴∥ND 型强基面织构，因此弯曲时内层压应力与大多数晶粒 *c* 轴相互垂直，由于孪生临界剪切应力很低且此应力状态下 SF 很大，可以认为拉伸孪生产生的位置即为应变中性层位置的所在，即便有所偏差也应差别不

大。根据这个规则可以清楚地看到，As-0°试样应变中性层向外层迁移明显，大约为 172 μm。同时，将应变中性层上下的拉伸区与压缩区分别进行分析，由于应变中性层以上的拉伸区仅有不到 150 μm，形变量还比较小，其织构的分布与弯曲前的织构状态类似，基面织构沿 ED 被拉长，且最大极密度差异也不大。

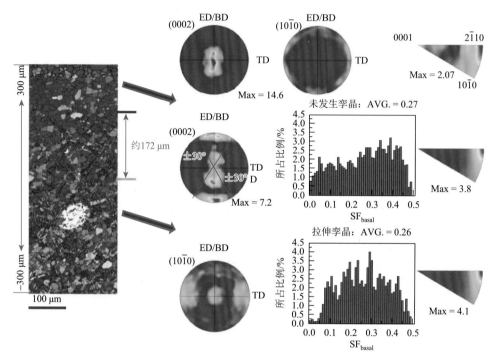

图 6-12　原始 AZ31 挤压板材 0°试样弯曲后几何中心层 300～−300 μm 区域的显微组织及织构

对应变中性层以上拉伸区部分做 IGMA 分析，这部分区域的晶粒以基面滑移为主，主要是因为应变较小，原始板材基面织构沿 ED 被拉长，这些偏离 ND 向 ED 角度较大的弱取向晶粒因其基面滑移 SF 较大会优先参与到拉伸应力应变中。应变中性层以下的压缩区域随应变的增加，孪生化程度逐渐增加。根据这一区域的（0002）投影图可以看出，偏离 ND 轴向角度最小的晶粒由于其 c 轴几乎与压缩应力垂直，优先发生了孪生，未发生孪生的基体主要表现为偏离 ND 向 ED 角度较大的织构组分。显然，这一织构组分因其基面滑移 SF 较大（平均 SF 达到 0.27），也发生了显著的基面滑移，这一点从对应的 IGMA 分析中可以明显看出。此外，由于原始 AZ31 挤压板材 a 轴呈现随机分布，因此由弯曲成形中压缩应力引入的拉伸孪生产物的取向会分布在沿 ED/BD 轴向±30°位置，这些孪生不乏众多偏离 ED/BD 轴向位置的取向，导致一次拉伸孪生具有较高的基面滑移 SF。根据对拉伸孪生产物的 IGMA 分析可知，孪晶在形成之后的进一步变形中很好地充当了基面滑移软取向，为协调压缩区的应变继续做出贡献。

图 6-13 为 As-0°试样弯曲后内侧压缩区–300～–900 μm 范围的显微组织及织构。这个区域为原始挤压板材晶粒逐渐被完全孪生化的过渡区域，对于 As-0°试样，其基面织构沿 ED 被拉长，存在一些偏离 ND 向 ED 角度较大的晶粒，这些晶粒由于孪生 SF 较低无法发生孪生化而被保留下来，如图 6-13 中红色圆圈圈出的织构组分，但这些遗留基体并不算多，从 IPF 图中可以清楚地看到这些晶粒的存在，其一般呈现粉红或暗红色。这类织构组分在沿 ED 的压缩应力状态下其孪生 SF 虽然较低，但基面滑移 SF 却很高，其能通过发生基面滑移来协调内层压缩应变。同时对占主导成分的拉伸孪生产物做了 IGMA 分析，可以看到其可通过基面滑移继续协调应变。

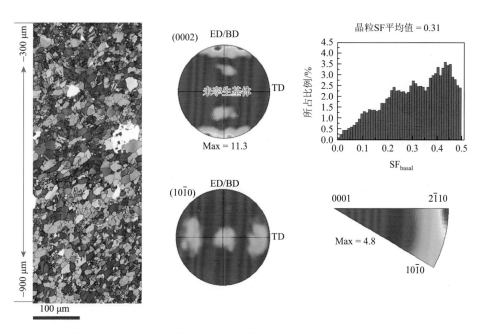

图 **6-13**　原始挤压板材 0°试样弯曲后内侧压缩区–300～–900 μm 范围的显微组织及织构

图 6-14 为 As-0°试样弯曲后内侧压缩区–900～–1500 μm 范围的显微组织及织构。这一区域由于压缩应变的进一步加大，发生孪生的基体已被完全孪生化，孪生产物中依然夹杂着少量未能发生孪生的弱取向晶粒。对比整个压缩区微观极图可以发现，上一压缩区域（–300～–900 μm）分布在 ED/BD 轴向附近的极密度较为分散，而至–900～–1500 μm 区域，最大极密度完全聚拢在 ED/BD 一侧，并且织构强度有小幅度增加。结合 IGMA 分析，此区域的塑性变形机制仍然表现为显

著的基面滑移。如前所述，压缩区能发生孪生化的基体多为偏离 ND 轴向 ED 轴角度较小的硬取向晶粒，这些晶粒无论在拉伸应力下还是压缩应力下均不能发生基面滑移。一方面，这类取向的晶粒在压缩区极易发生 $\{10\bar{1}2\}$ 拉伸孪生，并以此来协调压缩区应变；另一方面，由于原始板材 a 轴的无择优取向性，孪生产物分布在 ED/BD 轴向 $\pm30°$，使得孪生产物具有比较高的基面滑移 SF，孪生产物能够继续通过基面滑移来协调压缩应变，这是典型的孪生诱导晶粒取向软化效应。同时可以观察到的是，压缩区最边缘位置出现了斜 45° 的剪切带（IPF 图最下侧未标定出的白色区域），但 As-0° 试样失效时宏观裂纹并未出现在内侧压缩区，可见，此时出现的应变不均匀并非导致弯曲试样失效的原因，失效的根本原因是外侧拉伸区板材更差的形变能力。

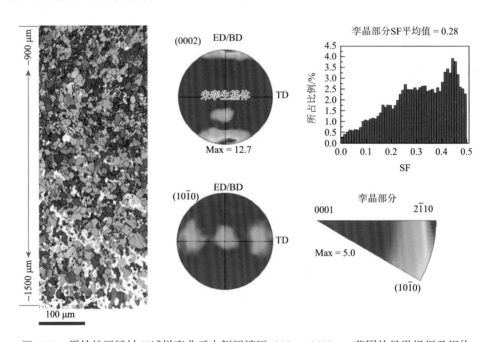

图 6-14　原始挤压板材 0°试样弯曲后内侧压缩区 $-900\sim-1500~\mu m$ 范围的显微组织及织构

6.3.2　原始 AZ31 板材沿 TD 方向弯曲过程中的内外侧组织与织构

图 6-15 为原始 AZ31 挤压板材沿 TD 方向（As-90°）试样弯曲后外侧拉伸区 $1500\sim900~\mu m$ 范围的显微组织及织构。从组织上看，此区域并无明显孪生行为发生。与 As-0° 试样对应区域不同的是，其织构的分布特点相较原始挤压板材并未发生改变，基面织构依然沿 ED 方向呈拉长趋势，且拉长程度并未有明显改变，这也说明，偏向 ED 角度较大的晶粒其在沿 ED 方向拉伸变形时为基面滑移软取向，

而沿 TD 拉伸变形时，其 c 轴仍与拉伸方向垂直，此时呈基面滑移硬取向，故在外侧拉伸形变后其基面投影位置并无明显改变。虽然基面投影图并无显著改变，但 $\{10\bar{1}0\}$ 柱面投影图却有显著改变，出现了明显的 $<10\bar{1}0>/\!/ BD$ 的择优取向，初步推测是由于组织发生了柱面滑移。

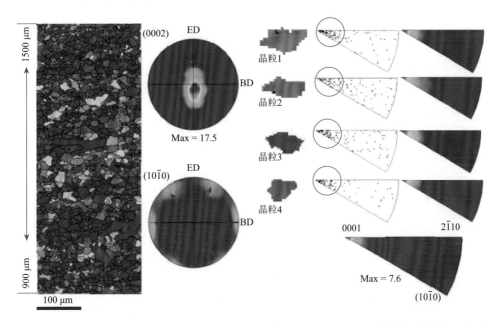

图 6-15　原始 AZ31 挤压板材 90°试样弯曲后外侧拉伸区 1500～900 μm 范围的显微组织及织构

在 IPF 图中随机选择了四个晶粒，对其进行 IGMA 分析，发现四个晶粒的晶内取向差轴均主要分布在 <0001> 附近，说明这些晶粒均发生了柱面 <a> 滑移。对整个 IPF 图中的晶粒做取向差轴分布统计，发现其晶内泰勒轴几乎全部分布在 <0001> 附近，且水平非常高，达到 7.6，显著高于 As-0°试样此区域的泰勒轴分布水平，说明 As-90°试样最外侧的柱面滑移活跃程度远高于 As-0°试样。显然，由于原始挤压板材基面织构沿 ED 偏转程度较大，而沿 TD 几乎无拉长，As-90°试样在弯曲时沿 TD 拉伸基面滑移软取向显著少于 As-0°试样，基面滑移对形变的贡献少得多，外层的拉伸应变仅能通过柱面 <a> 滑移协调，故柱面滑移的程度更大，这一点从 IGMA 分析中也能看出，在对 As-90°试样最外侧 600 μm 区域范围晶粒的取向差轴分布分析中，几乎看不到 $<10\bar{1}0>/<2\bar{1}\bar{1}0>$ 处有分布水平。

图 6-16 为 As-90°试样经弯曲后外侧拉伸区 900～300 μm 范围的显微组织及织构。从显微组织上看，其与原始挤压板材未弯曲时的组织几乎无差别。此外，织构的分布情况也无明显改变，只是最大极密度略有增强，同时 $\{10\bar{1}0\}$ 面投影图上

也出现一定强度的<$10\overline{1}0$>//BD 的择优取向。根据 IGMA 分析可知，晶内取向差轴大多分布在<0001>附近，说明此区域的晶粒在弯曲成形时仍以柱面滑移为主，<$10\overline{1}0$>/<$2\overline{1}10$>一侧虽能观察到一部分分布水平，但强度比较低，说明基面滑移的活跃程度并不高，这一现象主要还是与板材初始态的织构分布有关，其沿 TD 倾转的弱取向晶粒成分太少，致使弯曲过程中沿 TD 拉伸时基面滑移 SF 太小，基面滑移对应变的贡献也更小。

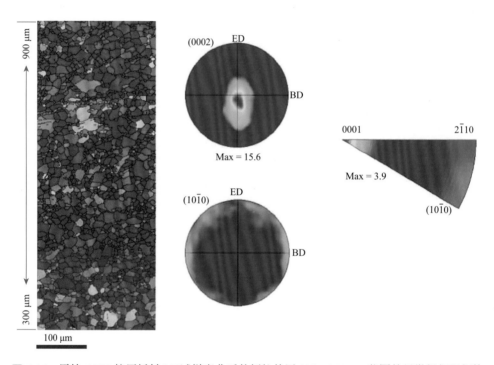

图 6-16 原始 AZ31 挤压板材 90°试样弯曲后外侧拉伸区 900～300 μm 范围的显微组织及织构

图 6-17 为 As-90°试样弯曲后几何中心层上下各 300 μm 范围的显微组织及织构。由图可见，显微组织的演变规律与之前 As-0°试样相同，由于存在拉伸区向压缩区的过渡，故应变中性层以内能引入大量{$10\overline{1}2$}拉伸孪晶。值得注意的是，As-90°试样其应变中性层偏向弯曲板材几何中性层外侧的幅度更大，同样地，利用由压缩应力产生的拉伸孪晶为界并测量，应变中性层由内而外迁移了约 274 μm。对应变中性层以上的小部分区域做 IGMA 分析，发现塑性变形机制仍以柱面<a>滑移为主，伴随一定程度的基面滑移，只不过此区域范围由于靠近应变中性层附近，发生滑移变形的程度较小，因此取向差轴的分布水平并不高。同时对应变中性层以下的压缩区未孪生化的组织与孪生产物分别做了塑性变形分析，可知，在压缩应力刚刚产生的区域，未能发生孪生化的组织依然能表现出一定的

基面滑移变形机制。产生基面滑移的晶粒多为偏离 ND 轴向 TD 角度较大的晶粒，如图 6-17 中保留的未孪生化的织构成分，虽然 As-90°试样中这类取向的晶粒成分较少，但依然存在，其会在小应变区域的变形中被优先选择，毕竟基面滑移的临界剪切应力非常低，不难分析，这也是应变中性层以上的一定区域范围，基面<a>滑移的成分相对比较明显的原因。同时，由于原始挤压板材 a 轴的随机分布，孪生产物的基面投影沿 BD 轴呈±30°分布，孪生产物在沿 BD 的压缩应力下依然能够表现出较高的基面滑移 SF，其可在后续弯曲过程中继续协调压缩区的塑性应变。

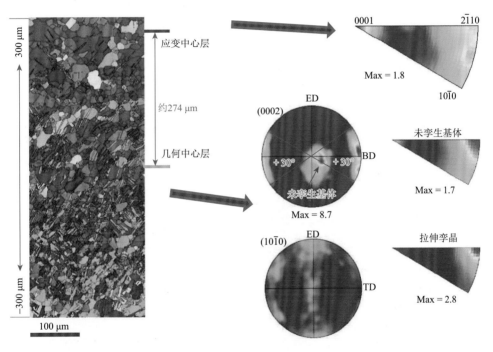

图 6-17　原始 AZ31 挤压板材 90°试样弯曲后几何中心层 300～−300 μm 范围的显微组织及织构

　　图 6-18 为 As-90°试样弯曲后压缩区−900～−1500 μm 范围的显微组织及织构。可以看到，这一区域 c 轴∥ND 取向基体几乎被完全孪生化，（0002）面投影图 ND 轴向附近已无明显的织构组分存在，这说明 As-90°试样压缩区的孪生化程度要比 As-0°试样压缩区的孪生化程度大得多，这主要是因为挤压板材织构沿 TD 偏转较小，其几乎不存在偏离 ND 轴向 TD 角度较大的晶粒，因而不能发生孪生。同时，根据对孪生产物的 IGMA 分析，晶内取向差轴分布于<uv0>且分布水平较高，这是由于此区域孪生产物沿 TD 压缩时仍具有相对较高的基面滑移 SF，故塑性变形机制依然以基面滑移为主。

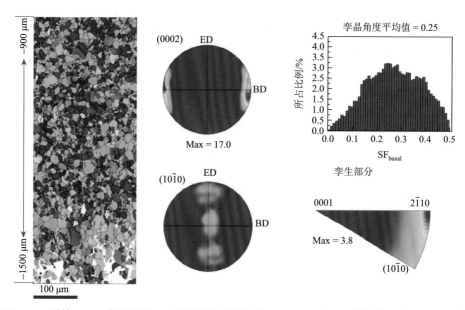

图 6-18 原始 AZ31 挤压板材 90°试样弯曲后压缩区–900～–1500 μm 范围的显微组织及织构

图 6-19 为 As-90°试样弯曲后压缩区–300～–900 μm 范围的显微组织及织构。此区域为完全孪生化区域，c 轴∥BD 织构沿 BD 轴向偏转程度变小，织构强度有所增加，通过对这一区域全部的孪生产物进行分析，其平均基面滑移 SF 为 0.25，IGMA 分析显示主要的变形机制为基面<a>滑移。

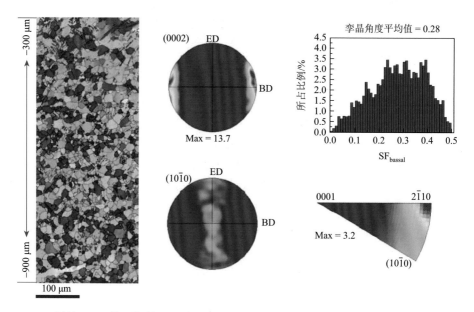

图 6-19 原始 AZ31 挤压板材 90°试样弯曲后压缩区–300～–900 μm 范围的显微组织及织构

通过对 As-0°试样与 As-90°试样弯曲后的组织及织构分析，具有 c 轴∥ND 型基面织构的板材在弯曲过程中内侧主要先发生拉伸孪生，而由于孪生产物的取向能够分布在沿压缩力轴±30°以内的范围，孪生产物具有比较可观的基面滑移 SF。因此在后续的弯曲变形中，拉伸孪生产物又可以通过基面<a>滑移协调压缩应变，故 c 轴∥ND 基面织构型板材在弯曲时内侧具有比较好的塑性变形能力。而对于外侧拉伸区，拉应力与晶胞 c 轴几乎垂直，无法发生孪生，在有限的基面滑移弱取向晶粒被优先消耗掉后，仅有临界剪切应力更高的柱面滑移能够被激活。这导致外侧变形所需的应力状态显著高于内侧，引起应变中侧层明显向外侧偏移。同时，虽然柱面滑移 SF 够大，但滑移方向<11$\bar{2}$0>所处的基面几乎与拉伸力方向相互平行，其在板厚方向上的分量很小，单纯的柱面滑移根本无法有效协调由拉应力引起的板材薄化，最终因应变不协调性引起的应力集中过大导致板材于弯曲中失效。板材内外侧在弯曲过程中基于塑性变形的选择及相应变形机制对于各自应变的协调能力决定了弯曲试样失效与否以及以何种形式失效。

6.4　预变形 AZ31 挤压板材弯曲过程中的组织与织构

6.4.1　c 轴∥TD 板材沿 ED 方向弯曲过程中的内外侧组织与织构

图 6-20 为 AZ31 板材 6% PCA 处理后沿 ED 方向（6% PCA-0°）试样弯曲后外侧拉伸区 1500～900 μm 范围的显微组织及织构。由图可见，对比 6% PCA 板材未弯曲态，此区域内未发生孪生化的基体由原来的<10$\bar{1}$0>∥ND 取向择优转变为<11$\bar{2}$0>∥ND 取向择优，从 IPF 图中也可看出，原来呈蓝色的晶粒很大程度上消失，呈绿色的晶粒占主导，而且还可以看到一些 c 轴∥TD 型晶粒内部有明显的取向梯度，应为发生滑移变形所致。由于这部分未发生孪生化的基体其基面滑移 SF 很低，但拥有极高的柱面滑移 SF，根据 IGMA 分析，柱面<a>滑移在这些晶粒内部被显著激活。同时，除了 c 轴∥TD 主取向外，（0002）投影图上还出现了沿 ED 拉长的双取向峰，这是拉伸孪生产物的取向位置。对拉伸孪生产物做基面滑移 SF 统计发现，其基面滑移平均 SF 达到 0.31，IGMA 分析也显示这些孪生产物发生了一定程度的基面滑移。

图 6-21 为从图 6-20 中 IPF 图中选取的 5 个晶粒对其进行更为详细的塑性变形行为分析。可以看出，G-1 晶粒一方面孪生化较为严重，由其衍生出的孪晶 1 占据了大部分的基体；另一方面也发生了明显的滑移变形，母基体内部由滑移导致的取向梯度明显，根据取向差轴分布来看，其发生了很大程度的柱面<a>滑移。同时，经柱面<a>滑移后的基体又衍生出孪晶 2，可见，此晶粒在板材弯曲过程中

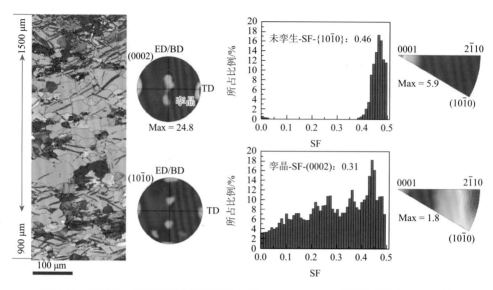

图 6-20 6% PCA-0°试样弯曲后外侧拉伸区 1500～900 μm 范围的显微组织及织构

柱面滑移与孪生是其主要的塑性变形机制。对于 G-2 与 G-3 晶粒，其塑性变形模式也是滑移与孪生共同进行。基于低基面滑移 SF 的母晶粒引入的孪晶却拥有较高的基面滑移 SF，这对后续的持续变形非常有利。此外，研究还选取了两个未发生孪生的晶粒 G-4 与 G-5，经过 IGMA 取向差轴分布与轴取向演变分析，两个晶粒也发生了显著的柱面<a>滑移。因此，大量呈<$11\bar{2}0$>∥ND（绿色）的晶粒是由未弯曲状态下<$10\bar{1}0$>∥ND（蓝色）的晶粒通过柱面<a>滑移而来。最外侧区域更容易先发生柱面<a>滑移，而后进入孪生变形。孪生所得的产物普遍具有较高的基面滑移 SF，就基面滑移的激活难易程度而言，原本为基面滑移硬取向的母晶粒通过孪生转变成基面滑移软取向。由此可见，c 轴∥TD 全偏型织构在沿 ED 进行弯曲时，其最外侧塑性变形机制非常丰富，且无论是柱面<a>滑移（此时，滑移方向所在的基面与板面相互垂直，能够有效提供板厚上的应变分量）还是拉伸孪生均能有效协调板厚方向上的应变，这对于板材的弯曲成形非常有利。

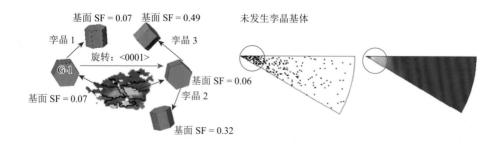

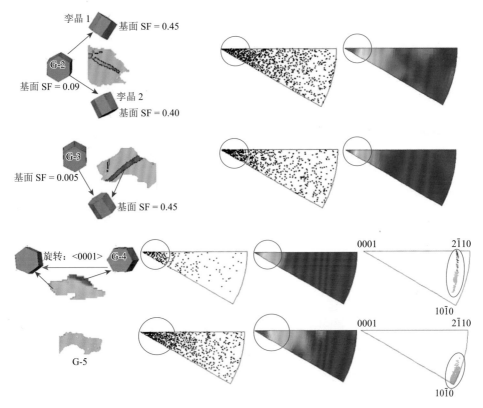

图 6-21　6% PCA-0°试样弯曲后外侧拉伸区 1500～900 μm 范围的塑性变形行为分析

　　值得注意的是，弯曲外侧主应力为宏观拉伸应力，c 轴∥TD 全偏型板材在沿 ED 进行弯曲时，此宏观拉伸应力应与晶粒晶胞的 c 轴相互垂直，如图 6-22 所示，此种应力状态会引起晶胞压缩而并不利于发生拉伸孪晶。根据宽板（板宽 b/板厚 t>3）弯曲时的应力状态来看，除外层的宏观拉伸应力以及内层的压缩应力外，还有弯曲引起的径向应力与宽向应力。对于具有 c 轴∥TD 织构的 6% PCA-0°试样，径向压缩应力与晶胞 c 轴相互垂直，此种应力状态极易引起孪生变形，而对于常规 c 轴∥ND 织构型的板材，径向压缩应力与晶胞 c 轴相互平行，自然无法实现孪生变形。就目前对镁板弯曲的研究来看，很少有报道外层出现孪生行为以及基于径向应力对孪生的选择机制，因为大多数的弯曲成形研究都集中于常规 c 轴∥ND 织构型的板材上，这种类型的织构从一定程度上掩盖了径向应力在弯曲变形中的作用。可见，若采用合理的织构改性，激活径向应力对于滑移或孪生的选择性，增加弯曲外侧塑性变形机制以提升形变协调能力，是提升镁板外侧区域乃至整个镁板弯曲成形能力有效的方法。

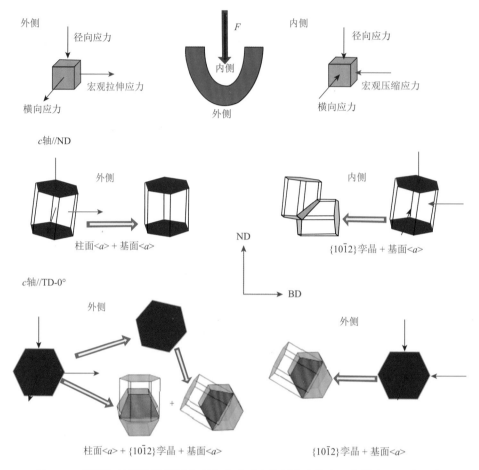

图 6-22　不同初始织构的镁板在弯曲成形时内外侧应力状态及塑性变形行为分析

图 6-23 为 6% PCA-0°试样弯曲后外侧拉伸区 900～300 μm 范围的显微组织及织构。可见，此区域部分 c 轴∥TD 基体仍基于径向应力的取向选择发生了孪生变形，但孪生化程度要低于弯曲板材的最外侧区域，说明柱面滑移仍是目前应力状态下塑性变形机制的首选，推测主要是因为宏观拉应力引起晶胞扩展与径向应力对于孪生选择这一竞争性会随着弯曲应变区域的改变而动态变化。这一点从孪生产物的平均 SF 低于最外侧孪生产物平均 SF 也可以看出，柱面滑移的优先性会引起柱面择优取向由<10$\bar{1}$0>∥ND 转变为<11$\bar{2}$0>∥ND，由此取向特征引入的孪生变体能够偏离 ND 轴向 BD 方向角度更大，因此基面滑移 SF 更大。由 IGMA 分析可知，此区域依然以 c 轴∥TD 取向晶粒发生柱面<a>滑移和拉伸孪生变形为主，此外引入的孪生产物仍然具有可观的平均基面滑移 SF，其又可作为滑移软取向持续协调变形。

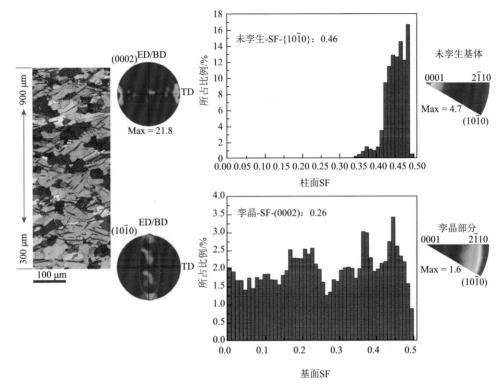

图 6-23　6% PCA-0°试样弯曲后外侧拉伸区 900～300 μm 范围的显微组织及织构

图 6-24 为 6% PCA-0°试样（texture 3）弯曲后几何中心层上下 300 μm 的显微组织及织构，依然采用特定取向的孪晶来判断应变中心层的大致位置。由图可见，IPF 图中红色圆圈圈出的呈绿色的晶粒具有<11$\bar{2}$0>//ND 取向，其内部的孪生产物呈红色接近于 c 轴//ND 取向，此产物只能是径向应力引入的孪晶。如果有平行于 BD 且大于孪生应力的压缩应变存在，此时引入的孪生产物的 c 轴应与 ED/BD 轴平行或接近于平行。同时，黑色圆圈圈出的呈蓝色的晶粒具有<10$\bar{1}$0>//ND 取向，其内部的孪晶呈绿色，说明此孪生并不是由径向应力所引起的，仅可能是由宏观压缩应力所引起晶胞侧边的孪生面发生孪生。由此，可初步大致判断出应变中心层位置为呈绿色的孪晶所在的位置，发现应变中心层向压缩区迁移了大约 93 μm，这一规律与测得 6% PCA-0°实验弯曲后略有变薄具有一致性。由于引入的 c 轴//TD 织构很强，应变中心层至拉伸区 300 μm 范围基面滑移 SF 很低，塑性变形仍以宏观应力引起的柱面<a>滑移以及径向应力引起的拉伸孪生变形为主，值得注意的是，这一范围内的孪晶均生长于<10$\bar{1}$0>//ND 的蓝色晶粒中，一方面是因为此范围应变比较小，柱面<a>滑移并未很大程度进行，由其引入的<11$\bar{2}$0>//ND 型晶粒不够多；另一方面是因为此小应变区域内的径向应力不够大，只能优

先选择孪生 SF 更大的<10$\bar{1}$0>∥ND 型蓝色晶粒为母体。应变中性层至压缩区 –300 μm 范围主要以拉伸孪生为主，由于 6% PCA 试样同时引入了一定强度的 <10$\bar{1}$0>∥ND 柱面择优取向，因而由压缩应力产生的孪生产物多会分布在沿 ND 轴偏向 ED/BD 呈 60°的位置（应变中性层以下基面投影图中红色圆圈所示），这 些孪生产物在沿 BD 的压缩应力下可表现出可观的基面滑移 SF，通过对这一区域 孪生产物的 IGMA 分析也可看出这些孪生产物发生了一定程度的基面滑移。

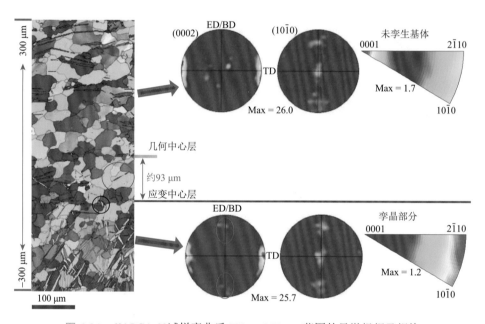

图 6-24   6% PCA-0°试样弯曲后 300～–300 μm 范围的显微组织及织构

图 6-25 为 6% PCA-0°试样（texture3）弯曲后压缩区–300～–900 μm 范围的 显微组织及织构，由于 6% PCA-0°试样呈现强 c 轴∥TD 织构，故压缩区孪生化 速度很快且孪生化程度较高，基面织构几乎已经完全偏向 ED/BD 一侧。由于基 于 c 轴∥TD 晶胞沿 ED/BD 压缩产生的孪生产物分布能够偏离压缩方向30°范围， 如图中基面投影图红色圆圈所示，这些 c 轴取向偏离 BD 的晶粒在沿弯曲方向压 缩时具有比较大的基面滑移 SF，经统计，此区域内孪生产物的平均基面滑移 SF 可达 0.28。根据对孪生产物的 IGMA 分析可知，孪生产物在形变中发生了一定 程度的基面滑移。综上所述，这一区域主要通过 c 轴∥TD 型母晶粒的孪生变形， 同时辅以孪生产物的基面滑移变形，其与原始板材压缩区变形形式相似，均为 拉伸孪生诱导滑移取向软化，继而进行基面滑移以持续协调内侧进一步的压缩 塑性变形。

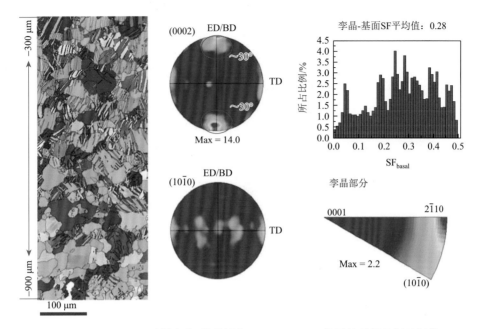

图 6-25 6% PCA-0°试样弯曲后压缩区−300～−900 μm 范围的显微组织及织构

图 6-26 为 6% PCA-0°试样（texture 3）弯曲后压缩区−900～−1500 μm 范围的显微组织及织构，此区域为完全孪生化区域，随着<$10\bar{1}0$>∥ND 的蓝色晶粒被消耗殆尽，孪生产物引起的偏离 BD/ED 30°的取向峰强进一步加强，孪生产物平均 SF 较上一区域有所增加，这是由于<$10\bar{1}0$>∥ND 型晶粒较<$11\bar{2}0$>∥ND 型孪生所需压缩应力更大，其孪生化稍迟滞于后者，然而它所引起的拉伸孪生产物取向偏离 BD 方向更大，其拥有更高的基面滑移 SF。根据 IGMA 分析，这一区域基面滑移的活跃程度高于上一区域，因为这一区域所承受应变更大，在拉伸孪生提供应变协调之后，需要高基面滑移 SF 的孪生产物进一步协调更多的压缩应变。由此可见，随着压缩区的深入及压缩应变的扩展，压缩区未完全孪生化区域的孪生化带来的基面滑移 SF 的逐渐增强与孪生产物通过基面滑移协调应变导致 SF 的减小是一个动态变化的过程，而对于完全孪生化以后的应变，必然会导致基面滑移 SF 的逐渐减小。

对于 6% PCA-0°（texture 3）试样，弯曲时内外侧均能产生大量{$10\bar{1}2$}拉伸孪晶，且拉伸孪晶产物均有可观的平均基面滑移 SF，对板材的进一步弯曲变形具有良好潜力。此外，外侧的柱面<a>滑移所能提供的应变与 c 轴∥ND 型织构并不相同，由于基面与板面相互垂直，滑移方向能够有效提供沿板厚方向上的应变分量，其外侧拉伸区塑性变形机制的激活种类非常丰富并且这些机制能够有效迎合板材弯曲时拉伸区的应力应变要求，是其弯曲成形性能显著提升的重要保障和根本原因。

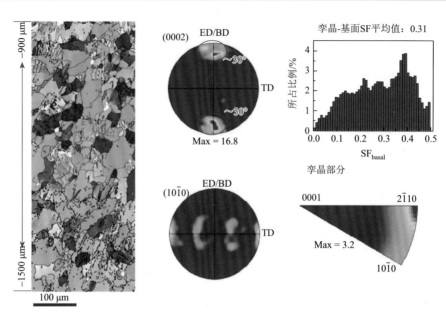

图 6-26　6% PCA-0°试样弯曲后压缩区–900～–1500 μm 范围的显微组织及织构

6.4.2　*c* 轴∥TD 板材沿 45°弯曲过程中的内外侧组织与织构

图 6-27 为 6% PCA-45°（texture 4）试样弯曲后外侧拉伸区 1500～900 μm 范围的显微组织及织构。由图可以看出，6% PCA 试样中 *c* 轴∥TD 型晶粒已经被孪生化得比较严重，最大极密度位置已经迁移至 BD-TD 投影图中心。对于具有 texture 4 的试样来说，其在单轴拉伸时基面织构与拉伸力轴呈 45°，应具有很高的基面滑移 SF，然而 6% PCA-45°最外侧却是以拉伸孪生机制为主。拉伸孪生的临界剪切应力虽低，但由于初始晶粒 *c* 轴与拉伸力轴呈 45°，其 SF 的分布并不足以支撑孪生为拉伸区主导的塑性变形机制。显然，弯曲外侧并非单轴应力状态，由于径向压缩应力垂直于晶胞 *c* 轴，其加大了外层拉伸区对于 {10$\bar{1}$2} 拉伸孪生机制的选择倾向。由于 6% PCA 试样具有一定的<10$\bar{1}$0>∥ND 柱面择优取向，这些晶粒在径向应力的作用下极易发生孪生变形，从而引入 *c* 轴∥ND 型取向的孪生产物。同时由于存在<11$\bar{2}$0>∥ND 及与前者之间的取向型晶粒，孪生产物的取向峰沿 45°方向被拉长。同时，遗留下来的未孪生化的基体因具有较高的基面滑移 SF，根据 IGMA 分析，其也发生了一定程度的基面滑移，不过从显微组织及织构水平上来看，基面滑移显然并不是这一区域中 *c* 轴∥TD 型基体的主要变形机制，遗留的基体在径向应力的作用下更倾向于发生孪生变形。同时，对此区域的孪生产物的基面滑移 SF 做了统计，发现其平均 SF 很低，仅有 0.13，孪生产物在后续的弯曲成形中并不能有效成为基面滑移弱取向，因而无法以基面滑移的形式贡献应变。

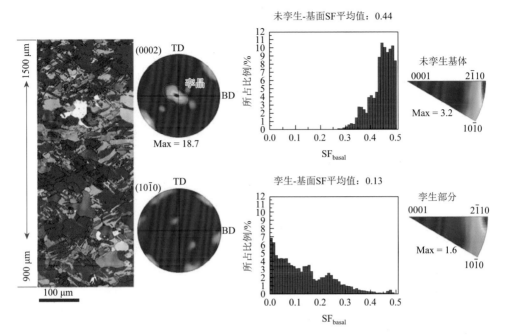

图 6-27　6% PCA-45°试样弯曲后外侧拉伸区 1500～900 μm 范围的显微组织及织构

从孪生组织的 IGMA 分析也可以看出，这些孪生产物虽有一定的基面滑移，但程度并不是很大，推测是因为基面滑移仅能发生在一些偏离 ND 轴角度较大的孪生产物中，如初始<11$\bar{2}$0>//ND 母基体或更接近于此种取向的母基体所产生的孪生产物中，如图 6-28 所示。

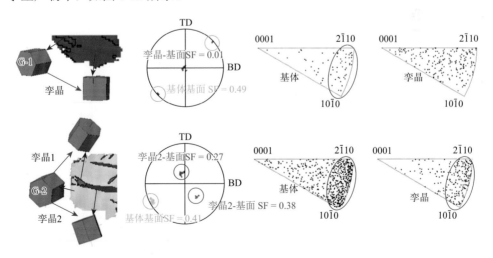

图 6-28　6% PCA-45°试样弯曲后外侧拉伸区 1500～900 μm 范围的晶粒及其塑性变形机制选择性分析

由此可见，6% PCA-45°试样的最外侧以孪生变形为主，以基面滑移为辅，而在孪生变形方面与 6% PCA-0°试样孪生特征不同的是，6% PCA-45°试样会将高基面滑移 SF 的基体取向转变成低基面滑移 SF 的 c 轴∥ND 滑移硬取向，这种取向的转变是不利于后续弯曲变形的。

图 6-29 为 6% PCA-45°（texture 4）试样弯曲后外侧拉伸区 900～300 μm 范围的显微组织及织构，这一区域与最外侧区域显微组织及织构分布均很类似，只是遗留的未孪生化的基体更多，这主要是由于此区域的应变较小。结合基体与孪生产物的 SF 分布及其各自的 IGMA 分析可知，此区域仍以孪生变形为主，伴随未孪生化基体的基面滑移变形机制。

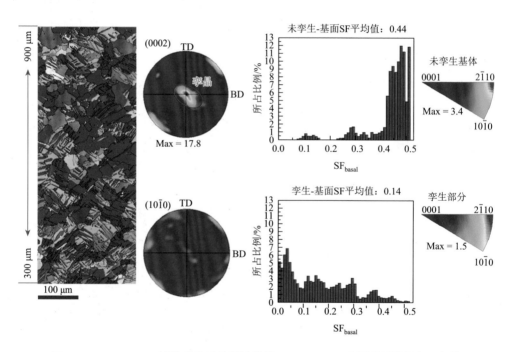

图 6-29　6% PCA-45°试样弯曲后外侧拉伸区 900～300 μm 范围的显微组织及织构

图 6-30 为 6% PCA-45°（texture 4）试样弯曲后几何中心层上下 300 μm 范围的显微组织及织构。由图可见，此区域由于应变偏小，孪生产物数量有所下降，但孪生化程度依然很高。应变中心层位置的确定依然是借助于孪生变体的取向变化，在这片区域中，发现在两个黑色圆圈圈出的蓝色（<$10\overline{1}0$>∥ND）晶粒中开始出现了呈绿色的孪晶片，如图 6-30 中 G-1 与 G-2 晶粒。显然，无论是拉伸层还是压缩层的径向应力只能激活<$10\overline{1}0$>∥ND 晶粒最上端的孪生面，即发生呈 c 轴∥ND 取向的孪晶 2，呈绿色的孪生产物只可能是压缩区的宏观压应力才能引

起，由此可以大致判断出应变中心层的位置，其偏向板材内层约 229 μm，这一规律与 6% PCA-45° 试样弯曲后测得板材厚度变薄比较一致，其与常规基面织构型镁板的弯曲行为有较大差别。

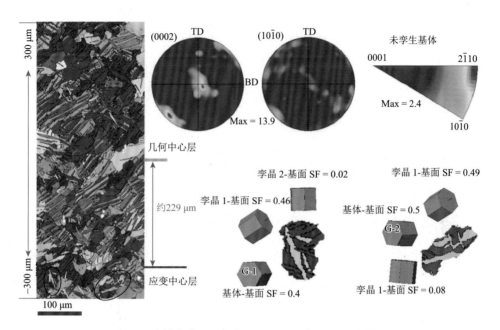

图 6-30　6% PCA-45°试样弯曲后几何中心层 300～–300 μm 范围的显微组织及织构

由上分析可知，拉伸区径向应力引起的孪生变体呈现 c 轴//ND 硬取向，其偏离 ND 轴向角度较小，在后续的变形中基面滑移 SF 很小，无法有效协调应变。而对未孪生化的基体做 IGMA 分析也发现，其虽有较大的基面滑移 SF，但在径向应力的作用下，基面滑移的活跃程度并不算大，根据显微组织及织构演变可以确定孪生变形才是这些晶粒于弯曲成形拉伸区的第一选择。而对于压缩区，以选取的 G-1 晶粒与 G-2 晶粒为例，孪生变体的选择更倾向于主压缩应力，由母晶粒侧翼的孪生面引入的孪生变体也具有非常高的基面滑移 SF，其在后续的变形中应对应变协调有一定贡献。

随着压缩区进一步深入到–300～–900 μm 范围，由晶胞孪生面所得的孪生产物逐渐增加，如图 6-31 所示。但总的来看，压缩区的孪生化程度显著低于拉伸区，由（0002）极图可以看到孪生产物的取向峰并不是很强，说明压缩区并不像拉伸区一样以孪生变形为主。推测这主要是因为主压缩应力偏离晶胞 c 轴角度过大，Čapek 等[6, 7]曾对晶粒取向相对随机的镁合金做了拉伸与压缩以观察孪生的选择行为，发现晶胞 c 轴与压缩力的角度 θ 的变化对孪生产物体积影响比相同条件下拉伸时大得多，且孪生产物数量随 θ 的减小显著减小。对未孪生化取向基体与孪生产物分别做相应应力状态下的基面滑移 SF 分布和晶内取向差轴分布分析，如前分析一致，压缩区的孪生产物其平均基面滑移 SF 非常高，其与高 SF 的未孪生化基体一起发生了明显的基面滑移，<uv0>侧的取向差轴分布水平没有特别高是由于此区域为应变中心层附近区域，应变没有那么高，但基面滑移的活跃程度明显已高于应变中心层附近偏上的拉伸层区域。

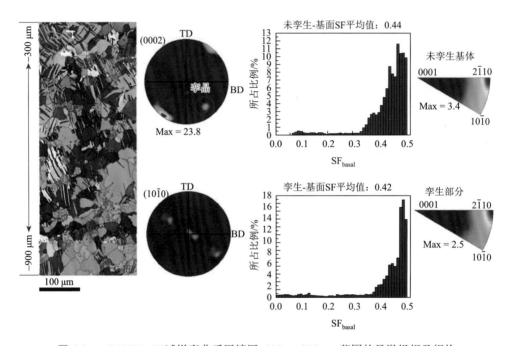

图 6-31　6% PCA-45°试样弯曲后压缩区−300～−900 μm 范围的显微组织及织构

图 6-32 为 6% PCA-45°试样弯曲后压缩区最内侧−900～−1500 μm 范围的显微组织及织构，这一区域的孪生产物均由宏观压应力引起，已几乎无径向应力所引起的呈红色的孪晶存在，同时孪生化程度依然不高，而且较前一小应变区域有所下降，这说明随着压缩区域的深入，滑移变形对弯曲内侧应变的贡献份额越来越大[8]。

根据之前的分析及图中点分布可以看出，此区域无论是未发生孪生的基体还是拉伸孪生产物，其晶胞 c 轴均与 BD 轴向有大约 45°的夹角，它们在沿 BD 的压缩应力下都具有非常高的基面滑移 SF。再根据 IGMA 分析，晶内取向差轴压倒性地分布在<uv0>一侧，且分布择优水平非常高，由此可以判断此区域主要依靠基面<a>滑移来协调应变。

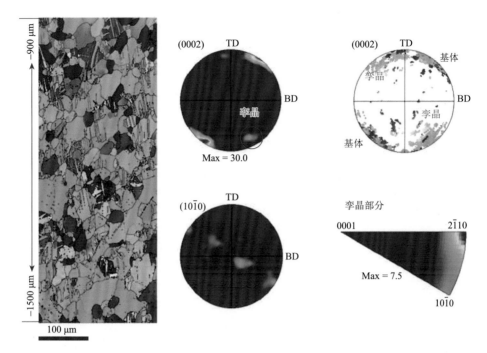

图 6-32　6% PCA-45°试样弯曲后压缩区最内侧–900～–1500 μm 范围的显微组织及织构

综上所述，在构造 texture 4 织构类型的弯曲试样时，本考虑在弯曲过程中于内外侧宏观拉伸与压缩应力下具有塑性变形机制的对称性选择，然而忽略了弯曲径向应力的存在对滑移或孪生机制的影响。从 6% PCA-45°试样的弯曲显微组织与织构演变规律来看，拉伸区外侧由于径向应力的作用，其以孪生变形为主，高基面滑移 SF 的基体基面滑移为辅；而内层是以基面滑移为主，以孪生变形为辅。内外侧对于塑性变形机制的选择具有对称性，但基面滑移与孪生各自对于拉伸区与压缩区的贡献比例差距非常大[9, 10]。由于 c 轴∥45°试样特殊的取向型织构，外侧主拉应力在径向应力的作用下更容易选择孪生，且这种变形模式应比压缩应力引起的滑移更容易，导致应变中心层向几何中心层以内明显偏移。

6.4.3　c 轴∥TD 板材沿 TD 方向弯曲过程中的内外侧组织与织构

图 6-33 为 6% PCA-90°（texture 5）试样弯曲后外侧拉伸区 1500～900 μm 范围的显微组织及织构。由于弯曲前板材呈现 c 轴∥TD 全偏型织构，弯曲时外侧受到拉应力，此时拉应力与晶胞 c 轴相互平行，极易发生 $\{10\bar{1}2\}$ 拉伸孪晶。由图可见，当晶胞 c 轴受拉时，六个孪生变体具有等价的 SF，然而从 IPF 图中明显看到呈 c 轴∥ND 型取向的红色孪晶占主导，这主要是径向应力的作用能够促进并优先激活这种取向类型的孪生产物。从（0002）投影图上可以看出，此区域几乎已

经被完全孪生化，孪生产物取向主要分布在（0002）投影图中心区域，并形成沿 ED 呈±60°拉长的织构特征。值得一提的是，在许多红色晶粒中能够发现类似于孪晶的条状晶粒，经过对 G-1 与 G-2 晶粒的分析，发现它们之间的取向差并不是拉伸孪晶界的取向差，而是同一母体衍生的不同孪生变体之间的取向差界面，大约为 60°。

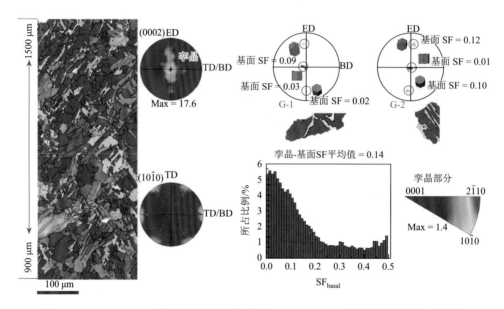

图 6-33　6% PCA-90°试样弯曲后外侧拉伸区 1500～900 μm 范围的显微组织及织构

随着 c 轴 // TD 母基体被吞噬殆尽，只留下不同孪生变体故而形成了这种特别的取向界面。同时通过分析可以看出，由于这些孪生产物的取向偏离 ND 轴向 BD/TD 轴的角度很小，故其基面滑移 SF 都非常低，对这些孪生产物做 IGMA 分析，发现其虽能发生一定程度的基面滑移，但由于平均 SF 非常低，基面滑移活跃程度并不明显，可见 6% PCA-90°试样弯曲时最外侧以拉伸孪生机制为主。图 6-34 为 6% PCA-90°（texture 5）试样弯曲后外侧拉伸区 900～300 μm 范围的显微组织及织构，这一区域与上一区域类似，也发生了完全孪生化，母基体几乎均已被孪生产物所吞噬，其低的基面滑移 SF 使基面滑移并不显著。

图 6-35 为 6% PCA-90°（texture 5）试样弯曲后几何中心层上下 300 μm 范围的显微组织及织构，此区域也发生了很大程度的孪生化，仅剩下少部分母基体，越往几何中心层以下，遗留的母基体分数越多。同样，基于孪晶来判断应变中心层的位置，可以想象一旦进入应变中心层以上的拉伸区，拉伸应力与 c 轴平行，由于径向应力对于孪生的促进及孪生本身的临界剪切应力很低，极易发生拉伸孪生

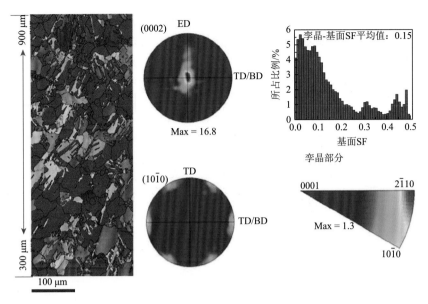

图 6-34　6% PCA-90°试样弯曲后外侧拉伸区 900～300 μm 范围的显微组织及织构

变形；而对于应变中心层以下的压缩区，压缩应力平行于晶胞 c 轴，这种应力状态会显著抑制拉伸孪生的产生，同时由于应变中心层附近径向应力小，故一旦进入应变中心层以下的压缩区，孪生行为会被立即抑制[11, 12]。因此可以通过观察孪晶并找出初始发生的位置，即可大致判断应变中心层的位置。显然，300～−300 μm 范围依然存在大量的孪生变形，说明应变中心层并不在此区域，这一区域仍然为拉伸区，应变仍主要通过孪生变形来协调。

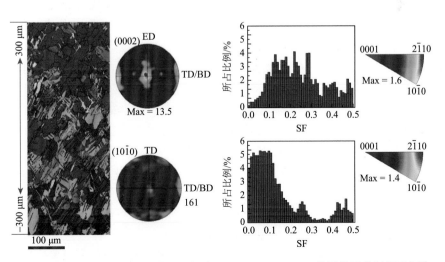

图 6-35　6% PCA-90°试样弯曲后几何中心层 300～−300 μm 范围的显微组织及织构

图 6-36 为 6% PCA-90°（texture 5）试样弯曲后–300～–900 μm 范围的显微组织及织构。根据上段中讨论的基于孪生产物判断应变中心层的依据，可大致判断出应变中心层的位置，其向内侧偏移了大约 590 μm，内移程度非常大。对于 6% PCA-90°试样，弯曲时内侧压缩应力与晶胞 c 轴相互平行，基面滑移、柱面滑移及拉伸孪生均很难进行，仅可能通过临界剪切应力非常高的压缩孪生及锥面滑移协调应变，因此内侧变形难度很大。而拉伸层拉伸应力与晶胞 c 轴相互平行，具有低临界剪切应力的拉伸孪生非常容易被激活，外侧变形非常容易。因此，内外侧发生变形的难易程度的巨大差异导致了应变中心层显著向内侧迁移。根据对应变中心层上下的晶粒的 IGMA 分析可知，基面滑移在此区域的活跃程度依然不高，应变中心层以上的区域还是以拉伸孪生机制为主导，而应变中心层以下的区域推测会有一些基面滑移 SF 相对稍大的晶粒发生滑移去协调应变中心层附近的小压缩应变，至于有无锥面滑移并不能通过 IGMA 来进行很明确的判断，这是因为锥面滑移所对应的取向差轴也分布在<uv0>一侧，不过此压缩区域的应力应变还比较小，推测锥面滑移并未被激活。

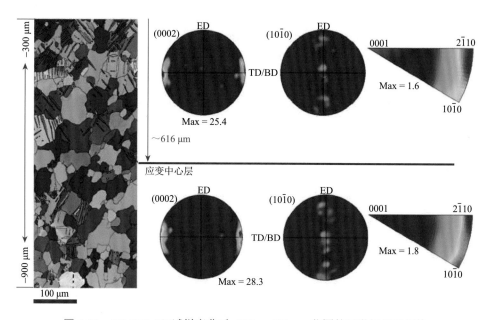

图 6-36　6% PCA-90°试样弯曲后–300～–900 μm 范围的显微组织及织构

图 6-37 为 6% PCA-90°试样弯曲后内侧压缩区–900～–1500 μm 范围的显微组织及织构，这一区域无明显拉伸孪晶存在，只是越靠近最外层区域，出现了与板材厚度方向呈±45°的剪切带，这些剪切带区域由于应力较大几乎为零标定。借助孪晶图与相关文献的查阅，这些位置很可能为压缩孪生或二次孪生，说明 6%

PCA-90°试样弯曲内侧变形难度大，易产生应力集中。对这一变形区域做 IGMA 分析，发现取向差轴在<$10\overline{1}0$>/<$11\overline{2}0$>附近具有一定的择优分布，但分布强度仍然不高，由于此区域内晶粒的基面滑移 SF 也不高，推测协调应变的方式主要以压缩孪晶、二次孪晶及剪切带的形式存在，至于应力状态是否达到锥面滑移启动的状态，还是不能从 IGMA 分析中明确得出。

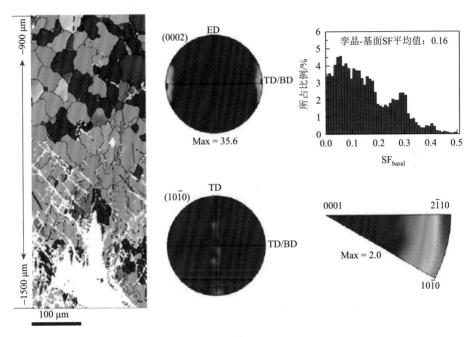

图 6-37　6% PCA-90°试样弯曲后内侧压缩区–900～–1500 µm 范围的显微组织及织构

同时，6% PCA-90°试样弯曲失效时的宏观裂纹依然出现在外侧背脊处，内侧并没有观察到宏观裂纹的发生，只是内侧区域出现了拱起的褶皱，图 6-37 的 IPF 最下边的区域出现了很大一片的零标定区域，此处就是标定到的褶皱影响的区域，推测此区域应力集中较大，也反映出试样内侧持续均匀变形的难度大，能力差。结合 6% PCA-90°弯曲试样整个厚度方向的显微组织及织构演变可以看出，内侧难以变形而外侧极易变形的特点会使得应变中心层显著向内侧迁移，而外侧能够协调厚向应变的变形机制仅有拉伸孪生，然而拉伸孪生本身能够提供的应变并不大。当最外侧的晶粒被完全孪生化，形成了基面滑移 SF 很低的硬取向晶粒后，外侧便进入了难以协调形变的阶段，以致发生应力集中继而失效。在整个过程中，内层压缩区可能也已经失效，但是由于压缩区弯度很大，压缩后材料集中程度变高，故肉眼不容易观察到失效区域。

6.5　拉压不对称性对 AZ31 挤压板材弯曲成形行为的影响

在目前对镁合金的弯曲成形研究中，通常通过板材的拉压不对称性来分析应变中心层的迁移与弯曲成形性能。图 6-38 给出了 5 种不同初始织构板材的拉伸、压缩真应力-真应变及相应晶体-力学模型示意图，同时表 6-2 中列出了具体的力学性能以做对比。对于 c 轴∥ND 常规基面织构型镁板而言，基面织构沿 0°方向的偏置能够在一定程度上改善试样的拉-压不对称性，如前所述，也能略微优化板材的弯曲成形性能，说明基面织构向某一方向的合理偏置是有利于镁板沿此方向的弯曲成形性能的。在近几年基于镁板的织构调控中，针对镁合金板材的非对称挤压工艺无疑是一种非常有效的手段，其在织构弱化的同时还能使基面织构发生一定角度的偏转，是改善镁板拉压不对称性及提升弯曲成形性能的有效工艺。在以往对变形镁合金板材应变中心层的迁移规律分析中，学者大多通过板材的拉压不对称性来解释，本研究中单从 As-0°试样以及 As-90°试样的对比来看确实符合单轴拉压不对称性越强，应变中心层越向外侧迁移同时弯曲成形性能也越差这一规律。

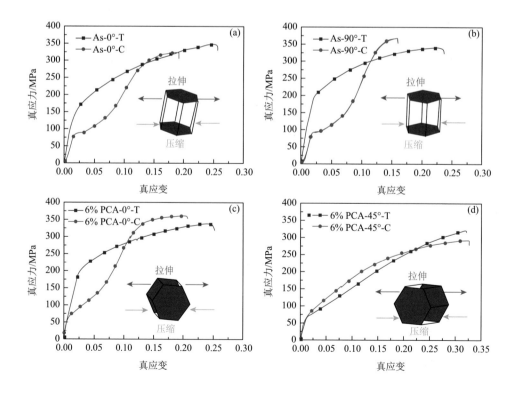

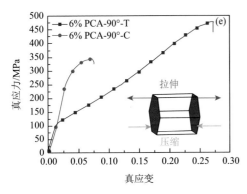
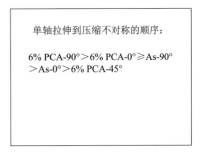

图 6-38　不同初始织构的板材在单轴拉伸和压缩时的真应力-真应变曲线以及相应的晶体-力学模型：（a）As-0°试样；（b）As-90°试样；（c）6% PCA-0°试样；（d）6% PCA-45°试样；（e）6% PCA-45°试样

T 表示拉伸；C 表示压缩

表 6-2　不同初始织构 AZ31 力学性能数据和压-拉指数

试样	TYS/MPa	UTS/MPa	T-E_u/%	CYS/MPa	UCS/MPa	C-E_u/%	CYS/UTS 比
As-0°	151.0	347.8	23.5	89.4	332.5	17.3	0.59
As-90°	197.9	339.5	21.2	77.8	324.3	14.0	0.39
6% PCA-0°	202.1	340.0	22.1	71.6	350.6	18.4	0.35
6% PCA-45°	70.1	294.4	31.0	65.4	320.9	30.7	0.93
6% PCA-90°	107.4	480.0	25.7	259.2	343.6	4.6	2.41

值得注意的是，单轴拉压不对称性的好却并不能解释和衡量 c 轴∥TD 基面织构全偏型板材的弯曲成形行为规律。对比 6% PCA-0°试样与 6% PCA-45°试样，后者的拉-压对称性显然好得多，但后者在弯曲后应变中心层向内侧偏移的程度却显著大于前者，且弯曲成形性能也较前者更差。再对比 6% PCA-0°试样与 As-90°试样，根据晶体-力学模型可以看出，二者分别在单轴拉伸和压缩时都是拉应力垂直于晶胞 c 轴及压应力垂直于晶胞 c 轴，故其选择的变形机制几乎一致，分别为柱面<a>滑移和 $\{10\bar{1}2\}$ 拉伸孪生，且两种试样的这两种变形机制的 SF 几近相同，这一点可以从单轴拉-压数据上看出。然而，二者在弯曲成形时的行为及能力却表现出非常大的区别。很明显，这是因为镁板在弯曲成形时内外侧并非是单轴应力状态，径向应力的存在改变了晶粒在塑性变形过程中的形变机制选择，从而使板材呈现出巨大的成形能力差异[12, 13]。在研究 c 轴∥ND 型基面织构板材的弯曲成形时，径向应力几乎平行于晶胞的 c 轴，由于此应力状态下没有相应的临界剪切应力较低的滑移机制或孪生机制供选择，因此其对于板材弯曲成形能力的影响并不明显，这也是研究传统变形镁板弯曲成形时容易忽略径向应力的原因。对于有明显基面织构偏置的板材，径向应力对于板材弯曲成形时塑性变形机制的选择以及

对终成形性能的影响是不可忽略的。而应变中心层的偏移规律更不能完全依赖镁板的拉压性能来解释，要综合考虑在多轴的应力状态下内外层对于塑性变形机制的选择。

总的来看，通过对 AZ31 挤压板材预压缩变形及退火工艺进行织构改性，构建了 5 种不同初始织构的弯曲试样，对其在室温下进行不同弯曲条件下的成形研究，如变换弯曲模角度、弯曲上冲头半径，通过 EBSD 手段系统分析不同初始织构板材在弯曲成形过程中内外侧的塑性变形机制选择及其对弯曲终成形能力的影响。可以得出，不同初始织构类型的镁板在弯曲成形过程中内外侧应变对于塑性变形机制的选取差异很大，基面织构偏置能够有效提升板材的室温弯曲成形性能。经织构改性后具有 c 轴∥TD 型织构的 6% PCA 试样在沿 0° 及 45° 弯曲时，其最小弯曲半径可达 1.21 mm 和 1.58 mm，显著低于原始挤压板材可达到的最小弯曲半径 3.51～4.15 mm；在弯曲模角度 $\theta = 60°$，上冲头半径 $r = 4$ mm 的弯曲条件下，试样终弯曲成形角度可达 64.8° 和 85.6°，显著小于原始挤压态板材可达到的弯曲成形角 124.5°～137.7°，弯曲成形能力大幅度提升。镁板弯曲过程中除了内外侧的压应力与拉应力外，径向应力的存在不可忽略，尤其是在有基面织构偏置的板材中，能显著影响板材弯曲时内外侧晶粒对于滑移及拉伸孪生变形机制的选择，从而影响板材的终成形性能[14, 15]。具有传统 c 轴∥ND 织构特征的 As-0° 试样和 As-90° 试样弯曲成形能力很差，弯曲失效时产生的宏观裂纹均出现在外侧，这是因为外侧晶粒在弯曲过程中只能发生柱面滑移，而滑移方向 <$11\bar{2}0$> 所在的基面几乎与板材弯曲方向平行，无板厚方向上的分量，不能协调外侧拉应力对镁板的薄化，应变协调性差，最终应力集中导致出现裂纹继而失效。同时，具有常规 c 轴∥ND 织构的镁板在弯曲过程中应变中心层会显著向外侧迁移，这主要是因为内侧的拉伸孪生机制和孪生产物可观的基面滑移 SF 使得内侧持续变形较外侧拉伸区容易得多。

6% PCA-0° 试样在弯曲时应变中心层内外侧均能产生拉伸孪晶，外侧的拉伸孪生由径向应力引起，而内侧的拉伸孪晶主要是基于宏观压应力的变形机制选择，且内外侧在发生孪生化后的孪生产物均有可观的平均基面滑移 SF，板材持续弯曲变形的能力很强，这是 6% PCA-0° 试样弯曲成形能力大幅度提升的根本原因。此外，由于这种织构类型的试样其晶粒的基面与板厚方向垂直，外侧拉伸区的柱面滑移可以有效协调沿板厚上的应变，大大提升了外侧拉伸区的变形能力。由于内外侧可选择的塑性变形机制均很丰富，内外侧变形能力均衡、对称，应变中心层相对于几何中心层的偏移量很小，仅向内侧偏移了约 93 μm。单轴应力状态下拉-压性能最好且性能对称性最优的 6% PCA-45° 试样较原始挤压板材其弯曲成形能力显著提升，然而却逊于 6% PCA-0° 试样，这主要是因为外侧拉伸区的径向应力致使应变对于孪生变形的选择倾向显著增大，而相应的宏观拉应力对于基面滑移的选择程度却大大减弱，外侧由于快速的孪生化引起较快的取向硬化，导致板材过早失效。而内侧宏观压缩应力更倾向于基面滑移而非孪生，由于径向应力对于塑性变形机制选择的影响，弯曲时内外侧变形能力的对称性并没有单轴拉-压状态下好，应变中心层向内侧迁移，达到约 229 μm。6% PCA-90°试样弯曲成形时内侧晶胞沿 c 轴受压，仅能发生临界剪切应力较高的压缩孪生或锥面$<c+a>$滑移，室温下内侧变形困难，而弯曲外侧区域晶胞沿 c 轴受拉，极易引起$\{10\bar{1}2\}$拉伸孪晶。拉伸孪晶本身对于应变的贡献并不大且此种应力状态下引入的拉伸孪生为基面滑移硬取向，过快的取向硬化导致板材很快失效。由于外侧的孪生变形极易，而内侧变形难度却极高，应变中心层显著向内侧迁移，迁移量达到约 616 μm。

通过合理织构改性同时改善弯曲成形时板材内外侧的持续变形能力，尽量达到内外侧变形能力的对称性优化调控是改善镁板弯曲成形性能的关键。尤其对于弯曲外侧，可以通过构建基于径向应力的滑移弱取向或孪生弱取向来提升镁板外侧协调厚向应变的能力。构造的取向不宜孪生化过快，否则可能因过快孪生化形成硬取向导致应力集中而促使板材过早失效。

参 考 文 献

[1]　Yang Q S，Jiang B，Wang L F，et al. Enhanced formability of a magnesium alloy sheet via in-plane pre-strain paths[J]. Journal of Alloys and Compounds，2020，814：152278.

[2]　Singh J，Kim M S，Kaushik L，et al. Twinning-detwinning behavior of E-form Mg alloy sheets during in-plane reverse loading[J]. International Journal of Plasticity，2020，127：102637.

[3]　Lu S H，Wu D，Chen R S，et al. Reasonable utilization of $\{10\bar{1}2\}$ twin for optimizing microstructure and improving mechanical property in a Mg-Gd-Y alloy[J]. Materials & Design，2020，191：108600.

[4]　Githens A，Ganesan S，Chen Z，et al. Characterizing microscale deformation mechanisms and macroscopic tensile properties of a high strength magnesium rare-earth alloy：A combined experimental and crystal plasticity approach[J]. Acta Materialia，2020，186：77-94.

[5]　Huang X S，Suzuki K，Watazu A，et al. Mechanical properties of Mg-Al-Zn alloy with a tilted basal texture obtained by differential speed rolling[J]. Materials Science and Engineering A，2008，488（1）：214-220.

[6]　Čapek J，Máthis K，Clausen B，et al. Dependence of twinned volume fraction on loading mode and schmid factor in randomly textured magnesium[J]. Acta Materialia，2017，130：319-328.

[7]　Čapek J，Straska J，Clausen B，et al. Twinning evolution as a function of loading direction in magnesium[J]. Acta Physica Polonica Series a Mathis，2015，128（4）：762-765.

[8]　Chao H，Zhou J X，Yang Y，et al. *In-situ* investigation on the microstructure evolution of Mg-2Gd alloys during the V-bending tests[J]. Journal of Materials Science & Technology，2022，131（36）：167-176.

[9]　Chao H，Jiang B，Wang Q H，et al. Effect of precompression and subsequent annealing on the texture evolution and bendability of Mg-Gd binary alloy[J]. Materials Science and Engineering A，2021，799：140290.

[10]　Liu D，Xin R L，Zhao L Z，et al. Effect of textural variation and twinning activity on fracture behavior of friction

stir welded AZ31 Mg alloy in bending tests[J]. Journal of Alloys and Compounds，2017，693：808-815.

[11]　Singh J，Kim M S，Choi S H，et al. The effect of initial texture on micromechanical deformation behaviors in Mg alloys under a mini-V-bending test[J]. International Journal of Plasticity，2019，117：33-57.

[12]　Tang D，Zhou K C，Tang W Q，et al. On the inhomogeneous deformation behavior of magnesium alloy beam subjected to bending[J]. International Journal of Plasticity，2022，150：103180.

[13]　Lee G M，Lee J U，Park S H. Bending-deformation-induced inhomogeneous aging behavior and accelerated precipitation kinetics of extruded AZ80 alloy[J]. Journal of Alloys and Compounds，2022，918（Pt.1）：1-13.

[14]　Xiao X W，Xu S，Sui D S，et al. The electroplastic effect on the deformation and twinning behavior of AZ31 foils during micro-bending tests[J]. Materials Letters，2022，288（Apr.1）：129362.1-129362.5.

[15]　Lee G M，Lee J U，Park S H. Effects of post-heat treatment on microstructure，tensile properties，and bending properties of extruded AZ80 alloy[J]. Journal of Materials Research and Technology，2021，12：1039-1050.

关键词索引